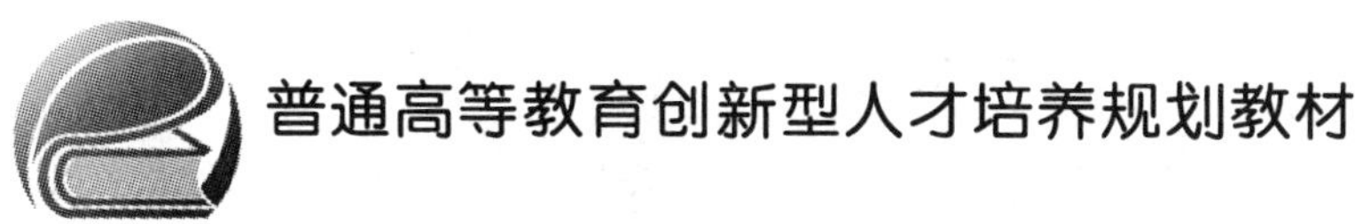

普通高等教育创新型人才培养规划教材

模拟及数字电子技术实验教程

(第2版)

主　编　曹卫锋　耿盛涛
副主编　郑晓婉　赵明辉

北京航空航天大学出版社

内 容 简 介

本书是按照教育部高等学校电子信息科学与电气信息类基础课程教学指导分委员会制定的“模拟电子技术基础”和“数字电子技术基础”课程教学基本要求编写的。本书由四部分组成：第一部分为模拟电子技术基础实验，第二部分为数字电子技术基础实验，第三部分为学科竞赛方案选编，第四部分为附录。

本书可作为普通高等学校的电子、通信、自动控制、电气和计算机类专业本、专科学生的基础实验教材，也可供参加电类学科竞赛的学生及相关专业的工程技术人员参考。

图书在版编目(CIP)数据

模拟及数字电子技术实验教程 / 曹卫锋，耿盛涛主编. -- 2版. -- 北京 ：北京航空航天大学出版社，2018.8

ISBN 978-7-5124-2726-6

Ⅰ. ①模… Ⅱ. ①曹… ②耿… Ⅲ. ①模拟电路－电子技术－实验－教材②数字电路－电子技术－实验－教材 Ⅳ. ①TN7-33

中国版本图书馆 CIP 数据核字(2018)第 114014 号

模拟及数字电子技术实验教程(第 2 版)

主　编　曹卫锋　耿盛涛

副主编　郑晓婉　赵明辉

责任编辑　王　实

*

北京航空航天大学出版社出版发行

北京市海淀区学院路 37 号(邮编 100191)　http://www.buaapress.com.cn

发行部电话：(010)82317024　传真：(010)82328026

读者信箱：goodtextbook@126.com　邮购电话：(010)82316936

北京宏伟双华印刷有限公司印装　各地书店经销

*

开本：787×1 092　1/16　印张：17　字数：446 千字

2018 年 8 月第 2 版　2018 年 8 月第 1 次印刷　印数：3 000 册

ISBN 978-7-5124-2726-6　定价：39.00 元

前　　言

培养学生的动手能力和创新、实践能力是高等教育的重要内容，实验是增强学生运用理论知识解决实际问题的能力的重要手段。

本书编入模拟电子技术基础实验 16 个，数字电子技术基础实验 17 个，除了传统的实验内容外，还添加了教育部重点支持的电类大学生学科竞赛的部分技术报告，这些技术报告都是获得国家级奖励的学生在指导老师的指导下撰写的，具有较高的参考价值，可以作为准备参加学科竞赛的学生的参考资料。

本书是作者按照教育部高等学校电子信息科学与电气信息类基础课程教学指导分委员会制定的“模拟电子技术基础”和“数字电子技术基础”课程教学基本要求编写的，其由四部分组成。第一部分是模拟电子技术基础实验，实验的内容有：常用仪器的使用、单管放大电路、负反馈放大电路测试、射极跟随器、差动放大器、集成运算放大器、振荡器、低频功率放大器、直流稳压电源、晶闸管可控整流电路和综合实验（函数信号发生器的组装与调试，温度监测及控制电路和万用电表的设计与调试）；第二部分是数字电子技术基础实验，实验的内容有：TTL 集成逻辑门的逻辑功能与参数测试、CMOS 集成逻辑门的逻辑功能与参数测试、组合逻辑电路的设计、译码器、数据选择器、触发器、计数器、移位寄存器、脉冲分配器、555 时基电路、D/A 和 A/D 转换器、智力竞赛抢答装置、电子秒表、直流数字电压表、数字频率计、数字电子钟；第三部分为学科竞赛方案选编，主要选取了近几年教育部重点支持的几种电类学科竞赛方案，包括 1 个中国“互联网＋”大学生创新创业大赛商业计划书、3 个全国大学生电子设计竞赛技术报告（增益可控射频放大器、双向 DC－DC 变换器、滚球控制系统）、3 个全国大学生智能汽车竞赛技术报告（光电组智能车、信标组智能车、电磁双车组智能车）、1 个全国大学生节能减排社会实践与科技竞赛设计说明书（无叶风扇控制系统）；第四部分为附录，主要有常用仪器原理及使用，万用电表的使用，常用电子元器件的检测，常用半导体分立元件及电阻器、电容器的命名等。

本书第一部分的实验十六和第二部分的实验十二、实验十三、实验十四、实验十六、实验十七均为 4 学时的综合型实验，难度较大。本书中有些实验的实验步骤标号的前面标注有＊号，表示该步骤为选做内容，供学有余力的同学学习。

本书由郑州轻工业大学曹卫锋老师负责编写模拟电子技术部分的实验一至实验五及学科竞赛方案选编；郑晓婉老师负责编写模拟电子技术部分的实验六至

实验十六;耿盛涛老师负责编写数字电子技术部分的实验一至实验十二;赵明辉老师负责编写数字电子技术部分的实验十三至实验十七和附录。曹卫锋老师负责全书的统稿及协调工作。

第2版在第1版的基础上,除了对第1版中的错误进行修正外,增加了贴片电阻的识别,以及数字万用表、数字示波器等内容,还增加了部分电类学科竞赛的技术报告。

感谢本书第1版的所有老师,尤其是主编徐国华老师。徐老师虽然退休了,但仍一直关注这本书的编著,并提出了宝贵意见。

由于我们的水平有限,书中难免有不妥之处,由衷地欢迎读者,特别是使用本书的老师和同学们批评、指正,并提出改进意见。

编　者

2018年4月于郑州

目　　录

第一部分　模拟电子技术基础实验

实验一　常用电子仪器的使用……………………………………………… 3
实验二　晶体管共射极单管放大器………………………………………… 8
实验三　负反馈放大器 …………………………………………………… 15
实验四　射极跟随器 ……………………………………………………… 19
实验五　差动放大器 ……………………………………………………… 23
实验六　集成运算放大器性能指标的测试 ……………………………… 27
实验七　集成运算放大器的基本应用(Ⅰ)——模拟运算电路 ………… 33
实验八　集成运算放大器的基本应用(Ⅱ)——波形发生器 …………… 38
实验九　RC 正弦波振荡器 ……………………………………………… 42
实验十　LC 正弦波振荡器 ……………………………………………… 46
实验十一　低频功率放大器(Ⅰ)—— OTL 功率放大器 ……………… 49
实验十二　低频功率放大器(Ⅱ)——集成功率放大器 ………………… 53
实验十三　直流稳压电源(Ⅰ)——串联型晶体管稳压电源 …………… 57
实验十四　直流稳压电源(Ⅱ)——集成稳压器 ………………………… 62
实验十五　晶闸管可控整流电路 ………………………………………… 67
实验十六　综合实验——用运算放大器组成万用电表的设计与调试 …… 71

第二部分　数字电子技术基础实验

实验一　TTL 集成逻辑门的逻辑功能与参数测试………………………… 77
实验二　CMOS 集成逻辑门的逻辑功能与参数测试 …………………… 83
实验三　组合逻辑电路的设计与测试 …………………………………… 86
实验四　译码器及其应用 ………………………………………………… 89
实验五　数据选择器及其应用 …………………………………………… 94
实验六　触发器及其应用 ………………………………………………… 99
实验七　计数器及其应用……………………………………………… 105
实验八　移位寄存器及其应用………………………………………… 110
实验九　使用门电路产生脉冲信号——自激多谐振荡器……………… 116
实验十　单稳态触发器与施密特触发器——脉冲延时与波形整形电路… 119
实验十一　555 时基电路及其应用 …………………………………… 125
实验十二　D/A 和 A/D 转换器 ……………………………………… 131
实验十三　智力竞赛抢答装置………………………………………… 137

实验十四　电子秒表 …… 139
实验十五　$3\frac{1}{2}$位直流数字电压表 …… 144
实验十六　数字频率计 …… 150
实验十七　数字电子钟电路 …… 156

第三部分　学科竞赛方案选编

一　中国"互联网+"大学生创新创业大赛 …… 163
　中国"互联网+"大学生创新创业大赛商业计划书 …… 郑州飞铄电子科技有限公司 163
二　全国大学生电子设计竞赛 …… 175
　增益可控射频放大器技术报告 …… 韩振帅　杨振江　丁光涛 175
　双向 DC-DC 变换器技术报告 …… 吴颜鹏　宋金亮　娄　霄 181
　滚球控制系统技术报告 …… 胡在志　熊嘉鑫　彭　雄 188
三　全国大学生智能汽车竞赛 …… 194
　基于线性 CCD 寻线智能车的技术创新报告 …… 方乐运　龚　明　刘立业 194
　信标组智能车技术报告 …… 尹　想　陈　璐　何帅彪 197
　电磁双车智能车技术报告 …… 吴　麒　王　新　王文龙　屠俊岭 203
四　全国大学生节能减排社会实践与科技竞赛 …… 211
　无叶风扇控制系统设计说明书 …… 黄柯清　雷志伟　张祥林　宋　迪 211

第四部分　附　录

附录 A　示波器原理及使用 …… 219
附录 B　用万用电表对常用电子元器件的检测 …… 239
附录 C　电阻器的标称值 …… 242
附录 D　电容器的命名 …… 244
附录 E　半导体分立元件 …… 246
附录 F　万用电表使用说明书 …… 252
附录 G　CC7107 A/D 转换器组成的 $3\frac{1}{2}$位直流数字电压表 …… 258
附录 H　常用集成电路芯片引脚排列图 …… 260

第一部分
模拟电子技术基础实验

实验一　常用电子仪器的使用

一、实验目的

(1) 学习电子电路实验中常用的电子仪器——示波器、函数信号发生器、直流稳压电源、交流毫伏表、频率计等的主要技术指标、性能及正确使用方法。

(2) 初步掌握用双踪示波器观察正弦信号波形和读取波形参数的方法。

二、实验原理

在模拟电子电路实验中，经常使用的电子仪器有示波器、函数信号发生器、直流稳压电源、交流毫伏表及频率计等。它们和万用电表一起，可以完成对模拟电子电路的静态和动态工作情况的测试。

实验中要对各种电子仪器进行综合使用，可按照信号流向，以连线简捷，调节顺手，观察与读数方便等原则进行合理布局。各仪器与被测实验装置之间的布局与连接如图 1-1 所示。接线时，为防止外界干扰，应将各仪器的公共接地端连接在一起，这样连接称为共地。信号源和交流毫伏表的引线通常使用屏蔽线或专用电缆线；示波器的接线使用专用电缆线，即同轴电缆线；直流电源的接线使用普通导线。

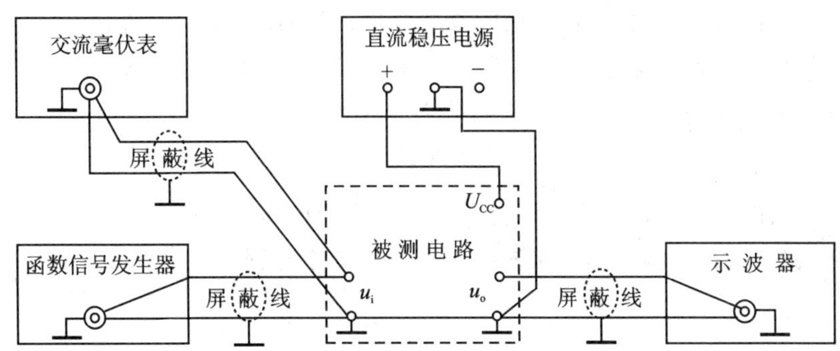

图 1-1　模拟电子电路中常用电子仪器布局图

1. 示波器

示波器是一种用途很广的电子测量仪器，它既能直接显示电信号的波形，又能对电信号进行各种参数的测量。现着重指出下列几点：

(1) 寻找扫描光迹：将示波器 Y 轴显示方式置“Y_1”或“Y_2”，输入耦合方式置“GND”。开机并预热后，若在显示屏上不出现光点和扫描基线，可按下列操作去找到扫描线：

① 适当调节亮度旋钮。

② 触发方式开关置“自动”。

③ 适当调节垂直(⇅)、水平(⇄)“位移”旋钮，使扫描光迹位于屏幕中央。若示波器设有

"寻迹"按键,可按下"寻迹"按键,判断光迹偏移基线的方向。

(2) 双踪示波器一般有 5 种显示方式,即"Y_1""Y_2""Y_1+Y_2"3 种单踪显示方式和"交替""断续"2 种双踪显示方式。"交替"显示一般在输入信号频率较高时使用;"断续"显示一般在输入信号频率较低时使用。

(3) 为了显示稳定的被测信号波形,"触发源选择"开关一般选为"内"触发,使扫描触发信号取自示波器内部的 Y 通道。

(4) 触发方式开关通常先置于"自动"位置,待调出波形后,若被显示的波形不稳定,可置触发方式开关于"常态"位置,通过调节"触发电平"旋钮找到合适的触发电压,使被测试的波形稳定地显示在示波器屏幕上。

有时,由于选择了较慢的扫描速率,显示屏上将会出现闪烁的光迹,但被测信号的波形不在 X 轴方向左右移动,这样的现象仍属于稳定显示。

(5) 适当调节"扫描速率"开关及"Y 轴灵敏度"开关,使屏幕上显示 1～2 个周期的被测信号波形。在测量幅值时,应注意将"Y 轴灵敏度微调"旋钮置于"校准"位置,即顺时针旋到底,且听到关的声音。在测量周期时,应注意将"X 轴扫速微调"旋钮置于"校准"位置,即顺时针旋到底,且听到关的声音。还要注意"扩展"旋钮的位置及使用范围。

根据被测波形在屏幕坐标刻度上垂直方向所占的格数(div 或 cm)与"Y 轴灵敏度"开关指示值(V/div)的乘积,即可算得信号幅值的实测值。

根据被测信号波形的一个周期在屏幕坐标刻度水平方向所占的格数(div 或 cm)与"扫速"开关指示值(t/div)的乘积,即可算得信号频率的实测值。

2. 函数信号发生器

函数信号发生器按需要输出正弦波、方波、三角波 3 种信号波形。输出电压最大可达峰-峰值 20 V。通过输出衰减开关和输出幅度调节旋钮,可使输出电压在毫伏级到伏级范围内连续调节。函数信号发生器的输出信号频率可以通过频率分挡开关进行调节。

函数信号发生器作为信号源,它的输出端不允许短路。

3. 交流毫伏表

交流毫伏表只能在其工作频率范围内测量正弦交流电压的有效值。

为了防止过载而损坏,测量前一般先把量程开关置于量程较大的位置上,然后在测量中逐挡减小量程。

三、实验设备与器件

(1) 函数信号发生器;

(2) 双踪示波器;

(3) 交流毫伏表。

四、实验内容

1. 用机内校正信号对示波器进行自检

(1) 扫描基线调节:将示波器的显示方式开关置于"单踪"显示(Y_1 或 Y_2),输入耦合方式开关置于“GND”，触发方式开关置于“自动”。开启电源开关后，调节“辉度”“聚焦”“辅助聚焦”等旋钮，使荧光屏上显示一条细而且亮度适中的扫描基线。然后调节“X 轴位移”(⇄)和“Y 轴位移”(⇅)旋钮，使扫描线位于屏幕中央，并且能上下左右移动自如。

(2) 测试“校正信号”波形的幅度、频率：将示波器的“校正信号”通过专用电缆线引入选定的 Y 通道(Y_1 或 Y_2)，将 Y 轴输入耦合方式开关置于“AC”或“DC”，触发源选择开关置“内”，内触发源选择开关置“Y_1”或“Y_2”。调节 X 轴“扫描速率”开关(t/div)和 Y 轴“输入灵敏度”开关(V/div)，使示波器显示屏上显示出一个或数个周期稳定的方波信号。

① 校准“校正信号”幅度。

将“Y 轴灵敏度微调”旋钮置于“校准”位置，“Y 轴灵敏度”开关置于适当位置，读取校正信号幅度，记入表 1-1 中。

表 1-1

测试项目	标 准 值	实 测 值
幅度峰-峰值 U/V		
频率 f/kHz		
上升沿时间/μs		
下降沿时间/μs		

注意：不同型号的示波器，其标准值不同，应将所使用示波器的标准值填入表格中。

② 校准“校正信号”频率。

将“扫速微调”旋钮置于“校准”位置，“扫速”开关置于适当位置，读取校正信号周期，记入表 1-1 中。

③ 测量“校正信号”的上升时间和下降时间。

调节“Y 轴灵敏度”开关及微调旋钮，并移动波形，使方波信号在垂直方向上正好占据中心轴上，且上、下对称，便于读取数据。通过扫速开关逐级提高扫描速度，使波形在 X 轴方向扩展(必要时可以利用“扫速扩展”开关将波形再扩展 10 倍)，并同时调节触发电平旋钮，从显示屏上清楚地读出上升沿时间和下降沿时间，记入表 1-1 中。

2. 用示波器和交流毫伏表测量信号参数

调节函数信号发生器有关旋钮，使输出频率分别为 100 Hz、1 kHz、10 kHz、100 kHz，其有效值均为 1 V(交流毫伏表测量值)的正弦波信号。

改变示波器“扫速”开关及“Y 轴灵敏度”开关等位置，测量信号源输出电压频率及峰-峰值，记入表 1-2 中。

表 1-2

信号电压频率 f/kHz	示波器测量值		信号电压毫伏表读数/V	示波器测量值	
	周期 T/ms	频率 f/kHz		峰-峰值/V	有效值 U/V
0.1			1.0		
1			1.0		
10			1.0		
100			1.0		

3. 测量两波形间的相位差

(1) 观察双踪显示波形“交替”与“断续”两种显示方式的特点。

Y_1、Y_2 均不加输入信号,输入耦合方式置“GND”,扫速开关置扫速较低挡位(如 0.5 s/div 挡)或扫速较高挡位(如 5 μs/div 挡);把显示方式开关分别置“交替”和“断续”位置,观察两条扫描基线的显示特点,并记录之。

(2) 用双踪显示测量两波形间的相位差。

① 按图 1-2 连接实验电路,将函数信号发生器的输出电压调至频率为 1 kHz,幅值为 2 V 的正弦波;经 RC 移相网络获得频率相同但相位不同的两路信号 u_i 和 u_R,分别加到双踪示波器的 Y_1 和 Y_2 的输入端。

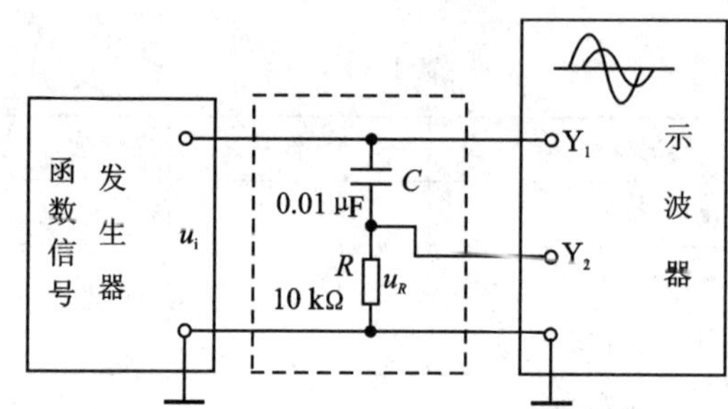

图 1-2 两波形间相位差的测量电路

为便于稳定波形,比较两波形相位差,应使内触发信号取自被设定的一路信号,而该信号作为测量基准。

② 把显示方式开关置“交替”挡位,将 Y_1 和 Y_2 输入耦合方式开关置“⊥”挡位,调节 Y_1、Y_2 的(⇅)移位旋钮,使两条扫描基线重合。

③ 将 Y_1、Y_2 输入耦合方式开关置“AC”挡位,调节触发电平、扫速开关及 Y_1、Y_2 灵敏度开关位置,使在荧光屏上显示出易于观察的两个相位不同的正弦波形 u_i 及 u_R,如图 1-3 所示。

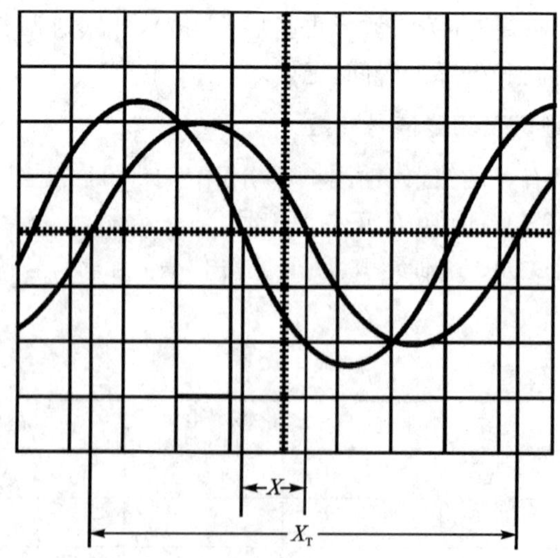

图 1-3 双踪示波器显示两相位不同的正弦波

根据两波形在水平方向差距 X 及信号周期 X_T,可求得两波形相位差 θ,即

$$\theta = \frac{X(\text{div})}{X_T(\text{div})} \times 360°$$

式中：X_T—— 一个周期所占格数；X—— 两个波形在 X 轴方向的差距格数。记录两波形的相位差于表1-3中。

表1-3

一个周期格数	两个波形在 X 轴上的差距格数	相位差	
		实测值	计算值
X_T	$X=$	$\theta=$	$\theta=$

为读数和计算方便，可适当调节扫速开关及微调旋钮，使波形的一周期只占整数格。

五、实验总结

(1) 整理实验数据，并进行分析。

(2) 问题的讨论：

① 如何操作示波器的有关旋钮，以便从示波器显示屏上观察到稳定、清晰的波形？

② 用双踪示波器显示波形，并要求比较相位时，为在显示屏上得到稳定波形，应怎样选择下列开关的位置：

a) 显示方式选择(Y_1、Y_2、Y_1+Y_2、交替、断续)；

b) 触发方式(常态、自动)；

c) 触发源选择(内、外)；

d) 内触发源选择(Y_1、Y_2、交替)。

(3) 函数信号发生器有哪几种输出波形？它的输出端能否短接，如用屏蔽线作为输出引线，则屏蔽层一端应该接在哪个接线柱上？

(4) 交流毫伏表是用来测量正弦波电压还是非正弦波电压？它的表头指示值是被测信号的什么数值？它是否可以用来测量直流电压的大小？

六、预习要求

(1) 阅读实验附录A中有关示波器部分的内容。

(2) 已知 $C=0.01\ \mu F$，$R=10\ k\Omega$，计算图1-2中RC移相网络的阻抗角 θ。

实验二　晶体管共射极单管放大器

一、实验目的

(1) 学会放大器静态工作点的调试方法，分析静态工作点对放大器性能的影响。

(2) 掌握放大器电压放大倍数、输入电阻、输出电阻及最大不失真输出电压的测试方法。

(3) 熟悉常用电子仪器及模拟电路实验设备的使用。

二、实验原理

图 2-1 为电阻分压式工作点稳定的共射极单管放大器实验电路图。它的偏置电路采用 R_{B1} 和 R_{B2} 组成的分压电路，并在发射极中接有电阻 R_E，以稳定放大器的静态工作点。当在放大器的输入端加入输入信号 u_i 后，在放大器的输出端便可得到一个与 u_i 相位相反、幅值被放大了的输出信号 u_o，从而实现了电压放大。

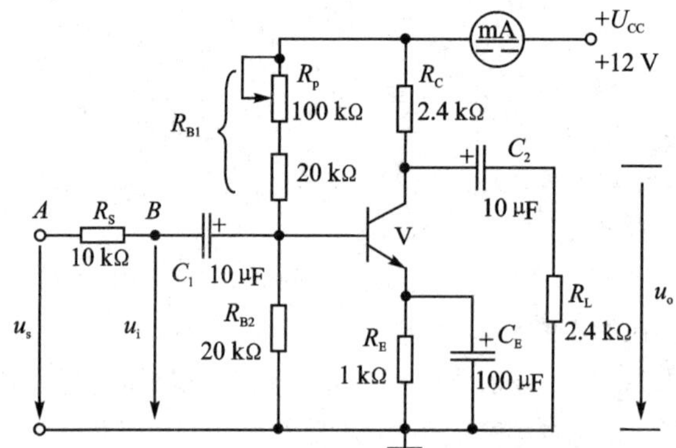

图 2-1　共射极单管放大器实验电路

在图 2-1 电路中，当流过偏置电阻 R_{B1} 和 R_{B2} 的电流远大于晶体管 V 的基极电流 I_B 时(一般 5～10 倍)，其静态工作点可用下式估算：

$$U_B \approx \frac{R_{B2}}{R_{B1}+R_{B2}}U_{CC}$$

$$I_E \approx \frac{U_B-U_{BE}}{R_E} \approx I_C,\quad U_{CE}=U_{CC}-I_C(R_C+R_E)$$

电压放大倍数

$$A_V=-\beta\frac{R_C \mathbin{/\!/} R_L}{r_{BE}}$$

输入电阻
$$R_i=R_{B1} \mathbin{/\!/} R_{B2} \mathbin{/\!/} r_{BE}$$

输出电阻
$$R_o \approx R_C$$

由于电子器件性能的分散性比较大，因此在设计和制作晶体管放大电路时，离不开测量和调试技术。在设计前应测量所用元器件的参数，为电路设计提供必要的依据；在完成设计和装配以后，还必须测量和调试放大器的静态工作点和各项性能指标。一个优质的放大器，必定是理论设计与实验调整相结合的产物。因此，除了学习放大器的理论知识和设计方法外，还必须掌握必要的测量和调试技术。

放大器的测量和调试一般包括放大器静态工作点的测量与调试，消除干扰与自激振荡及放大器各项动态参数的测量与调试等。

1. 放大器静态工作点的测量与调试

(1) 静态工作点的测量

测量放大器的静态工作点，应在输入信号 $u_i=0$ 的情况下进行，即将放大器输入端与地端短接，然后选用量程合适的直流毫安表和直流电压表，分别测量晶体管的集电极电流 I_C 以及各电极对地的电位 U_B、U_C 和 U_E。一般实验中，为了避免断开集电极，可采用测量电压 U_E 或 U_C，然后算出 I_C 的方法。例如，只要测出 U_E，即可用 $I_C \approx I_E = U_E/R_E$ 算出 I_C，也可根据 $I_C=(U_{CC}-U_C)/R_C$，由 U_C 确定 I_C，同时也能算出 $U_{BE}=U_B-U_E$，$U_{CE}=U_C-U_E$。

为了减小误差，提高测量精度，应选用内阻较高的直流电压表。

(2) 静态工作点的调试

放大器静态工作点的调试是指对晶体管集电极电流 I_C(或 U_{CE})的调整与测试。

静态工作点是否合适，对放大器的性能和输出波形都有很大影响。如果静态工作点偏高，则放大器在加入交流信号以后易产生饱和失真，此时 u_o 的负半周将被削底，如图 2-2(a)所示；如果静态工作点偏低，则易产生截止失真，即 u_o 的正半周被缩顶(一般截止失真不如饱和失真明显)，如图 2-2(b)所示。这些情况都不符合不失真放大的要求。所以，在选定工作点以后还必须进行动态调试，即在放大器的输入端加入一定的输入电压 u_i，检查输出电压 u_o 的大小和波形是否满足要求。如不满足，则应调节静态工作点的位置。

改变电路参数 U_{CC}、R_C 和 R_B(R_{B1}、R_{B2})都会引起静态工作点的变化，如图 2-3 所示。但通常多采用调节偏置电阻 R_{B2} 的方法来改变静态工作点，如减小 R_{B2}，则可使静态工作点提高等。

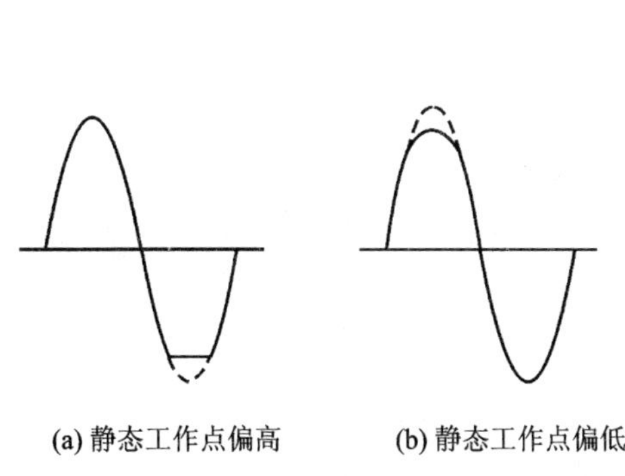

图 2-2　静态工作点对 u_o 波形失真的影响

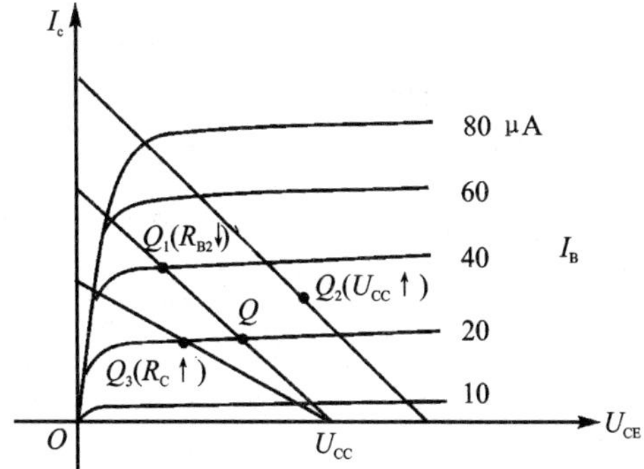

图 2-3　电路参数对静态工作点的影响

最后还要说明的是，上面所说的工作点"偏高"或"偏低"不是绝对的，而是相对信号的幅度而言的，如输入信号幅度很小，即使工作点较高或较低也不一定会出现失真。所以确切地说，产生波形失真是信号幅度与静态工作点设置配合不当所致。如需满足较大信号幅度的要求，静态工作点最好尽量靠近交流负载线的中点。

2. 放大器动态指标测试

放大器动态指标包括电压放大倍数、输入电阻、输出电阻、最大不失真输出电压(动态范围)和通频带等。

(1) 电压放大倍数 A_V 的测量

调整放大器到合适的静态工作点,然后加入输入电压 u_i,在输出电压 u_o 不失真的情况下,用交流毫伏表测出 u_i 和 u_o 的有效值 U_i 和 U_o,则

$$A_V=\frac{U_o}{U_i}$$

(2) 输入电阻 R_i 的测量

为了测量放大器的输入电阻,按图2-4所示电路在被测放大器的输入端与信号源之间串入一个已知电阻 R_S,在放大器正常工作的情况下,用交流毫伏表测出 U_S 和 U_i,则根据输入电阻的定义可得

$$R_i=\frac{U_i}{I_i}=\frac{U_i}{\frac{U_R}{R_S}}=\frac{U_i}{U_S-U_i}R_S$$

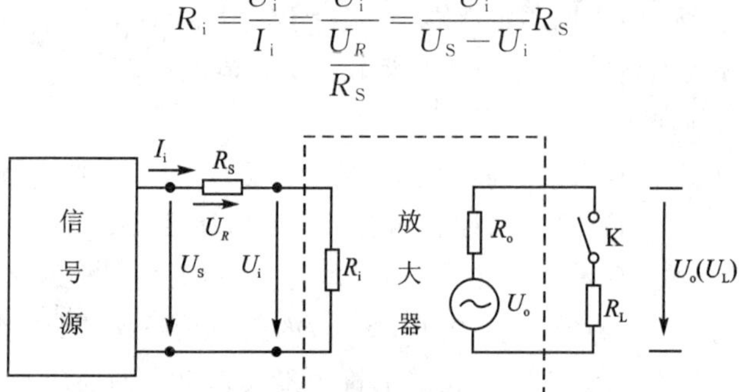

图2-4 输入、输出电阻的测量电路

测量时应注意下列几点:

① 由于电阻 R_S 两端没有电路公共接地点,所以测量 R_S 两端电压 U_R 时必须分别测出 U_S 和 U_i,然后按 $U_R=U_S-U_i$ 求出 U_R 值。

② 电阻 R_S 的值不宜取得过大或过小,以免产生较大的测量误差;通常取 R_S 与 R_i 属同一数量级为好,本实验可取 $R_S=10\sim20\ \text{k}\Omega$。

(3) 输出电阻 R_o 的测量

按图2-4所示电路,在放大器正常工作条件下,测出输出端不接负载 R_L 时的输出电压 U_o 和接入负载后的输出电压 U_L,根据

$$U_L=\frac{R_L}{R_o+R_L}U_o$$

即可求出

$$R_o=(U_o/U_L-1)R_L$$

在测试中应注意,必须保持 R_L 接入前后输入信号的大小不变。

(4) 最大不失真输出峰-峰电压 U_{oPP} 的测量(最大动态范围)

如上所述,为了得到最大的动态范围,应将静态工作点调到交流负载线的中点。为此在放大器正常工作情况下,逐步增大输入信号的幅度,并同时调节 R_p(改变静态工作点),用示波器观察 U_o。当输出波形同时出现削底和缩顶现象(见图2-5)时,说明静态工作点已调到交流负

载线的中点。然后反复调整输入信号，使波形输出幅度最大，且无明显失真时，用交流毫伏表测出 U_o（有效值），则动态范围等于 $2\sqrt{2}U_o$，或用示波器直接读出 U_{oPP} 输出峰峰值 U_o。

（5）放大器幅频特性的测量

放大器的幅频特性是指放大器的电压放大倍数 A_V 与输入信号频率 f 之间的关系曲线。单管阻容耦合放大电路的幅频特性曲线如图 2-6 所示，A_{Vm} 为中频电压放大倍数，通常规定电压放大倍数随频率变化下降到中频放大倍数的 $1/\sqrt{2}$ 倍，即 $0.707A_{Vm}$ 所对应的频率分别称为下限频率 f_L 和上限频率 f_H，则通频带

$$f_{BW} = f_H - f_L$$

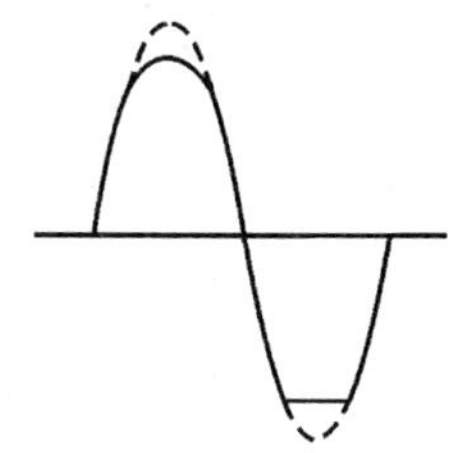

图 2-5　静态工作点正常，输入信号太大引起的失真

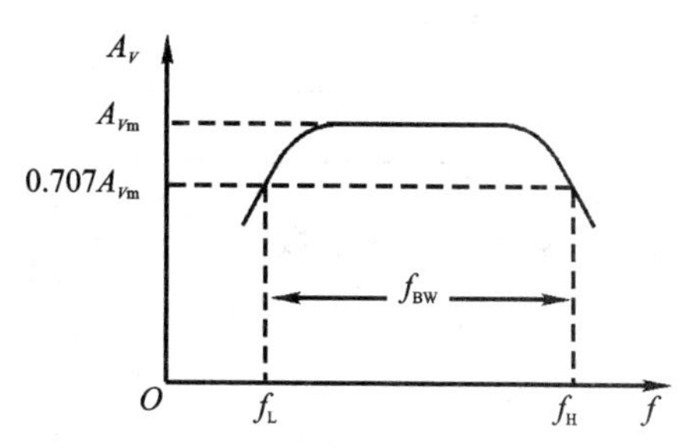

图 2-6　幅频特性曲线

放大器的幅频特性就是测量不同频率信号时的电压放大倍数 A_V。为此，可采用前述测 A_V 的方法，即每改变一个信号频率，测量其相应的电压放大倍数。测量时应注意取点要恰当，在低频段与高频段应多测几点，在中频段可以少测几点。此外，在改变频率时，要保持输入信号的幅度不变，且输出波形不得失真。

三、实验设备与器件

（1）+12 V 直流电源；

（2）函数信号发生器；

（3）双踪示波器；

（4）交流毫伏表；

（5）直流电压表；

（6）直流毫安表；

（7）频率计；

（8）万用电表；

（9）晶体三极管 3DG6×1（β=50～100）或 9011×1（国外型号），引脚排列如图 2-7 所示；

（10）电阻器、电容器若干支。

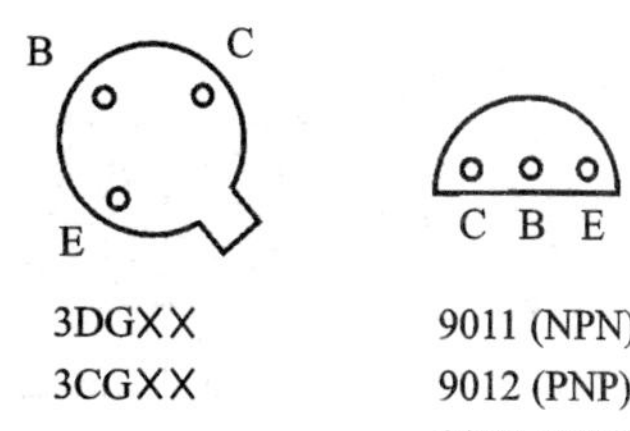

图 2-7　晶体三极管引脚排列

四、实验内容

实验电路如图 2-1 所示。各电子仪器可按实验一中的图 1-1 所示方式连接；为防止干

扰,各仪器的公共端必须连在一起,同时信号源、交流毫伏表和示波器的引线应采用专用电缆线或屏蔽线,如使用屏蔽线,则屏蔽线的外包金属网应接在公共接地端上。

1. 调试静态工作点

接通直流电源前,先将 R_p 调至最大,函数信号发生器输出旋钮旋至零。接通+12 V电源,调节 R_p,使 $I_C=2.0$ mA(即 $U_E=2.0$ V),用直流电压表测量 U_B、U_E 和 U_C,用万用电表测量 R_{B1} 值,并记入表2-1中。

表 2-1

测量值				计算值		
U_B/V	U_E/V	U_C/V	R_{B1}/kΩ	U_{BE}/V	U_{CE}/V	I_C/mA

2. 测量电压放大倍数

在放大器输入端加入频率为1 kHz的正弦信号 u_S,调节函数信号发生器的输出旋钮使放大器输入电压 $U_i\approx 10$ mV,同时用示波器观察放大器输出电压 u_o 的波形,在波形不失真的条件下用交流毫伏表测量表2-2中所列的3种情况下的 U_o 值,并用双踪示波器观察 u_o 和 u_i 的相位关系,记入表中。

表 2-2

R_C/kΩ	R_L/kΩ	U_o/V	A_V	观察记录一组 u_o 和 u_i 波形
2.4	∞			u_i—t 坐标(O);U_o—t 坐标(O)
1.2	∞			
2.4	2.4			

***3. 观察静态工作点对电压放大倍数的影响**

置 $R_C=2.4$ kΩ,$R_L=\infty$,U_i 连续设置测试值,调节 R_p,用示波器监视输出电压波形,在 u_o 不失真的条件下,测量数组 I_C 和 U_o 值,并记入表2-3中。

表 2-3

I_C/mA			2.0		
U_o/V					
A_V					

测量 I_C 时,要先将信号源输出旋钮旋至零(即使 $U_i=0$)。

***4. 观察静态工作点对输出波形失真的影响**

置 $R_C=2.4$ kΩ,$R_L=2.4$ kΩ,$U_i=0$ V,调节 R_p,使 $I_C=2.0$ mA,测出 U_{CE} 值;再逐步加大输入信号,使输出电压 u_o 足够大,但不失真。然后保持输入信号不变,分别增大和减小 R_p,使波形出现失真,绘出 u_o 的波形,并测出失真情况下的 I_C 和 U_{CE} 值,记入表2-4中。注意,在每次测 I_C 和 U_{CE} 值时,都要将信号源的输出旋钮旋至零。

表 2-4

I_C/mA	U_{CE}/V	u_o 波形	失真情况	管子工作状态
		u_o — O — t		
2.0		u_o — O — t		
		u_o — O — t		

*5. 测量最大不失真输出电压

置 R_C=2.4 kΩ, R_L=2.4 kΩ,按照实验原理"2. 放大器动态指标测试"中的第(4)项所述的方法,同时调节输入信号的幅度和电位器 R_p,用示波器和交流毫伏表测量输出峰-峰值 u_{oPP} 及 U_o 值,记入表 2-5 中。

表 2-5

I_C/mA	U_i/mV	u_{oPP}/V	U_o/V

6. 测量输入电阻和输出电阻

置 R_C=2.4 kΩ, R_L=2.4 kΩ, I_C=2.0 mA。输入 f=1 kHz 的正弦信号电压 $U_i \approx$ 10 mV,在输出电压 u_o 不失真的情况下,用交流毫伏表测出 U_S、U_i 和 U_L,记入表 2-6 中。

保持 u_S 不变,断开 R_L,测量输出电压 U_o,记入表 2-6 中。

表 2-6

U_S/mV	U_i/mV	R_i/kΩ		U_L/V	U_o/V	R_o/kΩ	
		测量值	计算值			测量值	计算值

7. 测量幅频特性曲线

置 I_C=2.0 mA, R_C=2.4 kΩ, R_L=2.4 kΩ。保持输入信号 u_i 的幅度不变,改变信号源频率 f,逐点测出相应的输出电压 u_o,并记入表 2-7 中。

表 2-7

测试值	f_L	f_o	f_H
f/kHz			
U_o/V			
$A_V=\frac{U_o}{U_i}$			

为了使信号源频率 f 取值合适,可先粗测一下,找出中频范围,然后再仔细读数。

五、实验总结

(1) 列表整理测量结果,并把实测的静态工作点、电压放大倍数、输入电阻、输出电阻之值与理论计算值比较(取一组数据进行比较),分析产生误差原因。

(2) 总结 R_C、R_L 及静态工作点对放大器电压放大倍数、输入电阻及输出电阻的影响。

(3) 讨论静态工作点变化对放大器输出波形的影响。

(4) 分析并讨论在调试过程中出现的问题。

六、预习要求

(1) 阅读教材中有关单管放大电路的内容并估算实验电路的性能指标。

假设:3DG6 的 $\beta=100$, $R_{B2}=20\ k\Omega$, $R_{B1}=60\ k\Omega$, $R_C=2.4\ k\Omega$, $R_L=2.4\ k\Omega$。估算放大器的静态工作点、电压放大倍数 A_V、输入电阻 R_i 和输出电阻 R_o。

(2) 阅读实验附录中有关放大器干扰和自激振荡消除的内容。

(3) 能否用直流电压表直接测量晶体管的 U_{BE}? 为什么实验中要采用测 U_B、U_E,再间接算出 U_{BE} 的方法?

(4) 怎样测量 R_{B1} 的阻值?

(5) 当调节偏置电阻 R_{B1},使放大器输出波形出现饱和或截止失真时,晶体管的管压降 U_{CE} 怎样变化?

(6) 改变静态工作点对放大器的输入电阻 R_i 有否影响? 改变外接电阻 R_L 对输出电阻 R_o 有否影响?

(7) 在测试 A_V、R_i 和 R_o 时,怎样选择输入信号的大小和频率? 为什么信号频率一般选 1 kHz,而不选 100 kHz 或更高?

(8) 测试中,如果将函数信号发生器、交流毫伏表及示波器中任一仪器的两个测试端子接线换位(即各仪器的接地端不再连在一起),将会出现什么问题?

实验三 负反馈放大器

一、实验目的

加深理解放大电路中引入负反馈的方法和负反馈对放大器各项性能指标的影响。

二、实验原理

负反馈在电子电路中有着非常广泛的应用，虽然它使放大器的放大倍数降低，但能在多方面改善放大器的动态指标，如稳定放大倍数，改变输入、输出电阻，减小非线性失真和展宽通频带等。因此，几乎所有的实用放大器都带有负反馈。

负反馈放大器有 4 种组态，即电压串联、电压并联、电流串联和电流并联。本实验以电压串联负反馈为例，分析负反馈对放大器各项性能指标的影响。

1. 电压串联负反馈放大器的主要性能指标

图 3-1 所示为带有负反馈的两级阻容耦合放大电路。在电路中通过 R_f 把输出电压 u_o（C_3 的正极电压）引回到输入端，加在晶体管 V_1 的发射极上，在发射极电阻 R_{F1} 上形成反馈电压 u_f。根据反馈的判断法可知，它属于电压串联负反馈。

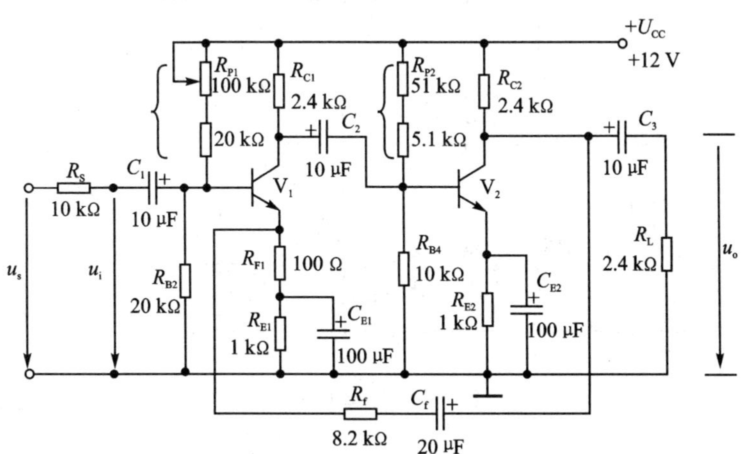

图 3-1 带有电压串联负反馈的两级阻容耦合放大器

该负反馈放大器的主要性能指标如下：

（1）闭环电压放大倍数

$$A_{Vf}=\frac{A_V}{1+A_VF_V}$$

式中：$A_V=U_o/U_i$ 为基本放大器（无反馈）的电压放大倍数，即开环电压放大倍数；

$1+A_VF_V$ 为反馈深度，它的大小决定了负反馈对放大器性能改善的程度。

(2) 反馈系数

$$F_V=\frac{R_{F1}}{R_f+R_{F1}}$$

(3) 输入电阻

$$R_{if}=(1+A_VF_V)R_i$$

式中:R_i 为基本放大器的输入电阻。

(4) 输出电阻

$$R_{of}=\frac{R_o}{A_{Vo}F_V}$$

式中:R_o为基本放大器的输出电阻;A_{Vo}为基本放大器在 $R_L=\infty$时的电压放大倍数。

2. 测量基本放大器的动态参数

本实验还需要测量基本放大器的动态参数。然而,如何实现无反馈而得到基本放大器呢?不能简单地断开反馈支路,而是要去掉反馈作用,但又要把反馈网络的影响(负载效应)考虑到基本放大器中去。为此:

(1) 在画基本放大器的输入回路时,因为是电压负反馈,所以可将负反馈放大器的输出端交流短路,即令 $u_o=0$ V,此时 R_f 相当于并联在 R_{F1} 上。

(2) 在画基本放大器的输出回路时,由于输入端是串联负反馈,因此需将反馈放大器的输入端(V_1 管的射极)开路,此时(R_f+R_{F1})相当于并接在输出端。由此可近似认为 R_f 并接在输出端。

根据上述规律,就可得到所要求的如图 3-2 所示的基本放大器。

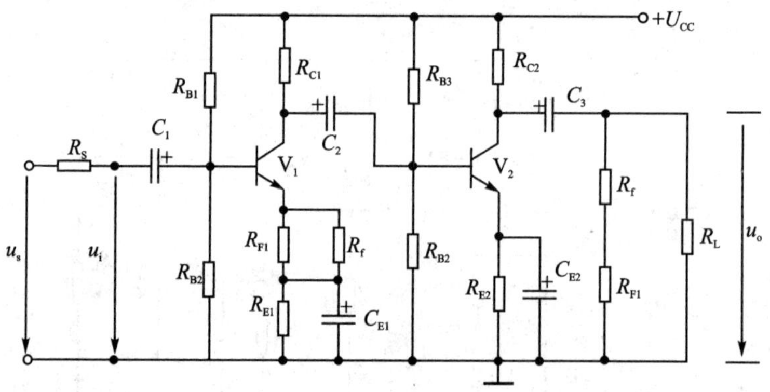

图 3-2 基本放大器

三、实验设备与器件

(1) +12 V 直流电源;

(2) 函数信号发生器;

(3) 双踪示波器;

(4) 频率计;

(5) 交流毫伏表;

(6) 直流电压表;

(7) 晶体三极管 3DG6×2 支(β=50～100)或 9011×2 支;

(8) 电阻器、电容器若干支。

四、实验内容

1. 测量静态工作点

按图 4 - 1 连接实验电路，取 $U_{CC}=+12$ V，$U_i=0$ V，用直流电压表分别测量第一级、第二级的静态工作点，并记入表 3 - 1 中。

表 3 - 1

级　别	U_B/V	U_E/V	U_C/V	I_C/mA
第一级				2
第二级				2

2. 测试基本放大器的各项性能指标

将实验电路按图 3 - 2 改接，即把 R_f 断开后分别并在 R_{F1} 和 R_L 上，其他连线不动。

(1) 测量中频电压放大倍数 A_V、输入电阻 R_i 和输出电阻 R_o

① 以 $f=1$ kHz、U_S 约 8 mV 正弦信号输入放大器，用示波器监视输出波形 u_o，在 u_o 不失真的情况下，用交流毫伏表测量 U_S、U_i 和 U_L，记入表 3 - 2 中。

表 3 - 2

放大器类别	U_S/mV	U_i/mV	U_L/mV	U_o/V	A_V	R_i/kΩ	R_o/kΩ
基本放大器							
负反馈放大器							

② 保持 U_S 不变，断开负载电阻 R_L(注意，R_f 不要断开)，测量空载时的输出电压 U_o，记入表 3 - 2 中。

(2) 测量通频带

接上 R_L，保持(1)中的 U_S 不变，然后增加和减小输入信号的频率，找出上、下限频率 f_H 和 f_L，记入表 3 - 3 中。

表 3 - 3

基本放大器	f_L/kHz	f_H/kHz	Δf/kHz
负反馈放大器	f_{Lf}/kHz	f_{Hf}/kHz	Δf_f/kHz

3. 测试负反馈放大器的各项性能指标

将实验电路恢复为图 3 - 1 所示的负反馈放大电路。适当加大 U_S(约 10 mV)，在输出波形不失真的条件下，测量负反馈放大器的 A_{Vf}、R_{if} 和 R_{of}，记入表 3 - 2 中；测量 f_{Hf} 和 f_{Lf}，记入表 3 - 3 中。

***4. 观察负反馈对非线性失真的改善**

(1) 实验电路改接成基本放大器形式,在输入端加入 $f=1$ kHz 的正弦信号,输出端接示波器,逐渐增大输入信号的幅度,使输出波形开始出现失真,记下此时的波形和输出电压的幅度。

(2) 再将实验电路改接成负反馈放大器形式,增大输入信号幅度,使输出电压幅度的大小与(1)相同,比较有负反馈时,输出波形的变化。

五、实验总结

(1) 将基本放大器和负反馈放大器动态参数的实测值和理论估算值列表进行比较。

(2) 根据实验结果,总结电压串联负反馈对放大器性能的影响。

六、预习要求

(1) 复习教材中有关负反馈放大器的内容。

(2) 按实验电路图 3-1 估算放大器的静态工作点(取 $\beta_1=\beta_2=100$)。

(3) 怎样把负反馈放大器改接成基本放大器?为什么要把 R_f 并接在输入和输出端?

(4) 估算基本放大器的 A_V、R_i 和 R_o;估算负反馈放大器的 A_{Vf}、R_{if} 和 R_{of},并验算它们之间的关系。

(5) 如按深负反馈估算,则闭环电压放大倍数 A_{Vf} 是多少?该值和测量值是否一致?为什么?

(6) 如输入信号存在失真,能否用负反馈来改善?

(7) 怎样判断放大器是否存在自激振荡?如何进行消振?

实验四　射极跟随器

一、实验目的

(1) 掌握射极跟随器的特性及测试方法。

(2) 进一步学习放大器各项参数测试方法。

二、实验原理

射极跟随器的原理如图 4-1 所示。它是一个电压串联负反馈放大电路，具有输入电阻高，输出电阻低，电压放大倍数接近于 1，输出电压能够在较大范围内跟随输入电压作线性变化以及输入、输出信号同相等特点。

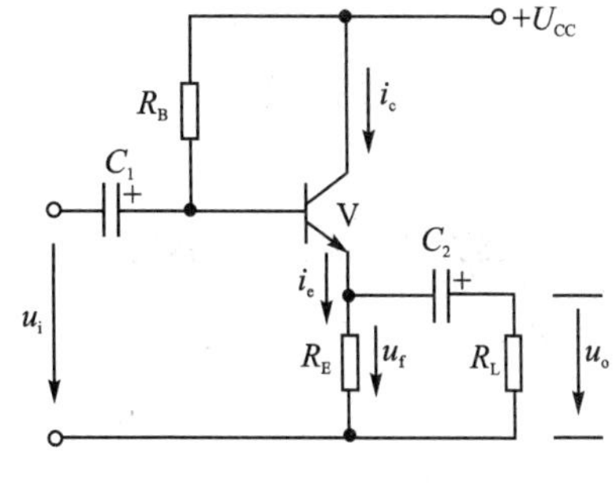

图 4-1　射极跟随器

射极跟随器的输出取自发射极，故称其为射极输出器。

1. 输入电阻 R_i 的计算

由图 4-1 电路可知：

$$R_i = r_{BE} + (1+\beta)R_E$$

如考虑偏置电阻 R_B 和负载 R_L 的影响，则

$$R_i = R_B /\!/ [r_{BE} + (1+\beta)(R_E /\!/ R_L)]$$

式中：r_{BE} 为 BE 结的交流电阻。由上式可知射极跟随器的输入电阻 R_i 比共射极单管放大器的输入电阻 $R_i = R_B /\!/ r_{BE}$ 要高得多，但由于偏置电阻 R_B 的分流作用，输入电阻难以进一步提高。

输入电阻的测试方法同单管放大器一样，实验线路如图 4-2 所示。因此，射极跟随器的输入电阻 R_i 为

$$R_i = \frac{U_i}{I_i} = \frac{U_i}{U_s - U_i} R_S$$

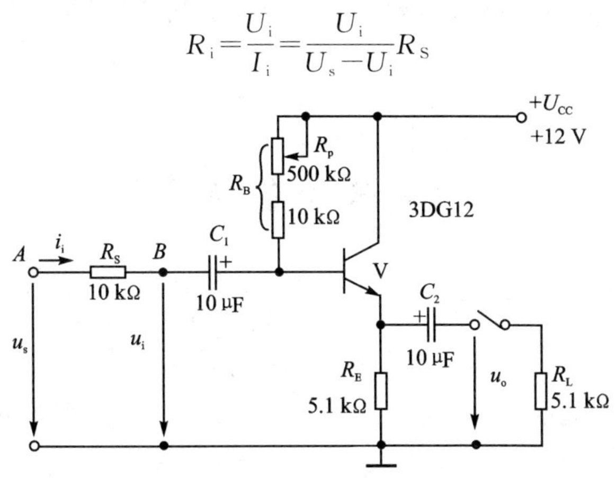

图 4-2　射极跟随器实验电路

即只要测得 A、B 两点的对地电位即可计算出 R_i。

2. 输出电阻 R_o 的计算

由图 4-1 所示的电路可知：

$$R_o=\frac{r_{BE}}{\beta}/\!/R_E\approx\frac{r_{BE}}{\beta}$$

如考虑信号源内阻 R_S，则

$$R_o=\frac{r_{BE}+(R_S/\!/R_B)}{\beta}/\!/R_E\approx\frac{r_{BE}+(R_S/\!/R_B)}{\beta}$$

由上式可知，射极跟随器的输出电阻 R_o 比共射极单管放大器的输出电阻 $R_o\approx R_C$ 低得多。所以，选取三极管的 β 值愈高，则输出电阻愈小。

输出电阻 R_o 的测试方法亦同单管放大器一样，即先测出空载输出电压 U_o，再测接入负载 R_L 后的输出电压 U_L，根据

$$U_L=\frac{R_L}{R_o+R_L}U_o$$

即可求出输出电阻 R_o 的值，即

$$R_o=(U_o/U_i-1)R_L$$

3. 电压放大倍数 A_V 的计算

由图 4-1 电路可知，A_V 值为

$$A_V=\frac{(1+\beta)(R_E/\!/R_L)}{r_{BE}+(1+\beta)(R_E/\!/R_L)}\leqslant 1$$

上式说明射极跟随器的电压放大倍数小于等于 1，且为正值。这是深度电压负反馈所致。然而，它的射极电流仍比基极电流大 $(1+\beta)$ 倍，所以它具有一定的电流和功率放大作用。

4. 电压跟随范围 U_o 的峰-峰值计算

电压跟随范围是指射极跟随器输出电压 u_o 跟随输入电压 u_i 作线性变化的区域。当 u_i 超过一定范围时，u_o 便不能跟随 u_i 作线性变化，即 u_o 波形产生了失真。为了使输出电压 u_o 正、负半周对称，并充分利用电压跟随范围，静态工作点应选在交流负载线中点，测量时可直接用示波器读取 u_o 的峰-峰值，即电压跟随范围；或用交流毫伏表读取 u_o 的有效值，则电压跟随范围

$$U_{oPP}=2\sqrt{2}U_o$$

三、实验设备与器件

(1) +12 V 直流电源；
(2) 函数信号发生器；
(3) 双踪示波器；
(4) 交流毫伏表；
(5) 直流电压表；
(6) 频率计；
(7) 3DG12×1 支(β=50～100)或 9013；
(8) 电阻器、电容器若干支。

四、实验内容

按图 4－2 所示组接电路，并调整静态工作点，测量 A_V、R_o、R_i、跟随特性和频率特性。

1. 静态工作点的调整

接通＋12 V 直流电源，在 B 点加入 f＝1 kHz 正弦信号 u_i，输出端用示波器监视输出波形，反复调整 R_p 及信号源的输出幅度，使在示波器的屏幕上得到一个最大不失真输出波形，然后置 U_i＝0 V，用直流电压表测量晶体管各电极对地电位，将测得数据记入表 4－1 中。

表 4－1

U_E/V	U_B/V	U_C/V	I_E/mA

在下面整个测试过程中应保持 R_p 值不变(即保持静工作点 I_E 不变)。

2. 测量电压放大倍数 A_V

接入负载 R_L＝1 kΩ，在 B 点加 f＝1 kHz 正弦信号 u_i，调节输入信号幅度，用示波器观察输出波形 u_o，在输出最大不失真情况下，用交流毫伏表测 U_i、U_L 值，并记入表 4－2 中。

表 4－2

U_i/V	U_L/V	A_V

3. 测量输出电阻 R_o

接上负载电阻(R_L＝1 kΩ)，在 B 点加 f＝1 kHz 正弦信号 u_i，用示波器监视输出波形，测出空载输出电压 U_o 及有负载输出电压 U_L，并记入表 4－3 中。

表 4－3

U_o/V	U_L/V	R_o/kΩ

4. 测量输入电阻 R_i

在 A 点加 f＝1 kHz 的正弦信号 u_S，用示波器监视输出波形，用交流毫伏表分别测出 A、B 点对地的电位 U_S、U_i，并记入表 4－4 中。

表 4－4

U_S/V	U_i/V	R_i/kΩ

5. 测试跟随特性

接入负载 R_L＝1 kΩ，在 B 点加入 f＝1 kHz 正弦信号 u_i，逐渐增大信号 u_i 幅值，用示波器监视输出波形直至输出波形达到最大且不失真,测量对应的 U_L 值,并记入表 4-5 中。

表 4-5

U_i/V						
U_L/V						

6. 测试频率响应特性

保持输入信号 u_i 幅值不变,改变信号源频率,用示波器监视输出波形,用交流毫伏表测量不同频率下的输出电压 U_L 值,并记入表 4-6 中。

表 4-6

f/kHz						
U_L/V						

五、预习要求

(1) 复习射极跟随器的工作原理。

(2) 根据图 4-2 的元件参数值估算静态工作点,并画出交、直流负载线。

六、实验报告

(1) 整理实验数据,将测量数据 A_V、R_o、R_i 与理论计算值进行比较,并分析误差原因。

(2) 分析射极跟随器的性能和特点。

附:采用自举电路的射极跟随器

在一些电子测量仪器中,为了减小仪器对信号源所取用的电流,以提高测量精度,通常采用图 5-3 所示带有自举电路的射极跟随器,以提高偏置电路的等效电阻,从而保证射极跟随器有足够高的输入电阻。

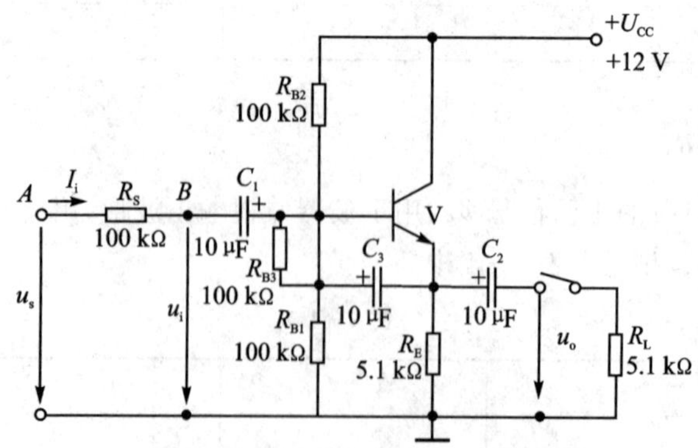

图 4-3 有自举电路的射极跟随器

实验五　差动放大器

一、实验目的

(1) 加深对差动放大器性能及特点的理解。

(2) 学习差动放大器主要性能指标的测试方法。

二、实验原理

图 5-1 是差动放大器的基本结构。它由两个元件参数相同的基本共射放大电路组成。当开关 K 拨向左边时，构成典型的差动放大器。调零电位器 R_p 用来调节 V_1、V_2 管的静态工作点，使得输入信号 $u_i=0$ V 时，双端输出电压 $u_o=0$ V。R_E 为两管共用的发射极电阻，它对差模信号无负反馈作用，因而不影响差模电压的放大倍数，但对共模信号有较强的负反馈作用，故可以有效地抑制零漂，达到稳定静态工作点的目的。

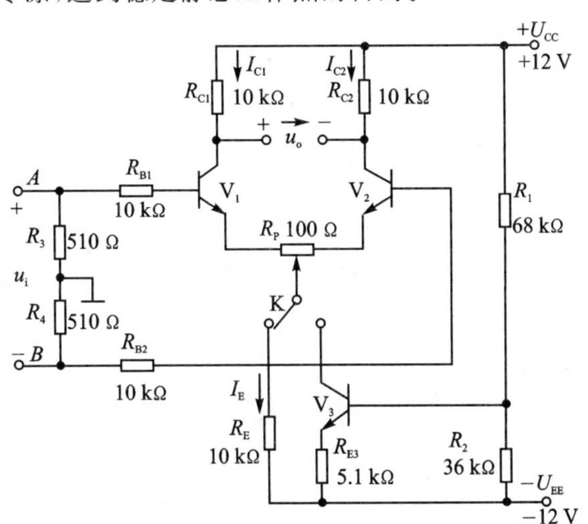

图 5-1　差动放大器实验电路

当开关 K 拨向右边时，构成具有恒流源的差动放大器。它用晶体管恒流源代替发射极电阻 R_E，可以进一步提高差动放大器抑制共模信号的能力。

1. 静态工作点的估算

典型电路中

$$I_E \approx \frac{|U_{EE}|-U_{BE}}{R_E} \quad (\text{认为 } U_{B1}=U_{B2}\approx 0), \qquad I_{C1}=I_{C2}=\frac{1}{2}I_E$$

恒流源电路中

$$I_{C3}\approx I_{E3}\approx \frac{\dfrac{R_2}{R_1+R_2}(U_{CC}+|U_{EE}|)-U_{BE}}{R_{E3}}, \qquad I_{C1}=I_{C2}=\frac{1}{2}I_{C3}$$

2. 差模电压放大倍数和共模电压放大倍数

当差动放大器的射极电阻 R_E 足够大,或采用恒流源电路时,差模电压放大倍数 A_d 由输出端方式决定,而与输入方式无关。

双端输出: $R_E=\infty$,R_p 在中心位置时

$$A_d=\frac{\Delta U_o}{\Delta U_i}=-\frac{\beta R_C}{R_B+r_{BE}+\frac{1}{2}(1+\beta)R_p}$$

单端输出:

$$A_{d1}=\frac{\Delta U_{C1}}{\Delta U_i}=\frac{1}{2}A_d,\quad A_{d2}=\frac{\Delta U_{C2}}{\Delta U_i}=-\frac{1}{2}A_d$$

当输入共模信号时,若为单端输出,则有

$$A_{C1}=A_{C2}=\frac{\Delta U_{C1}}{\Delta U_i}=\frac{-\beta R_C}{R_B+r_{BE}+(1+\beta)\left(\frac{1}{2}R_p+2R_E\right)}\approx-\frac{R_C}{2R_E}$$

若为双端输出,在理想情况下

$$A_C=\frac{\Delta U_o}{\Delta U_i}=0$$

实际上由于元件不可能完全对称,因此 A_C 也不会绝对等于零。

3. 共模抑制比 CMRR

为了表征差动放大器对有用信号(差模信号)的放大作用和对共模信号的抑制能力,通常用一个综合指标来衡量,即共模抑制比表示,即

$$\text{CMRR}=\left|\frac{A_d}{A_C}\right| \quad 或 \quad \text{CMRR}=20\lg\left|\frac{A_d}{A_C}\right|(\text{dB})$$

差动放大器的输入信号可采用直流信号,也可采用交流信号。本实验由函数信号发生器提供频率 $f=1$ kHz 的正弦信号作为输入信号。

三、实验设备与器件

(1) ±12 V 直流电源; (2) 函数信号发生器;
(3) 双踪示波器; (4) 交流毫伏表; (5) 直流电压表;
(6) 晶体三极管 3DG6×3 支,要求 V_1、V_2 管特性参数一致(或 9011×3);
(7) 电阻器、电容器若干支。

四、实验内容

1. 典型差动放大器的性能测试

按图 6-1 连接实验电路,开关 K 拨向左边构成典型差动放大器。

(1) 测量静态工作点

① 调节放大器零点:信号源不接入,并将放大器输入端 A、B 与地短接,接通±12 V 直流电源,用直流电压表测量输出电压 U_o,调节调零电位器 R_p,使 $U_o=0$ V。调节要仔细,力求准确。

② 测量静态工作点：零点调好以后，用直流电压表测量 V_1、V_2 管各电极电位及射极电阻 R_E 两端的电压 U_{RE}，并记入表 5-1 中。

表 5-1

	U_{C1}/V	U_{B1}/V	U_{E1}/V	U_{C2}/V	U_{B2}/V	U_{E2}/V	U_{RE}/V
测量值							
计算值	I_C/mA		I_B/mA		U_{CE}/V		

(2) 测量差模电压放大倍数

断开直流电源，将函数信号发生器的输出端接放大器输入 A 端，地端接放大器输入 B 端，由此构成双端输入方式（注意此时信号源浮地）。调节输入信号为频率 $f=1$ kHz 的正弦信号，并使输出旋钮旋至零，用示波器监视输出端（集电极 C_1 或 C_2 与地之间）。

接通±12 V 直流电源，逐渐增大输入电压 U_i（约 100 mV），在输出波形无失真的情况下，用交流毫伏表测 U_i、U_{C1}、U_{C2}，并记入表 5-2；观察 u_i、u_{C1}、u_{C2} 之间的相位关系及 U_{RE} 随 U_i 改变而变化的情况。

(3) 测量共模电压放大倍数

将放大器 A、B 短接，信号源接 A 端与地之间，构成共模输入方式。要求调节输入信号 $f=1$ kHz，$U_i=1$ V，在输出电压无失真的情况下，测量 U_{C1} 和 U_{C2} 之值，记入表 5-2 中；并观察 u_i、u_{C1}、u_{C2} 之间的相位关系及 U_{RE} 随 U_i 改变而变化的情况。

2. 具有恒流源的差动放大电路的性能测试

将图 5-1 电路中开关 K 拨向右边，构成具有恒流源的差动放大电路。重复上面内容的第(2)步和第(3)步的要求，记入表 5-2 中。

表 5-2

测量值	典型差动放大电路		具有恒流源差动放大电路	
	单端输入	共模输入	单端输入	共模输入
U_i	100 mV	1 V	100 mV	1 V
U_{C1}/V				
U_{C2}/V				
$A_{d1}=\frac{U_{C1}}{U_i}$		/		/
$A_d=\frac{U_o}{U_i}$		/		/
$A_{C1}=\frac{U_{C1}}{U_i}$	/		/	
$A_C=\frac{U_o}{U_i}$	/		/	
$CMRR=\left\|\frac{A_d}{A_C}\right\|$				

五、实验总结

(1) 整理实验数据,列表比较实验结果和理论估算值,分析误差原因。

① 静态工作点和差模电压放大倍数。

② 典型差动放大电路单端输出时的CMRR实测值与理论值的比较。

③ 典型差动放大电路单端输出时CMRR的实测值与具有恒流源的差动放大器CMRR实测值比较。

(2) 比较 u_i、u_{C1} 和 u_{C2} 之间的相位关系。

(3) 根据实验结果,总结电阻 R_E 和恒流源的作用。

六、预习要求

(1) 根据实验电路的参数,估算典型差动放大器和具有恒流源的差动放大器的静态工作点及差模电压放大倍数(取 $\beta_1=\beta_2=100$)。

(2) 测量静态工作点时,放大器输入端 A、B 与地应如何连接?

(3) 实验中怎样获得双端和单端输入差模信号?怎样获得共模信号?画出 A、B 端与信号源之间的连接图。

(4) 怎样进行静态调零点?用什么仪表测 U_o?

(5) 怎样用交流毫伏表测双端输出电压 u_o?

实验六　集成运算放大器性能指标的测试

一、实验目的

(1) 掌握运算放大器主要指标的测试方法。

(2) 通过对运算放大器 μA741 指标的测试,了解集成运算放大器组件的主要参数的定义和表示方法。

二、实验原理

集成运算放大器是一种线性集成电路,和其他半导体器件一样,是用一些性能指标来衡量其质量的优劣。为了正确使用集成运放,就必须了解它的主要参数指标。集成运放组件的各项指标通常是由专用仪器进行测试的,这里介绍的是一种简易测试方法。

本实验采用的集成运放型号为 μA741(或 F007),引脚排列如图 6-1 所示,它是 8 脚双列直插式组件,其 2 脚和 3 脚为反相和同相输入端,6 脚为输出端,7 脚和 4 脚为正、负电源端,1 脚和 5 脚为失调调零端,1 脚和 5 脚之间可接入一只几十 kΩ 的电位器并将滑动触头接到负电源端,8 脚为空脚。

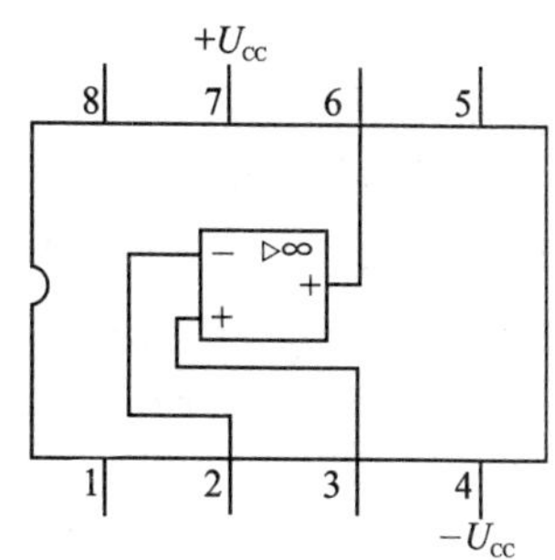

图 6-1　μA741 引脚图

1. μA741 主要指标测试

(1) 输入失调电压 U_{oS}

对于理想运放组件,当输入信号为零时,其输出也为零。但是即使是最优质的集成组件,由于运放内部差动输入级参数的不完全对称,输出电压往往不为零。这种零输入时输出不为零的现象称为集成运放的失调。

输入失调电压 U_{oS} 是指输入信号为零时,输出端出现的电压折算到同相输入端的数值。

失调电压测试电路如图 6-2 所示。

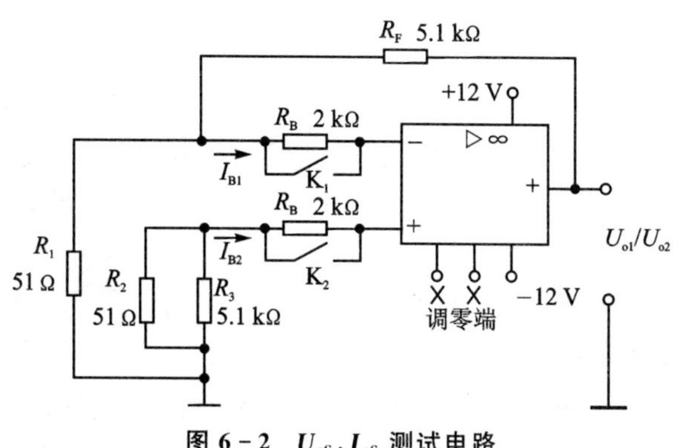

图 6-2　U_{oS}、I_{oS} 测试电路

闭合开关 K_1 及 K_2,使电阻 R_B 短接,测量此时的输出电压 U_{o1} 即为输出失调电压(K_1、K_2 闭合时的电压),而输入失调电压为

$$U_{oS}=\frac{R_1}{R_1+R_F}U_{o1}$$

实际测出的 U_{o1} 可能为正,也可能为负,一般在 1~5 mV;对于高质量的运放 U_{oS} 一般在 1 mV 以下。

测试中应注意:

① 将运放调零端开路。

② 要求电阻 R_1 和 R_2、R_3 和 R_F 的参数严格对称。

(2) 输入失调电流 i_{oS}

输入失调电流 i_{oS} 是指当输入信号为零时,运放的两个输入端的基极偏置电流之差,即

$$i_{oS}=|i_{B1}-i_{B2}|$$

输入失调电流 i_{oS} 的大小反映了运放内部差动输入级两个晶体管 β 的失配度,由于 i_{B1}、i_{B2} 本身的数值已很小(微安级),因此它们的差值通常不是直接测量的,测试电路如图 6-2 所示。

测试分两步进行:

① 闭合开关 K_1 及 K_2,在低输入电阻下,测出输出电压 u_{o1};如前所述,这是由输入失调电压 U_{oS} 所引起的输出电压。

② 断开 K_1 及 K_2,两个输入电阻 R_B 接入;由于 R_B 阻值较大,流经它们的输入电流的差异,将变成输入电压的差异。因此,也会影响输出电压的大小,可见测出两个电阻 R_B 接入时的输出电压 U_{o2},若从中扣除输入失调电压 U_{oS} 的影响,则输入失调电流 i_{oS} 为

$$i_{oS}=|i_{B1}-i_{B2}|=|U_{02}-U_{o1}|\frac{R_1}{R_1+R_F}\cdot\frac{1}{R_B}$$

一般来说,i_{oS} 约为几十~几百 nA(10^{-9}A),高质量运放 i_{oS} 则低于 1 nA。

测试中应注意:

① 将运放调零端开路;

② 两输入端电阻 R_B 必须精确配对。

(3) 开环差模放大倍数 A_{ud}

集成运放在没有外部反馈时的直流差模放大倍数称为开环差模电压放大倍数,用 A_{ud} 表示。它定义为开环输出电压 u_o 与两个差分输入端之间所加信号电压 u_{id} 之比,即

$$A_{ud}=\frac{u_o}{u_{id}}$$

按定义 A_{ud} 应是信号频率为零时的直流放大倍数,但为了测试方便,通常采用低频(几十赫兹以下)正弦交流信号进行测量。由于集成运放的开环电压放大倍数很高,难以直接进行测量,故一般采用闭环测量方法。A_{ud} 的测试方法很多,现采用交、直流同时闭环的测试方法,如图 6-3 所示。

被测运放一方面通过 R_f、R_1、R_2 完成直流闭环,以抑制输出电压漂移;另一方面通过 R_f 和 R_S 实现交流闭环,外加信号 u_S 经 R_1、R_2 分压,使 u_{id} 足够小,以保证运放工作在线性区;同相输入端电阻 R_3 应与反相输入端电阻 R_2 相匹配,以减小输入偏置电流的影响;电容 C 为隔直电容。被测运放的开环电压放大倍数为

$$A_{ud}=\frac{u_o}{u_{id}}=\left(1+\frac{R_1}{R_2}\right)\frac{u_o}{u_S}$$

通常低增益运放 A_{ud} 为 60～70 dB，中增益运放约为 80 dB，高增益在 100 dB 以上，可达 120～140 dB。

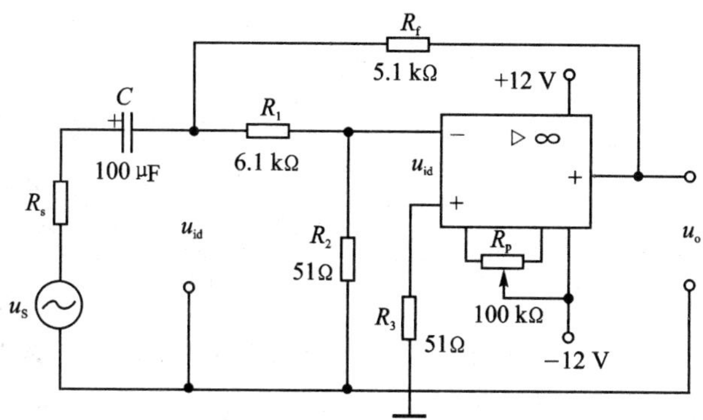

图 6－3　A_{ud} 测试电路

测试中应注意：

① 测试前电路应首先消振及调零；

② 被测运放要工作在线性区；

③ 输入信号频率应较低，一般用 50～100 Hz，输出信号幅度应较小，且无明显失真。

（4）共模抑制比 CMRR

集成运放的差模电压放大倍数 A_d 与共模电压放大倍数 A_C 之比称为共模抑制比，即

$$\text{CMRR}=\left|\frac{A_d}{A_C}\right| \quad \text{或} \quad \text{CMRR}=20\lg\left|\frac{A_d}{A_C}\right|(\text{dB})$$

共模抑制比在应用中是一个很重要的参数。理想运放对输入的共模信号其输出为零，但在实际的集成运放中，其输出不可能没有共模信号的成分。输出端共模信号愈小，说明电路对称性愈好，也就是说运放对共模干扰信号的抑制能力愈强，即 CMRR 愈大。CMRR 的测试电路如图 6－4 所示。

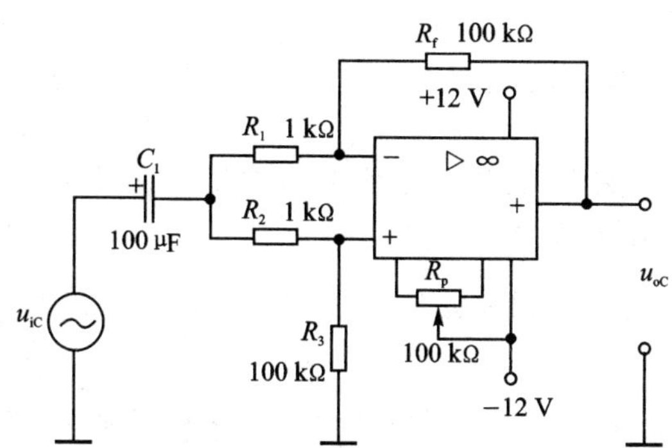

图 6－4　CMRR 测试电路

集成运放工作在闭环状态下的差模电压放大倍数为

$$A_d=-\frac{R_f}{R_1}$$

当接入共模输入信号 u_{iC} 时，测得 u_{oC}，则共模电压放大倍数为

$$A_C=\frac{u_{oC}}{u_{iC}}$$

得共模抑制比为

$$\text{CMRR}=\left|\frac{A_d}{A_C}\right|=\frac{R_f}{R_1}\frac{u_{iC}}{u_{oC}}$$

测试中应注意：

① 消振与调零；

② R_1 与 R_2，R_3 与 R_f 之间阻值严格对称；

③ 输入信号 u_{iC} 幅度必须小于集成运放的最大共模输入电压范围 $u_{i,cm}$。

(5) 共模输入电压范围 $u_{i,cm}$

集成运放所能承受的最大共模电压称为共模输入电压范围。超出这个范围，运放的 CMRR 会大大下降，输出波形产生失真，有些运放还会出现"自锁"现象以及永久性的损坏。

$u_{i,cm}$ 的测试电路如图 6-5 所示。被测运放接成电压跟随器形式，输出端接示波器，观察最大不失真输出波形，从而确定 $u_{i,cm}$ 值。

(6) 输出电压最大峰-峰动态范围 u_o

集成运放的动态范围与电源电压、外接负载及信号源频率有关。测试电路如图 6-6 所示。

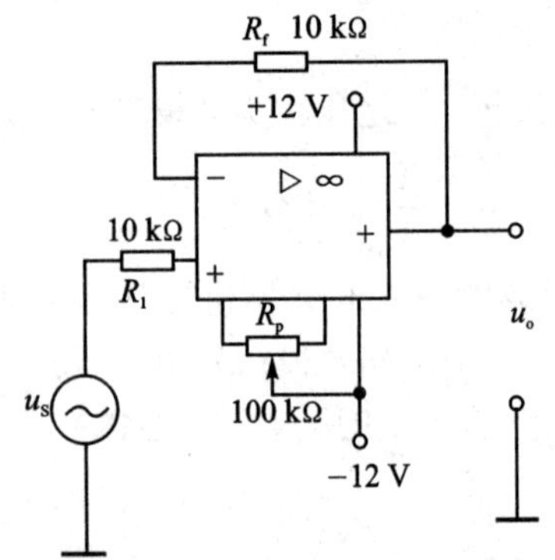

图 6-5 $u_{i,cm}$ 测试电路

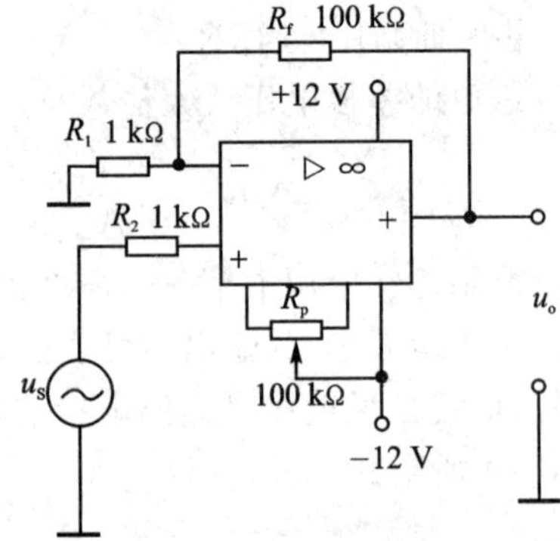

图 6-6 $u_{o,p\text{-}p}$ 测试电路

改变 u_S 幅度，观察 u_o 削顶失真开始时刻，从而确定 u_o 的不失真范围，这就是运放在某一定电源电压下可能输出的电压峰-峰值 u_o。

2. 集成运放在使用时应考虑的一些问题

(1) 输入信号的选择

输入信号选用交、直流量均可，但在选取信号的频率和幅度时，应考虑运放的频响特性和输出幅度的限制。

(2) 调　零

为提高运算精度，在运算前，应首先对直流输出电位进行调零，即保证输入为零时，输出也为零。当运放有外接调零端子时，可按组件要求接入调零电位器 R_p。调零时，将输入端接地，调零端接入电位器 R_p，用直流电压表测量输出电压 U_o，细心调节 R_p，使 u_o 为零(即失调电压

为零)。如运放没有调零端子,若要调零,可按图 6－7 所示电路进行调零。

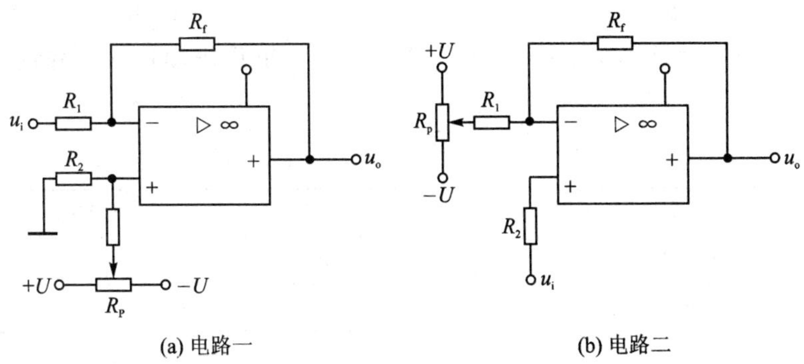

图 6－7　调零电路

一个运放如不能调零,大致有如下原因:

① 组件正常,接线有错误。

② 组件正常,但负反馈不够强(R_f/R_1 太大),为此可将 R_f 短路,观察是否能调零。

③ 组件正常,但由于它所允许的共模输入电压太低,可能出现自锁现象,因而不能调零。为此可将电源断开后,再重新接通,如能恢复正常,则属于这种情况。

④ 组件正常,但电路有自激现象,应进行消振。

⑤ 组件内部损坏,应更换好的集成块。

(3) 消　振

一个集成运放自激时,即使输入信号为零,输出不为零,致使各种运算功能无法实现,严重时还会损坏器件。在实验中,可用示波器监视输出波形。为消除运放的自激,常采用如下措施:

① 若运放有相位补偿端子,可利用外接 RC 补偿电路;而产品手册中有补偿电路及元件参数提供。

② 电路布线时元、器件布局应尽量减少分布电容。

③ 在正、负电源进线与地之间接上几十微法的电解电容和 0.01～0.1 μF 的陶瓷电容相并联,以减小电源引线的影响。

三、实验设备与器件

(1) ±12 V 直流电源;　(2) 函数信号发生器;

(3) 双踪示波器;　(4) 交流毫伏表;

(5) 直流电压表;　(6) 集成运算放大器 μA741×1 片;

(7) 电阻器、电容器若干支。

四、实验内容

实验前看清运放引脚排列及电源电压极性及数值,切忌正、负电源接反。

(1) 测量输入失调电压 u_{oS}

按图 6－2 连接实验电路,闭合开关 K_1、K_2;用直流电压表测量输出端电压 u_{o1},并计算

u_{oS},并记入表 6-1 中。

(2) 测量输入失调电流 i_{oS}

实验电路如图 6-2 所示,打开开关 K_1、K_2;用直流电压表测量 u_{o2},并计算 i_{oS},并记入表 6-1 中。

表 6-1

u_{oS}/mV		i_{oS}/nA		A_{ud}/dB		CMRR/dB	
实测值	典型值	实测值	典型值	实测值	典型值	实测值	典型值
	2～10		50～100		100～106		80～86

(3) 测量开环差模电压放大倍数 A_{ud}

按图 6-3 连接实验电路,运放输入端加频率 100 Hz、幅值为 30～50 mV 正弦信号,用示波器监视输出波形;用交流毫伏表测量 u_o 和 u_i,并计算 A_{ud},并记入表 6-1 中。

(4) 测量共模抑制比 CMRR

按图 6-4 连接实验电路,运放输入端加 $f=100$ Hz、$u_{iC}=1～2$ V 正弦信号,监视输出波形。测量 u_{oC} 和 u_{iC},计算 A_C 及 CMRR,并记入表 6-1 中。

(5) 测量共模输入电压范围 $u_{i,cm}$ 及输出峰-峰电压最大动态范围 u_o

自拟实验步骤及方法。

五、实验总结

(1) 将所测得的数据与典型值进行比较。

(2) 对实验结果及实验中碰到的问题进行分析和讨论。

六、预习要求

(1) 查阅 μA741 典型指标数据及引脚功能。

(2) 测量输入失调参数时,为什么运放的反相及同相输入端的电阻要精选,以保证严格对称?

(3) 测量输入失调参数时,为什么要将运放调零端开路,而在进行其他测试时,则要求对输出电压进行调零?

(4) 测试信号的频率选取的原则是什么?

实验七　集成运算放大器的基本应用(Ⅰ)
——模拟运算电路

一、实验目的

(1) 研究由集成运算放大器组成的比例、加法、减法和积分等基本运算电路的功能。
(2) 了解运算放大器在实际应用时应考虑的一些问题。

二、实验原理

集成运算放大器是一种具有高电压放大倍数的直接耦合多级放大电路。当外部接入不同的线性或非线性元器件组成输入和负反馈电路时,可以灵活地实现各种特定的函数关系。在线性应用方面,可组成比例、加法、减法、积分、微分和对数等模拟运算电路。

1. 理想运算放大器特性

在大多数情况下,将运放视为理想运放,就是将运放的各项技术指标理想化。满足下列条件的运算放大器称为理想运放:

开环电压增益:$A_{Vd}=\infty$;

输入阻抗:$R_i=\infty$;

输出阻抗:$R_o=0$;

带宽:$f_{BW}=\infty$;

失调与漂移均为零等。

理想运放在线性应用时的两个重要特性:

① 输出电压 U_o 与输入电压之间满足关系式

$$U_o=A_{Vd}(U_+-U_-)$$

由于 $A_{Vd}=\infty$,而 U_o 为有限值,因此,$U_+-U_-\approx 0$ V,即 $U_+\approx U_-$,称为“虚短”。

② 由于 $R_i=\infty$,故流进运放两个输入端的电流可视为零,即 $I_{iB}=0$,称为“虚断”。这说明运放对其前级吸取电流极小。

上述两个特性是分析理想运放应用电路的基本原则,可简化运放电路的计算。

2. 基本运算电路

(1) 反相比例运算电路

电路如图 7-1 所示。对于理想运放,该电路的输出电压与输入电压之间的关系为

$$u_o=-\frac{R_f}{R_1}u_i$$

为了减小输入级偏置电流引起的运算误差,在同相输入端应接入平衡电阻 $R_2=R_1/\!/R_f$。

(2) 反相加法电路

反相加法电路如图 7-2 所示,输出电压与输入电压之间的关系为

$$u_o=-\left(\frac{R_f}{R_1}u_{i1}+\frac{R_f}{R_2}u_{i2}\right),\qquad R_3=R_1//R_2//R_f$$

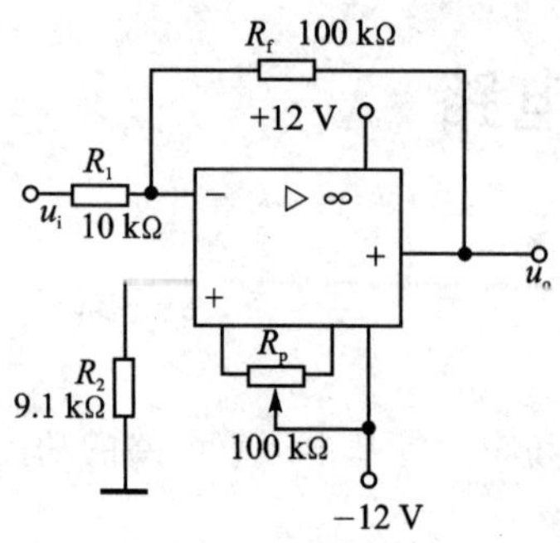

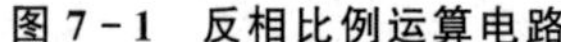
图 7-1 反相比例运算电路

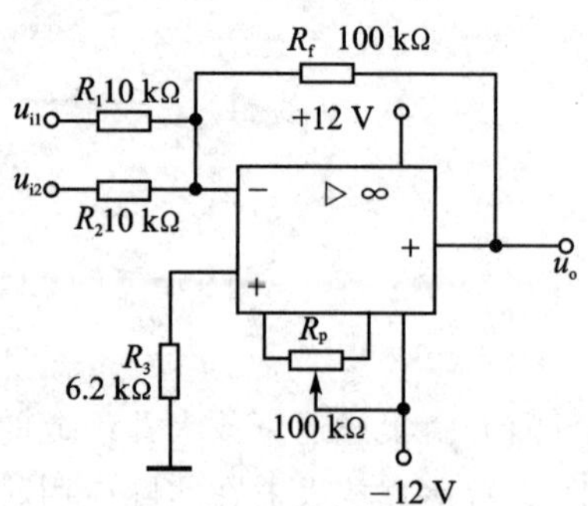

图 7-2 反相加法运算电路

(3) 同相比例运算电路

图 7-3(a)是同相比例运算电路,它的输出电压与输入电压之间的关系为

$$u_o=\left(1+\frac{R_f}{R_1}\right)u_i,\qquad R_2=R_1//R_f$$

当 $R_1\to\infty$时,$u_o=u_i$,即得到如图 7-3(b)所示的电压跟随器。图中 $R_2=R_f$,用以减小漂移并起保护作用。一般 R_f 取 10 kΩ,R_f 太小起不到保护作用;太大则影响跟随性。

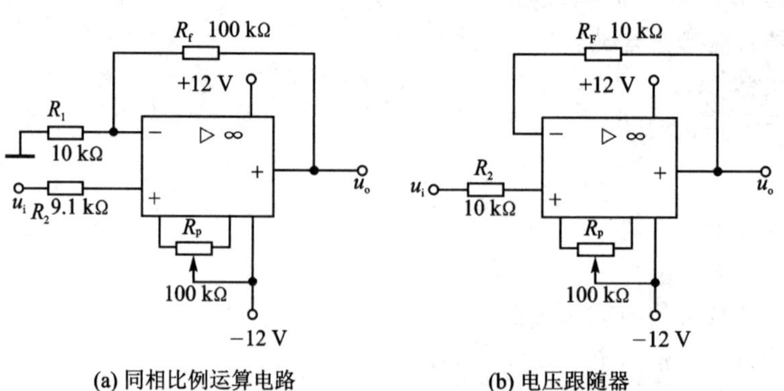

图 7-3 同相比例运算电路

(4) 差动放大电路(减法器)

对于图 7-4 所示的减法运算电路,当 $R_1=R_2$,$R_3=R_f$ 时,有如下关系式:

$$u_o=\frac{R_f}{R_1}(u_{i2}-u_{i1})$$

(5) 积分运算电路

反相积分电路如图 7-5 所示。在理想化条件下,输出电压 u_o 等于

$$u_o(t)=-\frac{1}{R_1C}\int_0^t u_i\mathrm{d}t+u_C(0)$$

式中:$u_C(0)$是 $t=0$ 时刻,电容 C 两端的电压值,即初始值。

如果 $u_i(t)$是幅值为 E 的阶跃电压,并设 $u_C(0)=0$ V,则

$$u_o(t)=-\frac{1}{R_1C}\int_0^t E\mathrm{d}t=-\frac{E}{R_1C}t$$

即输出电压 $u_o(t)$随时间增长而线性下降。显然 RC 的数值越大，达到给定的 u_o 值所需的时间就越长。积分输出电压 u_o 所能达到的最大值受集成运放最大输出范围的限值。

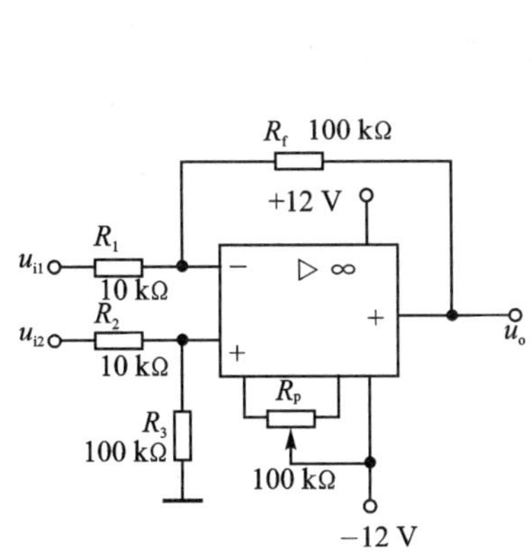

图 7－4　减法运算电路

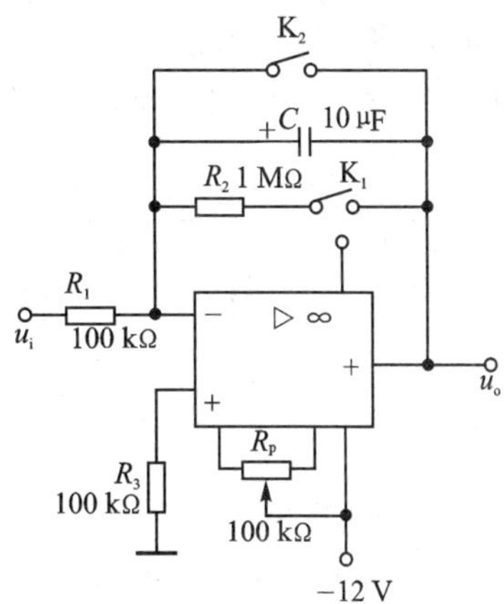

图 7－5　积分运算电路

在进行积分运算之前，首先应对运放调零。为了便于调节，将图中 K_1 闭合，即通过电阻 R_2 的负反馈作用帮助实现调零。但在完成调零后，应将 K_1 打开，以免因 R_2 的接入造成积分误差。K_2 的设置一方面为积分电容放电提供通路，同时可实现积分电容初始电压 $u_C(0)=0$ V；另一方面，可控制积分起始点，即在加入信号 u_i 后，只要 K_2 一打开，电容就将被恒流充电，电路也就开始进行积分运算。

三、实验设备与器件

(1) ±12 V 直流电源；
(2) 函数信号发生器；
(3) 交流毫伏表；
(4) 直流电压表；
(5) 集成运算放大器 μA741×1 片；
(6) 电阻器、电容器若干支。

四、实验内容

实验前要看清运放组件各引脚的位置，切忌正、负电源极性接反和输出端短路，否则将会损坏集成块。

1. 反相比例运算电路

① 按图 7－1 连接实验电路，接通±12 V 电源，输入端 u_i 对地短路，即进行调零和消振。

② 输入频率 $f=100$ Hz，$U_i=0.5$ V 的正弦交流信号，测量相应的 U_o，用示波器观察 u_o 和 u_i 的相位关系，并记入表 7－1 中。

表 7－1

U_i/V	U_o/V	u_i 波形	u_o 波形	A_V	
		u_i 坐标轴（O, t）	u_o 坐标轴（O, t）	实测值	计算值

2. 同相比例运算电路

① 按图7-3(a)连接实验电路。实验步骤同实验内容1,输入频率 $f=100$ Hz,$U_i=0.5$ V 的正弦交流信号,将测量结果记入表7-2中。

② 将图7-3(a)中的 R_1 断开,得图7-3(b)电路,重复内容(1)。

表 7-2

U_i/V	U_o/V	u_i 波形	u_o 波形	A_V	
				实测值	计算值
		u_i O t	u_i O t		

3. 反相加法运算电路

① 按图7-2连接实验电路,接通±12 V电源,输入端 u_{i1}、u_{i2} 对地短路,即进行调零和消振。

② 输入信号采用直流信号,图7-6所示电路为简易直流信号源,由实验者自行完成。实验时要注意选择合适的直流信号幅度以确保集成运放工作在线性区。用直流电压表测量输入电压 U_{i1}、U_{i2} 及输出电压 U_o,并记入表7-3中。

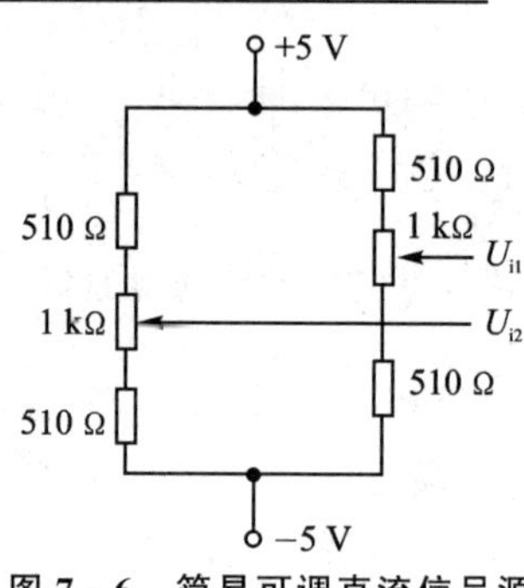

图 7-6　简易可调直流信号源

表 7-3

U_{i1}/V					
U_{i2}/V					
U_o/V					

4. 减法运算电路

① 按图7-4连接实验电路并接通±12 V电源,将输入端 u_{i1}、u_{i2} 对地短路,即进行调零和消振。

② 采用直流输入信号,实验步骤同实验内容3,将测量结果记入表7-4中。

表 7-4

U_{i1}/V					
U_{i2}/V					
U_o/V					

5. 积分运算电路

实验电路如图7-5所示。

① 打开 K_2,闭合 K_1,对运放输出 u_o 进行调零。

② 调零完成后,再打开 K_1,闭合 K_2,使 $u_C(0)=0$。

③ 预先调好直流输入电压 $U_i=0.5$ V,接入实验电路,再打开 K_2,然后用直流电压表测量

输出电压 U_o，每隔 5 s 读一次 U_o，将测量结果记入表 7-5 中，直到 U_o 不继续明显增大为止。

表 7-5

t/s	0	5	10	15	20	25	30	……
U_o/V								

五、实验总结

(1) 整理实验数据，画出波形图(注意波形间的相位关系)。

(2) 将理论计算结果和实测数据相比较，分析产生误差的原因。

(3) 分析讨论实验中出现的现象和问题。

六、预习要求

(1) 复习集成运放线性应用部分内容，并根据实验电路参数计算各电路输出电压的理论值。

(2) 在反相加法器中，如 u_{i1} 和 u_{i2} 均采用直流信号，并选定 $u_{i2}=-1$ V，当考虑到运算放大器的最大输出幅度(±12 V)时，则 $|u_{i1}|$ 的大小不应超过多少伏？

(3) 在积分电路中，如 $R_1=100$ kΩ，$C=4.7$ μF，求时间常数。假设 $u_i=0.5$ V，问要使输出电压 u_o 达到 5 V，需多长时间(设 $u_C(0)=0$)？

(4) 为了不损坏集成块，实验中应注意什么问题？

实验八　集成运算放大器的基本应用(Ⅱ)
——波形发生器

一、实验目的

(1) 学习用集成运算放大器构成正弦波、方波和三角波发生器。

(2) 学习波形发生器的调整和主要性能指标的测试方法。

二、实验原理

由集成运算放大器构成的正弦波、方波和三角波发生器有多种形式,本实验选用最常用的、线路比较简单的几种电路加以分析。

1. RC 桥式正弦波振荡器(文氏电桥振荡器)

图 8-1 所示为 RC 桥式正弦波振荡器。其中 RC 串、并联电路构成正反馈支路,同时兼作选频网络,R_1、R_2、R_p 及二极管等元件构成负反馈和稳幅环节。调节电位器 R_p,可以改变负反馈深度,以满足振荡的振幅条件和改善波形。利用两个反向并联二极管 VD_1、VD_2 正向电阻的非线性特性来实现稳幅。VD_1、VD_2 采用硅管(温度稳定性好),且要求特性匹配,才能保证输出波形正、负半周对称。R_3 的接入是为了削弱二极管非线性的影响,以改善波形失真。

电路的振荡频率为

$$f_0=\frac{1}{2\pi RC}$$

起振的幅值条件为

$$\frac{R_f}{R_1}\geqslant 2$$

式中:$R_f=R_p+R_2+(R_3/\!/r_D)$,r_D为二极管正向导通电阻。

调整反馈电阻 R_f(调 R_p),使电路起振,且波形失真最小。如不能起振,则说明负反馈太强,应适当加大 R_f;如波形失真严重,则应适当减小 R_f。

改变选频网络的参数 C 或 R,即可调节振荡频率。一般采用改变电容 C 作频率量程切换,而调节 R 作量程内的频率细调。

2. 方波发生器

由集成运算放大器构成的方波发生器和三角波发生器,一般均包括比较器和 RC 积分器两大部分。图 8-2 所示为由滞回比较器及简单 RC 积分电路组成的方波-三角波发生器。它的特点是线路简单,但三角波的线性度较差。主要用于产生方波,或对三角波要求不高的场合。

电路振荡频率

$$f_0=\frac{1}{2R_fC_f\ln\left(1+\dfrac{2R_2}{R_1}\right)}$$

式中：$R_1=R'_1+R'_p$，$R_2=R'_2+R''_p$。

方波输出幅值：

$$U_{om}=\pm U_Z$$

三角波输出幅值：

$$U_{cm}=\frac{R_2}{R_1+R_2}U_Z$$

调节电位器 R_p(即改变 R_2/R_1)，可以改变振荡频率，但三角波的幅值也随之变化。如要互不影响，则可通过改变 R_f(或 C_f)来实现振荡频率的调节。

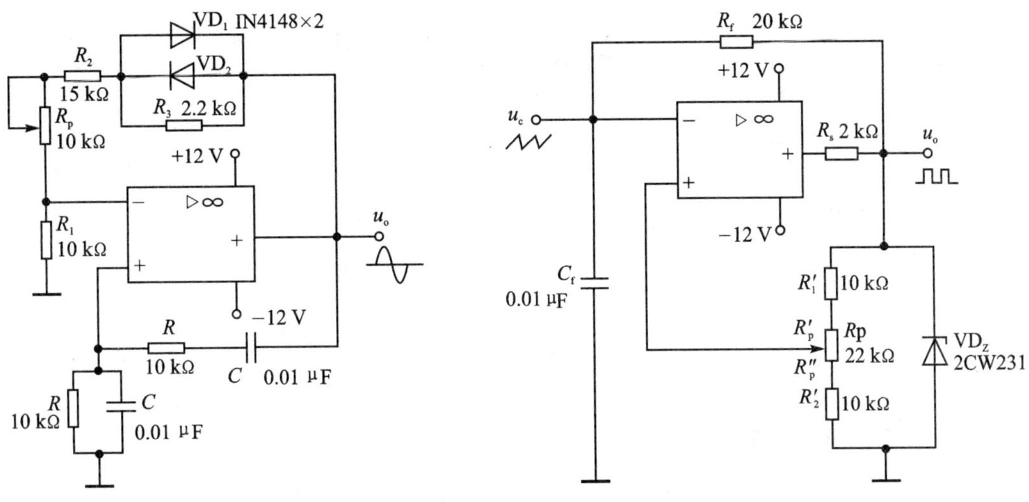

图 8-1　RC 桥式正弦波振荡器　　图 8-2　方波发生器

3. 三角波和方波发生器

如果把滞回比较器和积分器首尾相接，则形成正反馈闭环系统，如图 8-3 所示。若比较器 A_1 输出的方波经积分器 A_2 积分可得到三角波，三角波又触发比较器自动翻转形成方波，这样即可构成三角波、方波发生器。图 8-4 为方波、三角波发生器输出波形图。由于采用运放组成的积分电路，因此可实现恒流充电，使三角波线性大大改善。

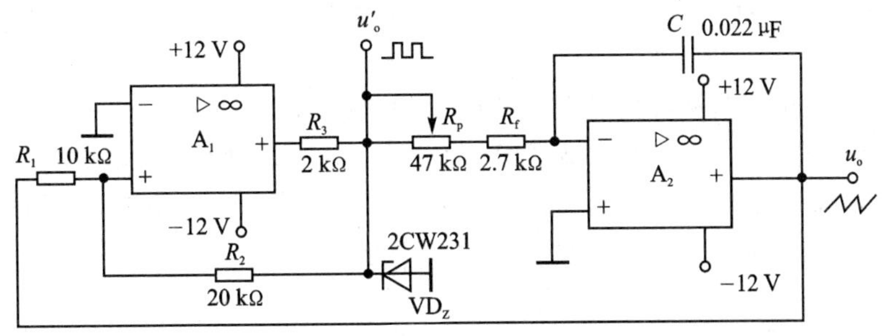

图 8-3　三角波和方波发生器

电路振荡频率：

$$f_0=\frac{R_2}{4R_1(R_f+R_p)C_f}$$

方波幅值：

$$U'_{om}=\pm U_Z$$

三角波幅值：

$$U_{om}=\frac{R_1}{R_2}U_Z$$

调节 R_p 可以改变振荡频率，改变比值 R_1/R_2 可调节三角波的幅值。

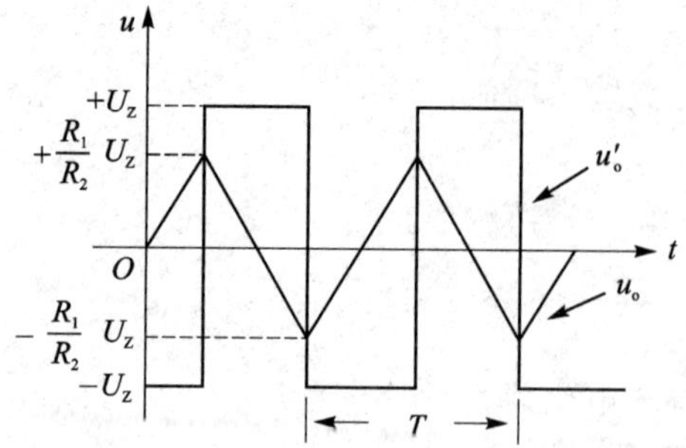

图 8-4 方波、三角波发生器输出波形图

三、实验设备与器件

(1) ±12 V 直流电源；
(2) 双踪示波器；
(3) 交流毫伏表；
(4) 频率计；
(5) 集成运算放大器 μA741×2 片；
(6) 二极管 IN4148×2 只；
(7) 稳压管 2CW231×1 只；
(8) 电阻器、电容器若干只。

四、实验内容

1. RC 桥式正弦波振荡器

按图 8-1 所示连接实验电路。实验步骤如下：

(1) 接通±12 V 电源，调节电位器 R_p，使输出波形从无到有，从正弦波到出现失真。描绘 u_o 的波形；记录临界起振、正弦波输出及失真情况下的 R_p 值；分析负反馈强弱对起振条件及输出波形的影响。

(2) 调节电位器 R_p，使输出电压 u_o 幅值最大且不失真，用交流毫伏表分别测量输出电压 u_o、反馈电压 U_+ 和 U_-，分析研究振荡的幅值条件。

(3) 用示波器或频率计测量振荡频率 f_0，然后在选频网络的两个电阻 R 上并联同一阻值的电阻，观察记录振荡频率的变化情况，并与理论值进行比较。

(4) 断开二极管 VD_1、VD_2，重复(2)的内容，将测试结果与(2)进行比较，并分析 VD_1、VD_2 的稳幅作用。

*(5) RC 串并联网络幅频特性观察。将 RC 串并联网络与运放断开，由函数信号发生器注入 3 V 左右的正弦信号，并用双踪示波器同时观察 RC 串并联网络输入、输出波形。保持输入幅值(3 V)不变，从低到高改变频率，当信号源达某一频率时，RC 串并联网络输出将达最大值(约 1 V)，且输入、输出同相位。此时的信号源频率为

$$f=f_0=\frac{1}{2\pi RC}$$

2. 方波发生器

按图 8-2 连接实验电路。实验步骤如下：

(1) 将电位器 R_p 调至中心位置，用双踪示波器观察并描绘方波 u_o 及三角波 u_C 的波形(注意对应关系)，测量其幅值及频率，并记录之。

(2) 改变 R_p 动点的位置,观察 u_o、u_C 幅值及频率变化情况;把动点调至最上端和最下端,测出频率范围,并记录之。

(3) 将 R_p 恢复至中心位置,将一只稳压管短接,观察 u_o 波形,分析 VD_Z 的限幅作用。

3. 三角波和方波发生器

按图 8-3 连接实验电路。实验步骤如下:

(1) 将电位器 R_p 调至合适位置,用双踪示波器观察并描绘三角波输出 u_o 及方波输出 u'_o,测其幅值、频率及 R_p 值,记录之。

(2) 改变 R_p 的位置,观察对 u_o、u'_o 幅值及频率的影响。

(3) 改变 R_1(或 R_2),观察对 u_o、u'_o 幅值及频率的影响。

五、实验总结

1. 正弦波发生器

(1) 列表整理实验数据,画出波形,把实测频率与理论值进行比较。

(2) 根据实验分析 RC 振荡器的振幅条件。

(3) 讨论二极管 VD_1、VD_2 的稳幅作用。

2. 方波发生器

(1) 列表整理实验数据,在同一张坐标纸上,按比例画出方波和三角波的波形图,并标出时间和电压幅值。

(2) 分析 R_p 变化时,对 u_o 波形的幅值及频率的影响。

(3) 讨论 VD_Z 的限幅作用。

3. 三角波和方波发生器

(1) 整理实验数据,把实测频率与理论值进行比较。

(2) 在同一张坐标纸上,按比例画出三角波及方波的波形,并标明时间和电压幅值。

(3) 分析电路参数变化(R_1,R_2 和 R_p)对输出波形频率及幅值的影响。

六、预习要求

(1) 复习有关 RC 正弦波振荡器、三角波及方波发生器的工作原理,并估算图 8-1、8-2、8-3 所示电路的振荡频率。

(2) 设计实验表格。

(3) 理解为什么在 RC 正弦波振荡电路中要引入负反馈支路,为什么要增加二极管 VD_1 和 VD_2,它们是怎样稳幅的。

(4) 电路参数变化对图 8-2、8-3 产生的方波和三角波频率及电压幅值有什么影响?(或者:怎样改变图 8-2、8-3 电路中方波及三角波的频率及幅值?)

(5) 在波形发生器各电路中,是否需要"相位补偿"和"调零"? 为什么?

(6) 怎样测量非正弦波电压的幅值?

实验九　RC正弦波振荡器

一、实验目的

(1) 进一步学习RC正弦波振荡器的组成及其振荡条件。

(2) 学会测量、调试振荡器。

二、实验原理

从结构上看，正弦波振荡器是没有输入信号的，是一种带选频网络的正反馈放大器。若用R、C元件组成选频网络，就称为RC振荡器，一般用来产生1 Hz～1 MHz的低频信号。

1. RC移相振荡器

RC移相振荡器电路形式如图9-1所示，选择$R \gg R_i$。

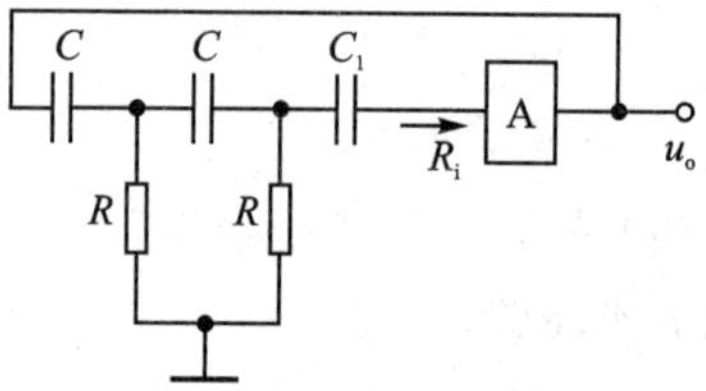

振荡频率：$f_0 = \dfrac{1}{2\pi\sqrt{6}RC}$。

起振条件：放大器A的电压放大倍数$|A| > 29$。

电路特点：简便，但选频作用差，振幅不稳，频率调节不便；一般用于频率固定且稳定性要求不高的场合。

频率范围：几赫兹～数十千赫兹。

图9-1　RC移相振荡器原理图

2. RC串并联网络(文氏桥)振荡器

RC串并联网络振荡器电路形式如图9-2所示。

振荡频率：$f_0 = \dfrac{1}{2\pi RC}$。

起振条件：$|A| > 3$。

电路特点：可方便地连续改变振荡频率，便于加负反馈稳幅，容易得到良好的振荡波形。

3. 双T形选频网络振荡器

双T形选频网络振荡器电路形式如图9-3所示。

振荡频率：$f_0 = \dfrac{1}{5RC}$。

起振条件：$R' < \dfrac{R}{2}$　$|AF| > 1$。

电路特点：选频特性好，调频困难，适于产生单一频率的振荡。

注意：本实验采用两级共射极分立元件放大器组成的RC正弦波振荡器。

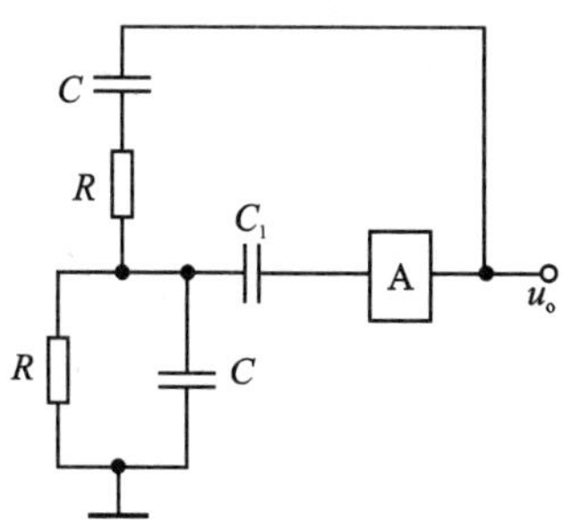

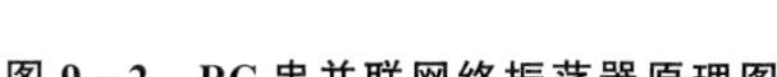
图 9-2　RC 串并联网络振荡器原理图

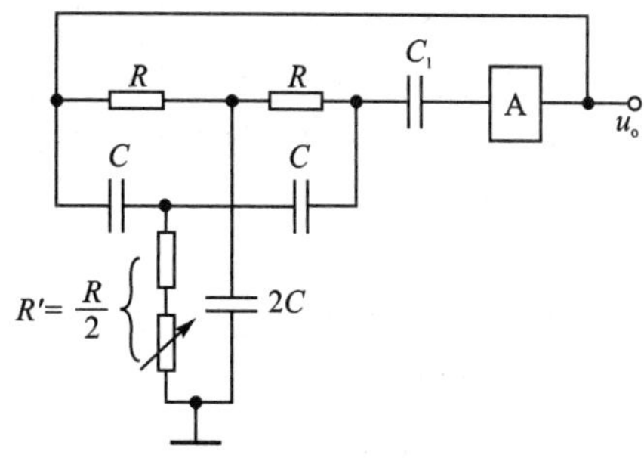

图 9-3　双 T 选频网络振荡器原理图

三、实验设备与器件

(1) +12 V 直流电源；　　(2) 函数信号发生器；

(3) 双踪示波器；　　(4) 频率计；

(5) 直流电压表；　　(6) 3DG12×2 或 9013×2 支；

(7) 电阻、电容和电位器等若干支。

四、实验内容

1. RC 串并联选频网络振荡器

(1) 按图 9-4 组接线路。

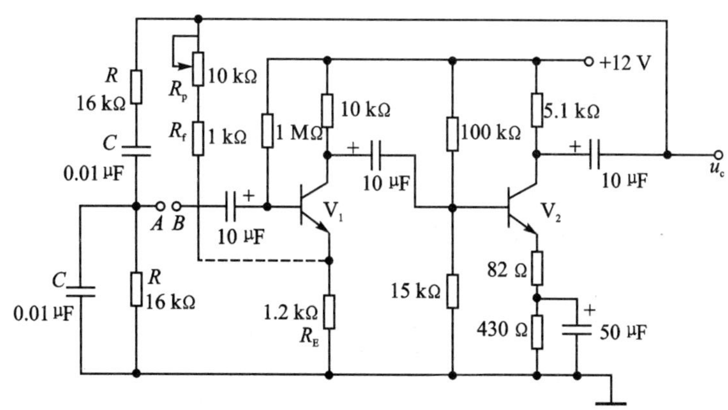

图 9-4　RC 串并联选频网络振荡器

(2) 断开 RC 串并联网络，测量放大器静态工作点及电压放大倍数。

(3) 接通 RC 串并联网络，并使电路起振，用示波器观测输出电压 u_o 波形，调节 R_f 使获得满意的正弦信号，记录波形及其参数。

(4) 测量振荡频率，并与计算值进行比较。

*(5) 改变 R 或 C 值，观察振荡频率变化情况。

(6) RC 串并联网络幅频特性的观察：将 RC 串并联网络与放大器断开，用函数信号发生器的正弦信号注入 RC 串并联网络,保持输入信号的幅度不变(约 3 V);频率由低到高变化,使 RC 串并联网络输出幅值将随之变化;当信号源达到某一频率时,RC 串并联网络的输出将达最大值(约 1 V),且输入、输出同相位。此时信号源频率为

$$f = f_0 = \frac{1}{2\pi RC}$$

(7) 测量负反馈放大电路的放大倍数 A_{Vf} 及反馈系数 F:调节 10 kΩ 电位器使电路振荡并维持稳定振荡时,记下此时的幅值 u_o,然后断开 A、B 连线,在 B 端加入和振荡频率一致的信号电压,使输出波形的幅值与原振荡时的幅值相同。测量 B 点对地电位和 1.2 kΩ 电阻上的压降,最后断开电源及信号源,用万用电表测量 10 kΩ 电位器此时的电阻值,并将测量结果记入表 9-1 中。

表 9-1

测量值				计算值	
u_i	u_o	u_f	R_f+R_p	A_{Vf}	$F=\frac{R_e}{R_e+(R_f+R_p)}$

(8) 根据示波器屏幕上显示的李沙育图形测量,并记录被测信号的频率值:

① 信号源的输出端接入示波器 Y_A 轴输入端。

② 示波器 X 轴扫描选择开关置 X 外接。

③ A、B 连接,振荡器输出端接示波器外触发测量位置。

④ 调节信号发生器的输出幅度,使示波器上首先呈现网状方块。

⑤ 微调信号发生器的频率,使示波器上呈现稳定的李沙育图形。

⑥ 此时信号发生器所输出的频率值即为 RC 振荡器产生的频率。

2. 双 T 形选频网络振荡器

(1) 按图 9-5 组接线路。

(2) 断开双 T 形网络,调试 V_1 管静态工作点,使 u_{C1} 为 6～7 V。

(3) 接入双 T 形网络,用示波器观察输出波形。若不起振,调节 R_{p1},使电路起振。

(4) 测量电路振荡频率,并与计算值比较。

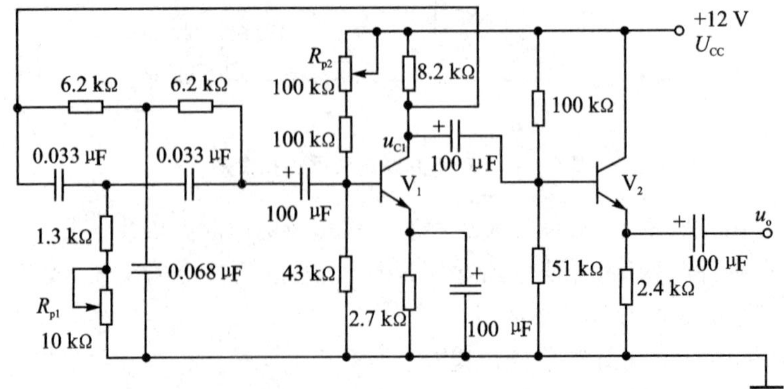

图 9-5　双 T 形网络 RC 正弦波振荡器

3. RC 移相式振荡器的组装与调试

(1) 按图 9-6 组接线路。

(2) 断开 RC 移相电路,调整放大器的静态工作点,测量放大器电压放大倍数。

(3) 接通 RC 移相电路,调节 R_{B2} 使电路起振,并使输出波形幅度最大,用示波器观测输出电压 u_o 波形,同时用频率计和示波器测量振荡频率,并与理论值比较。

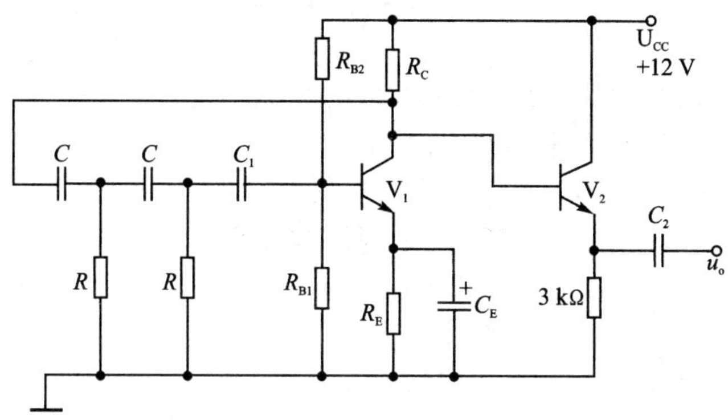

图 9-6　RC 移相式振荡器

五、实验总结

(1) 由给定电路参数计算振荡频率,并与实测值比较,分析误差产生的原因。

(2) 总结 3 类 RC 振荡器(RC 移相振荡器、RC 串并联网络振荡器和双 T 形选频网络振荡器)的特点。

六、预习要求

(1) 复习教材有关 3 种类型 RC 振荡器的结构与工作原理。

(2) 计算 3 种实验电路的振荡频率。

(3) 如何用示波器来测量振荡电路的振荡频率?

实验十　LC 正弦波振荡器

一、实验目的

(1) 掌握变压器反馈式 LC 正弦波振荡器的调整和测试方法。

(2) 研究电路参数对 LC 振荡器起振条件及输出波形的影响。

二、实验原理

LC 正弦波振荡器是用 L、C 元件组成选频网络的振荡器，一般可以产生 1 MHz 以上的高频正弦信号。根据 LC 调谐回路的不同连接方式，LC 正弦波振荡器又可分为变压器反馈式(或称互感耦合式)、电感三点式和电容三点式三种。图 10－1 为变压器反馈式 LC 正弦波振荡器的实验电路。其中：晶体三极管 V_1 组成共射放大电路；变压器 T 的原绕组 L_1(振荡线圈)与电容 C 组成调谐回路，它既作为放大器的负载，又起选频作用；副绕组 L_2 为反馈线圈，L_3 为输出线圈。

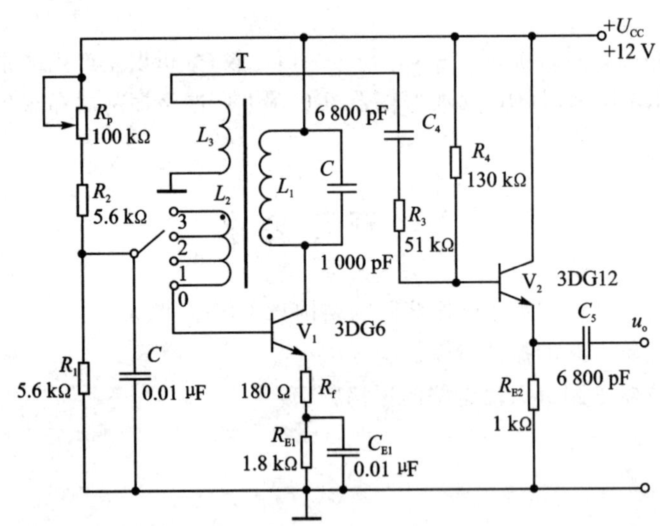

图 10－1　LC 正弦波振荡器实验电路

该电路是靠变压器原、副绕组同名端的正确连接(如图 10－1 所示)，来满足自激振荡的相位条件，即满足正反馈条件。在实际调试中可以通过把振荡线圈 L_1 或反馈线圈 L_2 的首、末端对调，来改变反馈的极性。而振幅条件的满足，一是靠合理选择电路参数，使放大器建立合适的静态工作点；二是改变线圈 L_2 的匝数，或它与 L_1 之间的耦合程度，以得到足够强的反馈量。稳幅作用是利用晶体管的非线性来实现的。由于 LC 并联谐振回路具有良好的选频作用，因此输出电压波形一般失真不大。

振荡器的振荡频率由谐振回路的电感和电容决定，即

$$f_0=\frac{1}{2\pi\sqrt{LC}}$$

式中:L 为并联谐振回路的等效电感(即考虑其他绕组的影响)。

振荡器的输出端增加一级射极跟随器,以提高电路的带负载能力。

三、实验设备与器件

(1) +12 V 直流电源;　(2) 双踪示波器;

(3) 交流毫伏表;　(4) 直流电压表;

(5) 频率计;　(6) 振荡线圈;

(7) 电阻器、电容器若干只;

(8) 晶体三极管 3DG6×1(9011×1),3DG12×1(9013×1)。

四、实验内容

按图 10-1 连接实验电路。电位器 R_p 置最大位置,振荡电路的输出端接入示波器。

1. 静态工作点的调整

(1) 接通 $U_{CC}=+12$ V 电源,调节电位器 R_p,使输出端得到不失真的正弦波形,如不起振,可改变 L_2 的首末端位置,使之起振。

测量两管的静态工作点及正弦波的有效值 U_o,并记入表 10-1 中。

(2) 把 R_p 值调小,观察输出波形的变化。测量有关数据,并记入表 10-1 中。

(3) 调大 R_p 值,使振荡波形刚刚消失,测量有关数据,并记入表 10-1 中。

表 10-1

调节 R_p 值		U_B/V	U_E/V	U_C/V	I_C/mA	U_o/V	u_o 波形
R_p 居中	V_1						u_o O t
	V_2						
R_p 小	V_1						u_o O t
	V_2						
R_p 大	V_1						u_o O t
	V_2						

根据以上三组数据,分析静态工作点对电路起振、输出波形幅度和失真的影响。

2. 观察反馈量大小对输出波形的影响

置反馈线圈 L_2 于位置"0"(无反馈)、"1"(反馈量不足)、"2"(反馈量合适)、"3"(反馈量过强)时测量相应的输出电压波形,记入表 10-2 中。

表 10 - 2

L_2 位置	“0”	“1”	“2”	“3”
u_o 波形				

3. 验证相位条件

改变线圈 L_2 的首、末端位置，观察停振现象；

恢复 L_2 的正反馈接法，改变 L_1 的首末端位置，观察停振现象。

4. 测量振荡频率

调节 R_p 使电路正常起振，同时用示波器和频率计测量以下两种情况下的振荡频率 f_0，记入表 10 - 3 中。

谐振回路电容：

(1) $C=1\ 000$ pF；

(2) $C=100$ pF。

表 10 - 3

C/pF	1 000	100
f/kHz		

5. 观察谐振回路 Q 值对电路工作的影响

谐振回路两端并入 $R=5.1$ kΩ 的电阻，观察 R 并入前后振荡波形的变化情况。

五、实验总结

(1) 整理实验数据，并分析讨论。

① LC 正弦波振荡器的相位条件和幅值条件。

② 电路参数对 LC 振荡器起振条件及输出波形的影响。

(2) 讨论实验中发现的问题及解决办法。

六、预习要求

(1) 复习教材中有关 LC 振荡器内容。

(2) LC 振荡器是怎样进行稳幅的？在不影响起振的条件下，晶体管的集电极电流是大一些好，还是小一些好？

(3) 为什么可以用测量停振和起振两种情况下晶体管的 u_{BE} 变化，来判断振荡器是否起振？

实验十一　低频功率放大器(Ⅰ)
—— OTL 功率放大器

一、实验目的

(1) 进一步理解 OTL 功率放大器的工作原理。

(2) 学会 OTL 电路的调试及主要性能指标的测试方法。

二、实验原理

1. OTL 功率放大器的工作原理

图 11-1 所示为 OTL 低频功率放大器。其中由晶体三极管 V_1 组成推动级(也称前置放大级),V_2、V_3 是一对参数对称的 NPN 和 PNP 型晶体三极管,组成了互补推挽 OTL 功率放大电路。由于每一个管子都接成射极输出器形式,因此具有输出电阻低,负载能力强等优点,适合于作功率输出级。V_1 管工作于甲类状态,它的集电极电流 I_{C1} 由电位器 R_{p1} 进行调节。I_{C1} 的一部分流经电位器 R_{p2} 及二极管 VD,给 V_2、V_3 提供偏压。调节 R_{p2},可以使 V_2、V_3 得到合适的静态电流而工作于甲、乙类状态,以克服交越失真。静态时要求输出端中点 A 的电位 $U_A=\frac{1}{2}U_{CC}$,可以通过调节 R_{p1} 来实现;又由于 R_{p1} 的一端接在 A 点,因此在电路中引入交、直流电压并联负反馈,一方面能够稳定放大器的静态工作点,同时也改善了非线性失真。

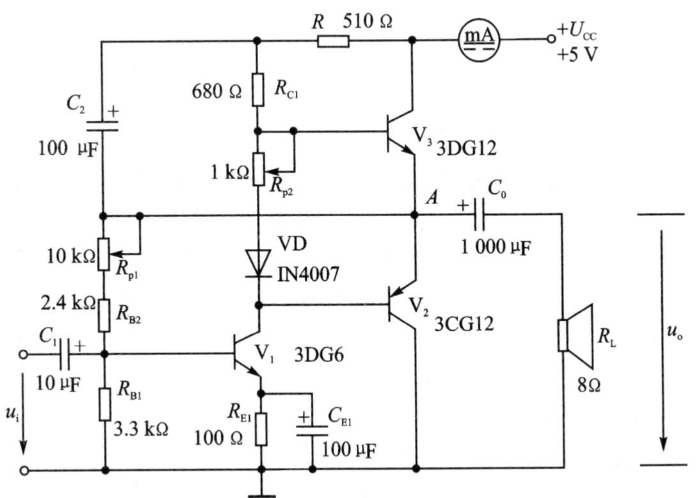

图 11-1　OTL 功率放大器实验电路

当输入正弦交流信号 u_i 时,经 V_1 放大、倒相后同时作用于 V_2、V_3 的基极。在 u_i 的负半周,使 V_2 管导通(V_3 管截止),有电流通过负载 R_L,同时向电容 C_0 充电;在 u_i 的正半周,使 V_3 导通(V_2 截止),则已充好电的电容器 C_0 起着电源的作用,通过负载 R_L 放电,这样在 R_L

上就得到完整的正弦波。

C_2 和 R 构成自举电路，用于提高输出电压正半周的幅度，以得到大的动态范围。

2. OTL 电路的主要性能指标

(1) 最大不失真输出功率 P_{om}：理想情况下，$P_{om}=\frac{1}{8}\frac{U_{CC}^2}{R_L}$，在实验中可通过测量 R_L 两端的电压有效值，来求得实际的 $P_{om}=\frac{U_o^2}{R_L}$。

(2) 效率 η：理想情况下，$\eta=\frac{P_{om}}{P_E}100\%$，式中 P_E 为直流电源供给的平均功率，$\eta_{max}=78.5\%$。在实验中，可测量电源供给的平均电流 I_{dc}，从而求得 $P_E=U_{CC}\cdot I_{dc}$，负载上的交流功率已用上述方法求出，因而也就可以计算实际效率了。

(3) 频率响应：详见实验二有关内容。

(4) 输入灵敏度：输出最大不失真功率时，输入信号 U_i 之值。

三、实验设备与器件

(1) +5 V 直流电源；　(2) 函数信号发生器；

(3) 双踪示波器；　(4) 交流毫伏表；

(5) 直流电压表；　(6) 直流毫安表；

(7) 频率计；　(8) 8 Ω 扬声器、电阻器、电容器若干只；

(9) 晶体三极管 3DG6 (9011) 3DG12 (9013)和 3CG12 (9012)晶体二极管 IN4007。

四、实验内容

在整个测试过程中，电路不应有自激现象。

1. 静态工作点的测试

按图 11-1 所示连接实验电路，将输入信号旋钮旋至零($u_i=0$)，在电源进线中串入直流毫安表，电位器 R_{p2} 置最小值，R_{p1} 置中间位置。接通+5 V 电源，观察毫安表指示，同时用手触摸输出级管子。若电流过大，或管子温升显著，应立即断开电源检查原因(如 R_{p2} 开路，电路自激，或输出管性能不好等)；若无异常现象，可开始调试。

(1) 调节输出端中点电位 U_A：调节电位器 R_{p1}，用直流电压表测量 A 点电位，使 $U_A=\frac{1}{2}U_{CC}$。

(2) 调整输出级静态电流及测试各级静态工作点：调节 R_{p2}，使 V_2、V_3 管的 $I_{C2}=I_{C3}=5\sim10$ mA。从减小交越失真角度而言，应适当加大输出级静态电流，但该电流过大，会使效率降低，所以一般以 5～10 mA 为宜。由于毫安表串在电源进线中，因此测得的是整个放大器的电流，但一般 V_1 的集电极电流 I_{C1} 较小，从而可以把测得的总电流近似当作末级的静态电流。如要准确得到末级静态电流，则可从总电流中减去 I_{C1} 之值。

调整输出级静态电流的另一方法是动态调试法。先使 $R_{p2}=0$，在输入端接入 $f=1$ kHz 的正弦信号 u_i。逐渐加大输入信号的幅值，此时，输出波形应出现较严重的交越失真(注意：

没有饱和和截止失真)，然后缓慢增大 R_{p2}，当交越失真刚好消失时，停止调节 R_{p2}，恢复 $u_i=0$，此时直流毫安表读数即为输出级静态电流。一般数值也应在 5～10 mA，如过大，则要检查电路工作正常与否。

输出级电流调好以后，测量各级静态工作点电位，记入表 11-1 中。

表 11-1

测量电位	V_1	V_2	V_3
U_B/V			
U_C/V			
U_E/V			

注　意：

① 在调整 R_{p2} 时，一是要注意旋转方向，不要调得过大，更不能开路，以免损坏输出管。

② 输出管静态电流调好，如无特殊情况，不得随意旋动 R_{p2} 的位置。

2. 最大输出功率 P_{om} 和效率 η 的测试

(1) 测量 P_{om}：输入端接 $f=1$ kHz 的正弦信号 u_i，输出端用示波器观察输出电压 u_o 波形。逐渐增大 u_i，使输出电压达到最大不失真输出，用交流毫伏表测出负载 R_L 上的电压 u_{om}，则

$$P_{om}=\frac{u_{om}^2}{R_L}$$

(2) 测量 η：当输出电压为最大不失真输出时，读出直流毫安表中的电流值，此电流即为直流电源供给的平均电流 I_{dc}(有一定误差)，由此可近似求出 $P_E=U_{CC}I_{dc}$，再根据上面测得的 P_{om}，即可求出 $\eta=\frac{P_{om}}{P_E}$。

3. 输入灵敏度测试

根据输入灵敏度的定义，只要测出输出功率 $P_o=P_{om}$ 时的输入电压值 U_i 即可。

4. 频率响应的测试

测试方法同实验二，并记入表 11-2 中。

表 11-2

测试值				f_L		f_o		f_H			
f/Hz						1 000					
u_o/V											
A_V											

在测试时，为保证电路的安全，应在较低电压下进行，通常取输入信号为输入灵敏度的50%。在整个测试过程中，应保持 U_i 为恒定值，且输出波形不得失真。

5. 研究自举电路的作用

(1) 测量有自举电路时，且 $P_o=P_{o,max}$ 时的电压增益 $A_V=\frac{U_{om}}{U_i}$。

(2) 将 C_2 开路,R 短路(无自举),再测量 $P_p = P_{o,max}$ 的 A_V。

用示波器观察(1)、(2)两种情况下的输出电压波形,并将以上两项测量结果进行比较,分析研究自举电路的作用。

6. 噪声电压的测试

测量时将输入端短路($u_i = 0$),观察输出噪声波形,并用交流毫伏表测量输出电压,即为噪声电压 U_N。本电路若 $U_N < 15$ mV,即满足要求。

7. 试　听

输入信号改为录音机输出,输出端接试听音箱及示波器。开机试听,并观察语言和音乐信号的输出波形。

五、实验总结

(1) 整理实验数据,计算静态工作点、最大不失真输出功率 P_{om} 和效率 η 等,并与理论值进行比较;画频率响应曲线。

(2) 分析自举电路的作用。

(3) 讨论实验中发生的问题及解决办法。

六、预习要求

(1) 复习有关OTL工作原理部分内容。

(2) 为什么引入自举电路能够扩大输出电压的动态范围?

(3) 交越失真产生的原因是什么?怎样克服交越失真?

(4) 电路中电位器 R_{p2} 如果开路或短路,对电路工作有何影响?

(5) 为了不损坏输出管,调试中应注意什么问题?

(6) 如电路有自激现象,应如何消除?

实验十二　低频功率放大器(Ⅱ)
——集成功率放大器

一、实验目的

(1) 了解功率放大集成电路的应用。

(2) 学习集成功率放大器基本技术指标的测试。

二、实验原理

集成功率放大器由集成功放电路和一些外部阻容元件构成。它具有线路简单、性能优越、工作可靠、调试方便等优点,已成为在音频领域中应用十分广泛的功率放大器。

电路中最主要的组件为集成功放电路,它的内部电路与一般分立元件功率放大器不同,通常包括前置级、推动级和功率级等几部分。有些还具有一些特殊功能(消除噪声、短路保护等)的电路。其电压增益较高(不加负反馈时,电压增益达 70～80 dB,加典型负反馈时电压增益在 40 dB 以上)。

集成功放电路的种类很多。本实验采用的集成功放电路的型号为 LA4112,它的内部电路如图 12-1 所示,由三级电压放大,一级功率放大以及偏置、恒流、反馈和退耦电路组成。

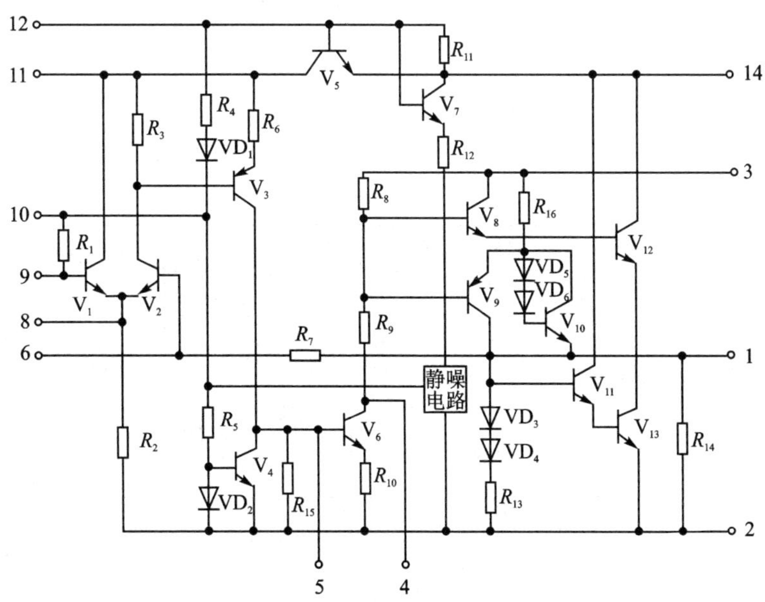

图 12-1　LA4112 内部电路图

1. 电压放大级

第一级选用由 V_1 和 V_2 管组成的差动放大器,这种直接耦合的放大器零漂较小;第二级

的 V_3 管完成直接耦合电路中的电平移动，V_4 是 V_3 管的恒流源负载，以获得较大的增益；第三级由 V_6 管等组成，此级增益最高，为防止出现自激振荡，需在该管的B、C极之间外接消振电容。

2. 功率放大级

功率放大级是由 V_8～V_{13} 等组成的复合互补推挽电路。为提高输出级增益和正向输出幅度，需外接"自举"电容。

3. 偏置电路

偏置电路为建立各级合适的静态工作点而设立。

除上述主要部分外，为了使电路工作正常，还需要和外部元件一起构成反馈电路来稳定和控制增益。同时，还设有退耦电路来消除各级间的不良影响。

LA4112 集成功放电路是一种塑料封装的 14 引脚双列直插器件。它的外形如图 12-2 所示。表 12-1 及表 12-2 是它的极限参数和电参数。

与 LA4112 集成功放电路技术指标相同的国内外产品还有 FD403、FY4112 和 D4112 等，可以互相替代使用。

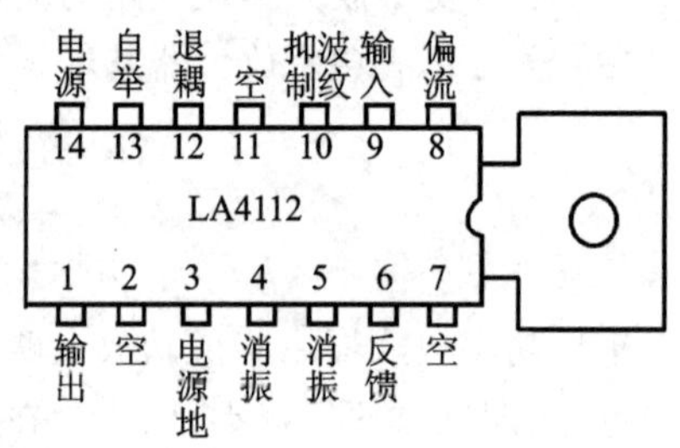

图 12-2　LA4112 外形及引脚排列图

表 12-1

参　　数	符号与单位	额定值
最大电源电压	$U_{CC,max}$/V	13(有信号时)
允许功耗	P_o/W	1.2
		2.25(50 mm×50 mm 铜箔散热片)
工作温度	T_{opr}/℃	-20～+70

表 12-2

参　　数	符号与单位	测试条件	典型值
工作电压	U_{CC}/V		9
静态电流	I_{CCQ}/mA	U_{CC}=9 V	15
开环电压增益	A_{Vd}/dB		70
输出功率	P_o/W	R_L=4 Ω　f=1 kHz	1.7
输入阻抗	R_i/kΩ		20

集成功率放大器 LA4112 的应用电路如图 12-3 所示，该电路中各电容和电阻的作用简要说明如下：

C_1、C_9——输入、输出耦合电容，隔直作用。

C_2、R_f——反馈元件，决定电路的闭环增益。

C_3、C_4、C_8——滤波、退耦电容。

C_5、C_6、C_{10}——消振电容，消除寄生振荡。

C_7——自举电容，若无此电容，将出现输出波形半边被削波的现象。

三、实验设备与器件

(1) +9 V直流电源；
(2) 函数信号发生器；
(3) 双踪示波器；
(4) 交流毫伏表；
(5) 直流电压表；
(6) 电流毫安表；
(7) 频率计；
(8) 集成功放电路LA4112；
(9) 8 Ω扬声器和电阻器、电容器若干只。

四、实验内容

按图12-3连接实验电路，输入端接函数信号发生器，输出端接扬声器。

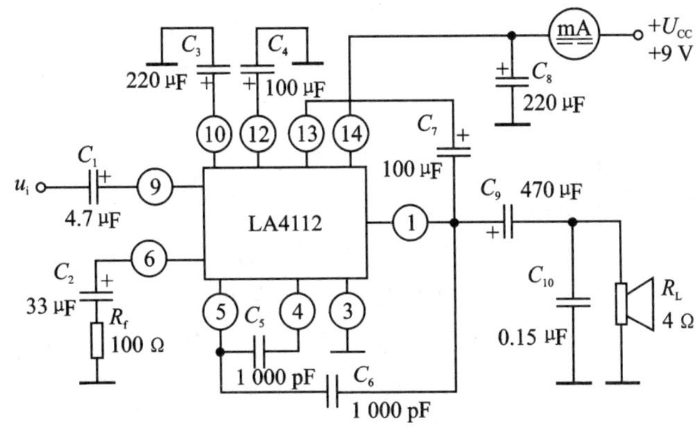

图12-3　由LA4112构成的集成功率放大实验电路

1. 静态测试

将输入信号旋钮旋至零，接通+9 V直流电源，测量静态总电流及集成电路各引脚对地电压，记入自拟表格中。

2. 动态测试

(1) 最大输出功率：最大输出功率分接入自举电容C_7和断开自举电容C_7两种。

① 接入自举电容C_7：输入端接1 kHz正弦信号，输出端用示波器观察输出电压波形，逐渐加大输入信号幅度，使输出电压为最大不失真输出，用交流毫伏表测量此时的输出电压U_{om}，则最大输出功率为

$$P_{om}=\frac{U_{om}^2}{R_L}$$

② 断开自举电容C_7：观察输出电压波形变化情况。

(2) 输入灵敏度：要求U_i<100 mV，测试方法同实验十一。

(3) 频率响应：测试方法同实验十一。

(4) 噪声电压：要求U_N<2.5 mV，测试方法同实验十一。

3. 试　听

输入信号改为录音机输出,输出端接试听音箱及示波器;开机试听,并观察语言和音乐信号的输出波形。

五、实验总结

(1) 整理实验数据,并进行分析。

(2) 画出频率响应曲线。

(3) 讨论实验中发生的问题及解决办法。

六、预习要求

(1) 复习有关集成功率放大器部分内容。

(2) 若将电容 C_7 除去,将会出现什么现象?

(3) 若在无输入信号时,从接在输出端的示波器上观察到频率较高的波形是否正常,若不正常,如何消除?

(4) 如何由+12 V 直流电源获得+9 V 直流电源?

(5) 进行本实验时,应注意以下几点:

① 电源电压不允许超过极限值,不允许极性接反,否则集成电路将遭损坏。

② 电路工作时绝对避免负载短路,否则将烧毁集成电路。

③ 接通电源后,时刻注意集成电路的温度。有时,未加输入信号集成电路就会发热严重,同时,直流毫安表指示出较大电流及示波器显示出幅度较大,且屏幕显示出频率较高的波形,说明电路有自激现象,应立即关机,然后进行故障分析、处理。待自激振荡消除后,才能重新进行实验。

④ 输入信号不要过大。

实验十三　直流稳压电源（Ⅰ）
——串联型晶体管稳压电源

一、实验目的

（1）研究单相桥式整流、电容滤波电路的特性。

（2）掌握串联型晶体管稳压电源主要技术指标的测试方法。

二、实验原理

电子设备一般都需要直流电源供电。这些直流电除了少数直接利用干电池和直流发电机外，大多数是采用把交流电（市电）转变为直流电的直流稳压电源。直流稳压电源由电源变压器、整流、滤波和稳压电路4部分组成，其原理框图如图13－1所示。

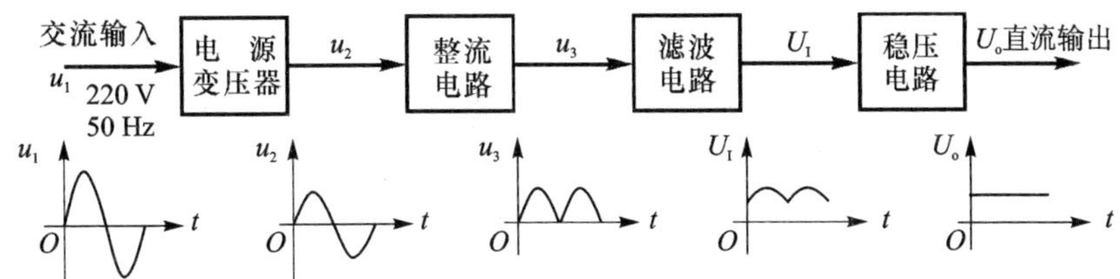

图13－1　直流稳压电源框图

电网供给的交流电压u_1（220 V，50 Hz）经电源变压器降压后，得到符合电路需要的交流电压u_2，然后由整流电路变换成方向不变、大小随时间变化的脉动电压u_3，再用滤波器滤去其交流分量，就可得到比较平直的直流电压U_I。但这样的直流输出电压，还会随交流电网电压的波动或负载的变动而变化。在对直流供电要求较高的场合，还需要使用稳压电路，以保证输出直流电压更加稳定。

图13－2所示为由分立元件组成的串联型稳压电源的电路图。其整流部分为单相桥式整流和电容滤波电路。稳压部分为串联型稳压电路，它由调整元件（晶体管V_1），比较放大器V_2、R_7，取样电路R_1、R_2、R_p，基准电压V_{DZ}、R_3，过流保护电路V_3管及电阻R_4、R_5和R_6等组成。整个稳压电路是一个具有电压串联负反馈的闭环系统。其稳压过程为：当电网电压波动或负载变动引起输出直流电压发生变化时，取样电路取出输出电压的一部分送入比较放大器，并与基准电压进行比较，产生的误差信号经V_2放大后送至调整管V_1的基极，使调整管改变其管压降，以补偿输出电压的变化，从而达到稳定输出电压的目的。

由于在稳压电路中，调整管与负载串联，因此流过它的电流与负载电流一样大。当输出电流过大或发生短路时，调整管会因电流过大或电压过高而损坏，所以要对调整管加以保护。在图13－2所示的电路中，晶体管V_3、R_4、R_5和R_6组成减流型保护电路。此电路设计在$I_{op}=1.2I_o$时起保护作用，此时输出电流减小，输出电压降低。故障排除后电路应能自动恢复正常工作。在调试时，若保护功能提前作用，则应减小R_6值；若保护功能滞后，则应增大R_6值。

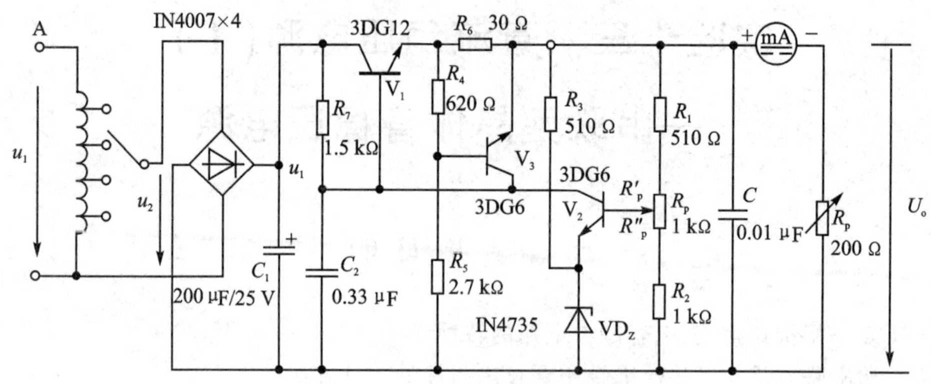

图 13-2　串联型稳压电源实验电路

稳压电源的主要性能指标：

(1) 输出电压 U_o 和输出电压调节范围

$$U_o=\frac{R_1+R_p+R_2}{R_2+R_p''}(U_Z+U_{BE2})$$

调节 R_p 可以改变输出电压 U_o。

(2) 最大负载电流 I_{om}。

(3) 输出电阻 R_o。输出电阻 R_o 定义为：当输入电压 U_i(指稳压电路输入电压)保持不变，由于负载变化而引起的输出电压变化量与输出电流变化量之比，即

$$R_o=\left.\frac{\Delta U_o}{\Delta I_o}\right|_{U_i=常数}$$

(4) 稳压系数 S(电压调整率)。稳压系数定义为：当负载保持不变，输出电压相对变化量与输入电压相对变化量之比，即

$$S=\left.\frac{\Delta U_o/U_o}{\Delta U_i/U_i}\right|_{R_L=常数}$$

由于工程上常把电网电压波动±10%作为极限条件，因此也有将此时输出电压的相对变化 $\Delta U_o/U_o$ 作为衡量指标，称为电压调整率。

(5) 纹波电压。输出纹波电压是指在额定负载条件下，输出电压中所含交流分量的有效值(或峰值)。

三、实验设备与器件

(1) 可调工频电源；

(2) 双踪示波器；

(3) 交流毫伏表；

(4) 直流电压表；

(5) 直流毫安表；

(6) 滑线变阻器 200 Ω/1 A；

(7) 晶体三极管 3DG6×2(9011×2)，3DG12×1(9013×1)，晶体二极管 IN4007×4，稳压管 IN4735×1 和电阻器、电容器若干只。

四、实验内容

1. 整流滤波电路测试

按图 13－3 连接实验电路。取可调工频电源电压为 16 V，作为整流电路输入电压 u_2。

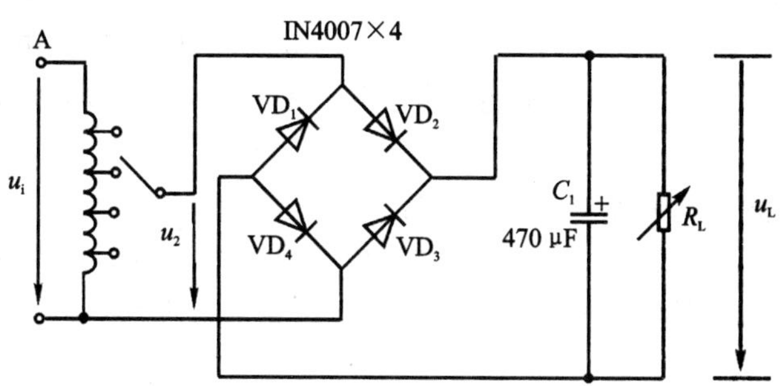

图 13－3　整流滤波电路

（1）取 $R_L=240\ \Omega$，不加滤波电容，测量直流输出电压 U_L 及纹波电压 u_L，用示波器观察 u_2 和 u_L 波形，并记入表 13－1 中。

（2）取 $R_L=240\ \Omega$，$C=470\ \mu F$，重复内容（1）的要求，并记入表 13－1 中。

（3）取 $R_L=120\ \Omega$，$C=470\ \mu F$，重复内容（1）的要求，并记入表 13－1 中。

表 13－1

电路形式		U_L/V	u_L/V	u_L 波形
$R_L=240\ \Omega$				
$R_L=240\ \Omega$ $C=470\ \mu F$				
$R_L=120\ \Omega$ $C=470\ \mu F$				

注意：

① 每次改接电路时，必须切断工频电源。

② 在观察输出电压 u_L 波形的过程中，“Y 轴灵敏度”旋钮位置调好以后，不要再变动，否则将无法比较各波形的脉动情况。

2. 串联型稳压电源性能测试

切断工频电源，在图 13－3 的基础上按图 13－2 连接实验电路。

(1) 初　测

稳压器输出端负载开路,断开保护电路,接通16 V工频电源,测量整流电路输入电压 u_2,滤波电路输出电压 U_i(稳压器输入电压)及输出电压 U_o。调节电位器 R_p,观察 U_o 的大小和变化情况。如果 U_o 能跟随 R_p 线性变化,这说明稳压电路各反馈环路工作基本正常。否则,说明稳压电路有故障,因为稳压器是一个深负反馈的闭环系统,只要环路中任一个环节出现故障(某管截止或饱和),稳压器就会失去自动调节作用。此时可分别检查基准电压 U_Z,输入电压 U_i,输出电压 U_o,以及比较放大器和调整管各电极的电位(主要是 U_{BE} 和 U_{CE}),分析它们的工作状态是否都处在线性区,从而找出不能正常工作的原因。排除故障以后就可以进行下一步测试。

(2) 测量输出电压可调范围

接入负载 R_L(滑线变阻器),并调节它,使输出电流 $I_o \approx 100$ mA。再调节电位器 R_p,测量输出电压可调范围 $U_{o,min} \sim U_{o,max}$,且使 R_p 动点在中间位置附近时 $U_o = 12$ V。若不满足要求,可适当调整 R_1 和 R_2 之值。

(3) 测量各级静态工作点

调节输出电压 $U_o = 12$ V,输出电流 $I_o = 100$ mA,使工频电源为16 V情况下,测量各级静态工作点,并记入表13-2中。

表 13-2

测试项	V_1	V_2	V_3
U_B/V			
U_C/V			
U_E/V			

(4) 测量稳压系数 S

取 $I_o = 100$ mA,按表13-3改变整流电路输入电压 u_2(模拟电网电压波动),分别测出相应的稳压器输入电压 U_i 及输出直流电压 U_o,记入表13-3中。

(5) 测量输出电阻 R_o

取 $U_2 = 16$ V,改变滑线变阻器位置,使 I_o 为空载、50 mA和100 mA,测量相应的 U_o 值,记入表13-4中。

表 13-3

测试值			计算值
U_2/V	U_i/V	U_o/V	S
14			$S_{12}=$
16		12	
18			$S_{23}=$

表 13-4

测试值		计算值
I_o/mA	U_o/V	R_o/Ω
空载		$R_{o12}=$
50	12	
100		$R_{o23}=$

(6) 测量输出纹波电压

取 $U_2 = 16$ V,$U_o = 12$ V,$I_o = 100$ mA,测量输出纹波电压 $\widetilde{U}_o$,并记录之。

(7) 调整过流保护电路

① 断开工频电源,接上保护回路;再接通工频电源,调节 R_p 及 R_L 使 $U_o = 12$ V,$I_o = 100$ mA,

此时保护电路应不起作用。测出 V_3 管各极电位值。

② 逐渐减小 R_L,使 I_o 增加到 120 mA,观察 U_o 是否下降,并测出保护起作用时 V_3 管各极的电位值。若保护作用过早或过滞后,可改变 R_6 之值进行调整。

③ 用导线瞬时短接一下输出端,测量 U_o 值,然后去掉导线,检查电路是否能自动恢复正常工作。

五、实验总结

(1) 对表 13-1 所测结果进行全面分析,总结桥式整流、电容滤波电路的特点。

(2) 根据表 13-3 和表 13-4 所测数据,计算稳压电路的稳压系数 S 和输出电阻 R_o,并进行分析。

(3) 分析讨论实验中出现的故障及其排除方法。

六、预习要求

(1) 复习教材中有关分立元件稳压电源部分内容,并根据实验电路参数估算 U_o 的可调范围及 $U_p=12$ V 时 V_1,V_2 管的静态工作点(假设调整管的饱和压降 $U_{CE1S}\approx1$ V)。

(2) 说明图 13-2 中 u_2、U_I、U_o 及 $\widetilde{U}_o$ 的物理意义,并从实验仪器中选择合适的测量仪表。

(3) 在桥式整流电路实验中,能否用双踪示波器同时观察 u_2 和 u_L 波形,为什么?

(4) 在桥式整流电路中,如果某个二极管发生开路、短路或反接 3 种情况,将会出现什么问题?

(5) 为了使稳压电源的输出电压 $U_o=12$ V,则其输入电压的最小值 $U_{I,min}$ 应等于多少?交流输入电压 $u_{2,min}$ 又怎样确定?

(6) 当稳压电源输出不正常,或输出电压 U_o 不随取样电位器 R_p 而变化时,应如何进行检查并找出故障所在?

(7) 分析保护电路的工作原理。

(8) 怎样提高稳压电源的性能指标(减小 S 和 R_o)?

实验十四　直流稳压电源(Ⅱ)
——集成稳压器

一、实验目的

(1) 研究集成稳压器的特点和性能指标的测试方法。

(2) 了解集成稳压器扩展性能的方法。

二、实验原理

随着半导体工艺的发展,稳压电路也制成了集成器件。由于集成稳压器具有体积小、外接线路简单、使用方便、工作可靠和通用性等优点,因此在各种电子设备中应用十分普遍,基本上取代了由分立元件构成的稳压电路。集成稳压器的种类很多,应根据设备对直流电源的要求来进行选择。对于大多数电子仪器、设备和电子电路来说,通常是选用串联线性集成稳压器。而在这种类型的器件中,又以三端式稳压器应用最为广泛。

W7800、W7900 系列三端式集成稳压器的输出电压是固定的,在使用中不能进行调整。W7800 系列三端式稳压器输出正极性电压,一般有 5 V、6 V、9 V、12 V、15 V、18 V 和 24 V 七个档次,输出电流最大可达 1.5 A(加散热片)。同类型 78M 系列稳压器的输出电流为 0.5 A,78L 系列稳压器的输出电流为 0.1 A。若要求负极性输出电压,则可选用 W7900 系列稳压器。

图 14-1 为 W7800 系列的外形和接线图。它有三个引出端:

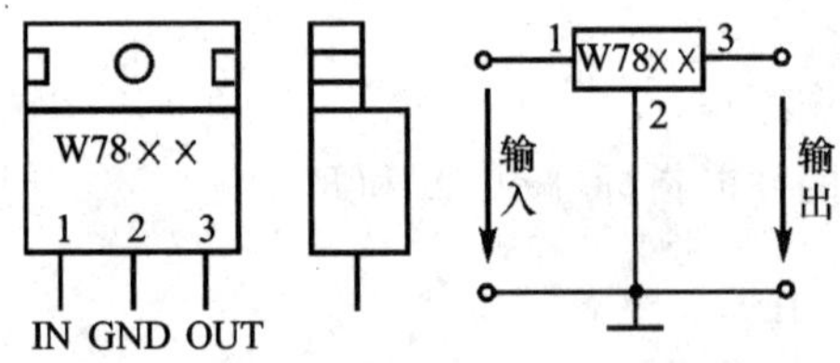

图 14-1　W7800 系列外形及接线图

输入端(不稳定电压输入端)　标以“1”;

输出端(稳定电压输出端)　标以“3”;

公共端　标以“2”。

除固定输出三端稳压器外,尚有可调式三端稳压器,后者可通过外接元件对输出电压进行调整,以适应不同的需要。

本实验所用集成稳压器为三端固定正稳压器 W7812。它的主要参数有输出直流电压 $U_o=+12$ V,输出电流分 L 和 M 两挡。其中 L:0.1 A, M:0.5 A,电压调整率 10 mV/V,输出电阻 $R_o=0.15\ \Omega$,输入电压 U_i 的范围 15~17 V。因为一般 U_i 要比 U_o 大 3~5 V,才能保证集成稳压器工作在线性区。

图 14－2 所示为用三端式稳压器 W7815 构成的单电源电压输出串联型稳压电源的实验电路图。其中整流部分采用了由 4 个二极管组成的桥式整流器成品（又称桥堆），型号为 2W06（或 KBP306），内部接线和外部引脚引线如图 14－3 所示。滤波电容 C_1、C_2 一般选取几百至几千微法。当稳压器距离整流滤波电路比较远时，在输入端必须接入电容器 C_3（数值为 0.33 μF），以抵消线路的电感效应，防止产生自激振荡。输出端电容 C_4（0.1 μF）用以滤除输出端的高频信号，改善电路的暂态响应。

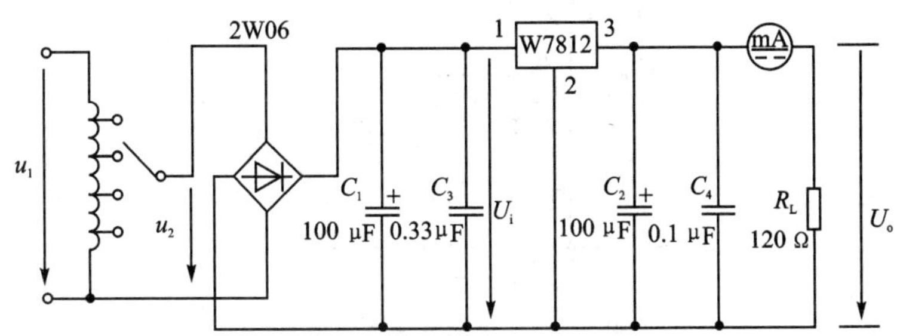

图 14－2　由 W7812 构成的串联型稳压电源

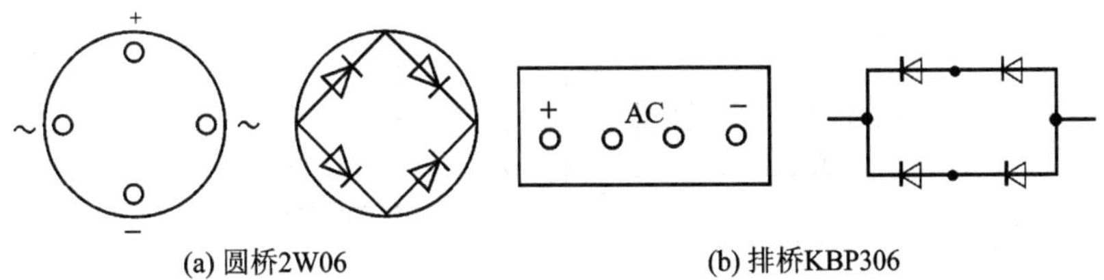

图 14－3　桥堆引脚图

图 14－4 所示为正、负双电压输出电路，例如需要 $U_{o1}=+15$ V，$U_{o2}=-15$ V，则可选用 W7815 和 W7915 三端稳压器，这时的 U_i 应为单电压输出时的两倍。

当集成稳压器本身的输出电压或输出电流不能满足要求时，可通过外接电路来进行性能扩展。图 14－5 所示为一种简单的输出电压扩展电路。如 W7812 稳压器的 3、2 端间输出电压为 12 V，因此只要适当选择 R 的值，使稳压管 VD_Z 工作在稳压区，则输出电压 $U_o=12\text{ V}+U_Z$，可以高于稳压器本身的输出电压。

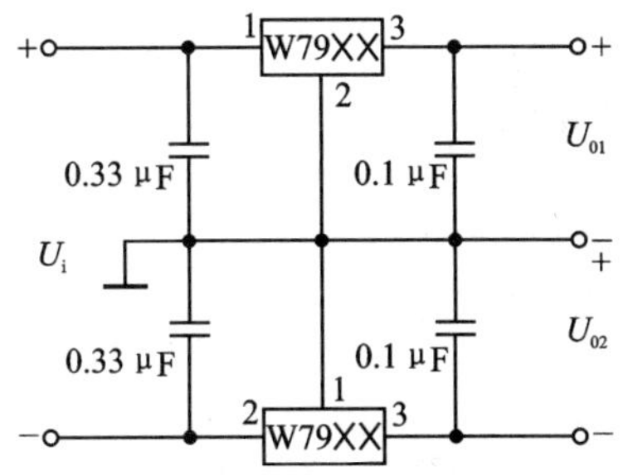

图 14－4　正、负双电压输出电路

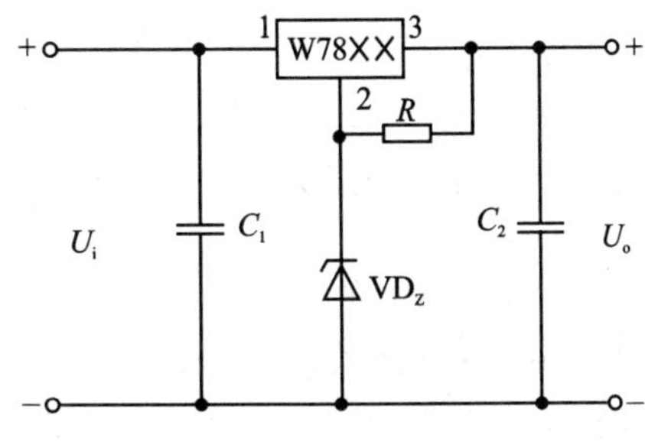

图 14－5　输出电压扩展电路

图 14－6 所示为通过外接晶体管 V 及电阻 R_1 来进行电流扩展的电路。电阻 R_1 的阻值由外接晶体管的发射结导通电压 U_{BE}、三端式稳压器的输入电流 I_i（近似等于三端稳压器的输出电流 I_{o1}）和 V 的基极电流 I_B 来决定，即

$$R_1 = \frac{U_{BE}}{I_R} = \frac{U_{BE}}{I_i - I_B} = \frac{U_{BE}}{I_{o1} - \frac{I_C}{\beta}}$$

式中：I_C 为晶体管 V 的集电极电流，$I_C = I_o - I_{o1}$；β 为晶体管 V 的电流放大倍数；对于锗管 U_{BE} 可按 0.3 V 估算，对于硅管 U_{BE} 按 0.7 V 估算。

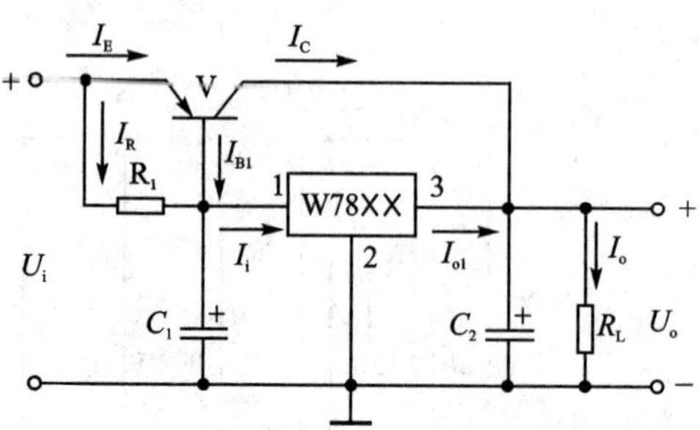

图 14-6　输出电流扩展电路

附：(1) 图 14-7 所示为 W7900 系列(输出负电压)外形及接线图。

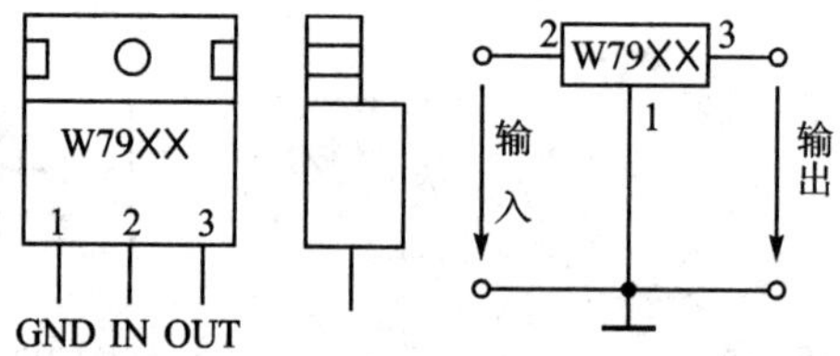

图 14-7　W7900 系列外形及接线图

(2) 图 14-8 所示为可调输出正三端稳压器 W317 外形及接线图。

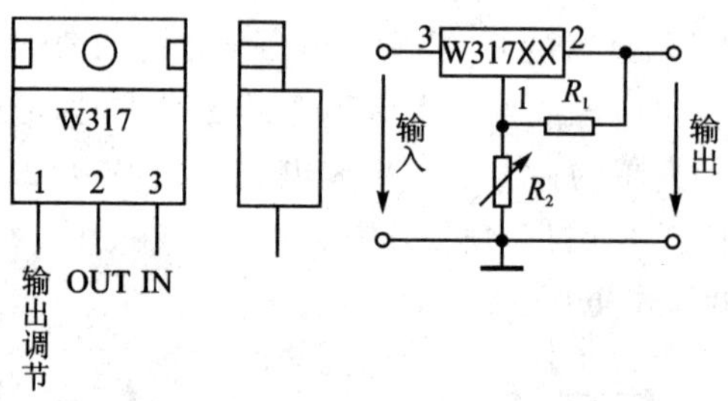

图 14-8　W317 外形及接线图

输出电压计算公式为

$$U_o \approx 1.25\left(1 + \frac{R_2}{R_1}\right)$$

最大输入电压为 $U_{i,max} = 40$ V。

输出电压范围为 $U_o = 1.2 \sim 37$ V。

三、实验设备与器件

(1) 可调工频电源；　　(2) 双踪示波器；

(3) 交流毫伏表；　　(4) 直流电压表；

(5) 直流毫安表；　　　　　　(6) 三端稳压器 W7812、W7815 和 W7915；

(7) 桥堆 2W06(或 KBP306)及电阻器、电容器若干只。

四、实验内容

1. 整流滤波电路测试

按图 14-9 连接实验电路，取可调工频电源 14 V 电压作为整流电路输入电压 u_2。接通工频电源，测量输出端直流电压 U_L 及纹波电压 $\widetilde{U}_L$，用示波器观察 u_2 和 U_L 的波形，把数据及波形记入自拟表格中。

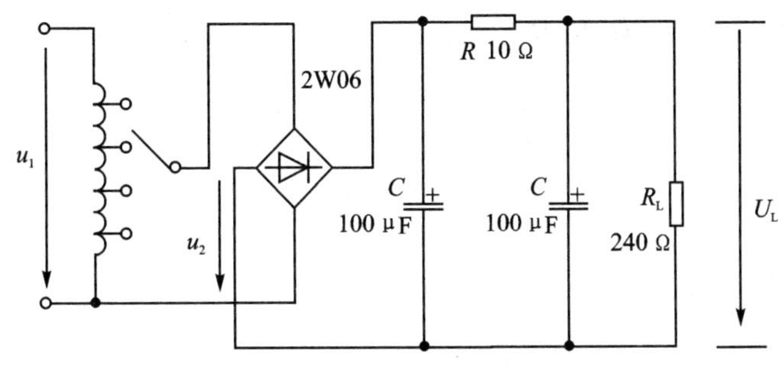

图 14-9　整流滤波电路

2. 集成稳压器性能测试

断开工频电源，按图 14-2 改接实验电路，取负载电阻 $R_L=120\ \Omega$。

(1) 初　测

接通工频 14 V 电源，测量 u_2 值；测量滤波电路输出电压 U_I(稳压器输入电压)，集成稳压器输出电压 U_o，它们的数值应与理论值大致符合，否则说明电路出了故障。因此，必须设法查找故障并加以排除。

电路经初测进入正常工作状态后，才能进行各项指标的测试。

(2) 各项性能指标测试

① 输出电压 U_o 和最大输出电流 $I_{o,max}$ 的测量：在输出端接负载电阻 $R_L=120\ \Omega$，由于 W7812 的输出电压 $U_o=12$ V，因此流过 R_L 的电流 $I_{o,max}=\dfrac{12\ \text{V}}{120\ \Omega}=0.1\ \text{A}=100\ \text{mA}$。这时 U_o 应基本保持不变，若变化较大则说明集成电路性能不良。

② 稳压系数 S 的测量。

③ 输出电阻 R_o 的测量。

④ 输出纹波电压的测量。

第②、③和④项的测试方法同实验十，并把测量结果记入自拟表格中。

*(3) 集成稳压器性能扩展

根据实验器材，选取图 14-4、图 14-5 或 14-8 中各元器件，并自拟测试方法与表格，记录实验结果。

五、实验总结

(1) 整理实验数据,计算 S 和 R_o,并与手册上的典型值进行比较。

(2) 分析讨论实验中发生的现象和问题。

六、预习要求

(1) 复习教材中有关集成稳压器部分的内容。

(2) 列出实验内容中所要求的各种表格。

(3) 在测量稳压系数 S 和内阻 R_o 时,应怎样选择测试仪表?

实验十五　晶闸管可控整流电路

一、实验目的

(1) 学习单结晶体管和晶闸管的简易测试方法。

(2) 熟悉单结晶体管触发电路(阻容移相桥触发电路)的工作原理及调试方法。

(3) 熟悉用单结晶体管触发电路控制晶闸管调压电路的方法。

二、实验原理

可控整流电路的作用是把交流电变换为电压值可以调节的直流电。图 15－1 所示为单相半控桥式整流实验电路。主电路由负载 R_L(灯泡)和晶闸管 V_1 组成,触发电路为单结晶体管 V_2 及一些阻容元件构成的阻容移相桥触发电路。改变晶闸管 V_1 的导通角,便可调节主电路的可控输出整流电压(或电流)的数值,这点可由灯泡负载的亮度变化看出。晶闸管导通角的大小决定于触发脉冲的频率 f,由公式

$$f=\frac{1}{RC}\ln\left(\frac{1}{1-\eta}\right)$$

可知,当单结晶体管的分压比 η(一般在 0.5～0.8 之间)及电容 C 值固定时,则频率 f 大小由 R 决定。因此,通过调节电位器 R_p,可以改变触发脉冲频率,使主电路的输出电压也随之改变,从而达到可控调压的目的。

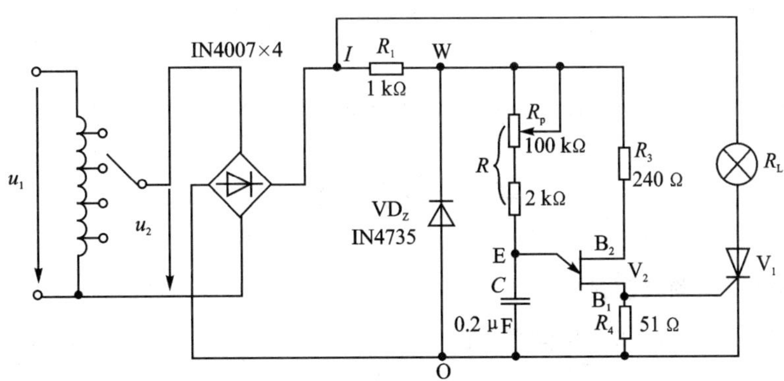

图 15－1　单相半控桥式整流实验电路

用万用电表的电阻挡(或用数字万用表二极管挡)可以对单结晶体管和晶闸管进行简易测试。

图 15－2 所示为单结晶体管 BT33 引脚排列、结构图及电路符号。好的单结晶体管 PN 结正向电阻 R_{EB1}、R_{EB2} 均较小,且 R_{EB1} 稍大于 R_{EB2};而 PN 结的反向电阻 R_{B1E}、R_{B2E} 均应很大。根据所测阻值,即可判断出各引脚及管子的质量优劣。

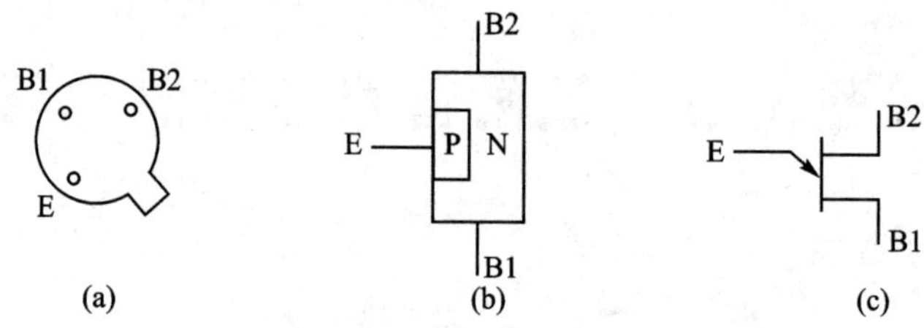

图 15－2　单结晶体管 BT33 引脚排列、结构图及电路符号

图 15－3 所示为晶闸管 3CT3A 引脚排列、结构图及电路符号。晶闸管阳极(A)-阴极(K)及阳极(A)-门极(G)之间的正、反向电阻 R_{AK}、R_{KA}、R_{AG}、R_{GA} 均应很大，而 G－K 之间为一个 PN 结，PN 结正向电阻应较小，反向电阻应很大。

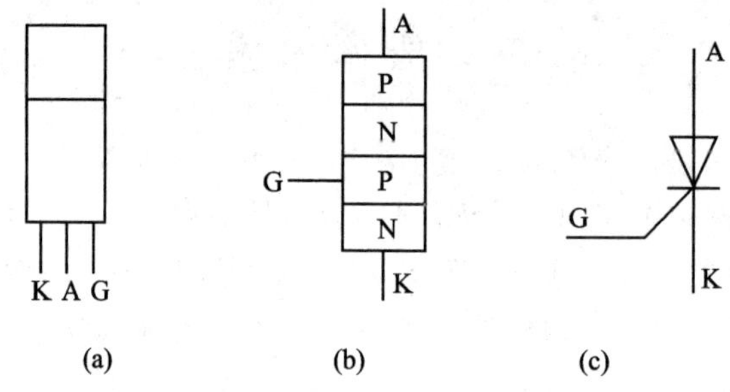

图 15－3　晶闸管引脚排列、结构图及电路符号

三、实验设备及器件

(1) ±5 V、±12 V 直流电源；　　(2) 可调工频电源；

(3) 万用电表；　　(4) 双踪示波器；

(5) 交流毫伏表；　　(6) 直流电压表；

(7) 晶闸管 3CT3A，单结晶体管 BT33，二极管 IN4007×4，稳压管 IN4735，灯泡 12 V/0.1 A。

四、实验内容

1. 单结晶体管的简易测试

用万用电表 R×10 Ω 挡分别测量 EB1、EB2 间正、反向电阻，并记入表 15－1 中。

表 15－1

R_{EB1}/Ω	R_{EB2}/Ω	$R_{B1E}/k\Omega$	$R_{B2E}/k\Omega$	结 论

2. 晶闸管的简易测试

用万用电表 R×1k 挡分别测量 A－K、A－G 间正、反向电阻；用 R×10 Ω 挡测量 G－K 间正、反向电阻，并记入表 15－2 中。

表 15 - 2

R_{AK}/kΩ	R_{KA}/kΩ	R_{AG}/kΩ	R_{GA}/kΩ	R_{GK}/kΩ	R_{KG}/kΩ	结　论

3. 晶闸管导通和关断条件测试

断开±12 V、±5 V 直流电源，按图 15 - 4 连接实验电路。

(1) 晶闸管阳极加 12 V 正向电压，门极在以下情况下：(a) 开路；(b) 加 5 V 正向电压，观察管子是否导通(导通时灯泡亮，关断时灯泡熄灭)，管子导通后；(c) 去掉 +5 V 门极电压；(d) 反接门极电压(接 -5 V)，观察管子是否继续导通。

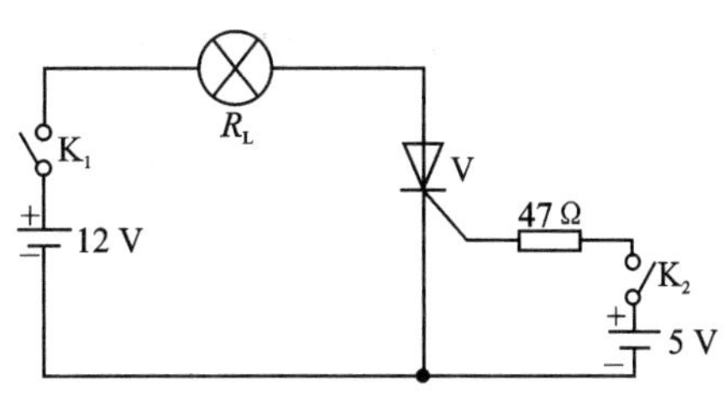

图 15 - 4　晶闸管导通和关断条件测试

(2) 晶闸管导通后，阳极在以下情况下：(a) 去掉 +12 V 阳极电压；(b) 反接阳极电压(接 -12 V)，观察管子是否关断，并记录之。

4. 晶闸管可控整流电路

按图 15 - 1 连接实验电路。取可调工频电源 14 V 电压作为整流电路输入电压 u_2，电位器 R_p 置中间位置。

(1) 单结晶体管触发电路

① 断开主电路(把灯泡取下)，接通工频电源，测量 u_2 值。用示波器依次观察并记录交流电压 u_2、整流输出电压 u_I(I－O)、削波电压 u_W(W－O)、锯齿波电压 u_E(E－O)、触发输出电压 u_{B1}(B_1－O)。记录波形时，注意各波形间的对应关系，并标出电压幅度及时间，最后记入表 15 - 3 中。

② 改变移相电位器 R_p 阻值，观察 u_E 及 u_{B1} 波形的变化及 u_{B1} 的移相范围，记入表 15 - 3 中。

表 15 - 3

u_2	u_I	u_W	u_E	u_{B1}	移相范围

(2) 可控整流电路

断开工频电源，接入负载灯泡 R_L；再接通工频电源，调节电位器 R_p，使电灯由暗到中等亮，再到最亮；用示波器观察晶闸管两端电压 u_{T1}、负载两端电压 u_L，并测量负载直流电压 U_L 及工频电源电压 u_2 的有效值，记入表 15 - 4 中。

表 15 - 4

	暗	较　亮	最　亮
u_L 波形			
u_T 波形			
导通角 θ			
U_L/V			
u_2/V			

五、实验总结

(1) 总结晶闸管导通和关断的基本条件。

(2) 画出实验中记录的波形(注意各波形间对应关系),并进行讨论。

(3) 对实验数据 U_L 与理论计算数据 $U_L=0.9\,U_2\dfrac{1+\cos a}{2}$进行比较,并分析产生误差原因。

(4) 分析实验中出现的异常现象。

六、预习要求

(1) 复习晶闸管可控整流部分内容。

(2) 可否用万用电表的 R×10 K 欧姆挡测试管子?为什么?

(3) 为什么可控整流电路必须保证触发电路与主电路同步?本实验是如何实现同步的?

(4) 可以采取哪些措施改变触发信号的幅度和移相范围?

(5) 能否用双踪示波器同时观察 u_2 和 u_L 或 u_L 和 u_{T1} 波形?为什么?

实验十六　综合实验
——用运算放大器组成万用电表的设计与调试

一、实验目的

(1) 设计由运算放大器组成的万用电表。

(2) 组装与调试由运算放大器组成的万用电表。

二、设计要求

(1) 直流电压表　满量程 +6 V;

(2) 直流电流表　满量程 10 mA;

(3) 交流电压表　满量程 6 V,50 Hz～1 kHz;

(4) 交流电流表　满量程 10 mA;

(5) 欧姆表　　　满量程分别为 1 kΩ,10 kΩ,100 kΩ。

三、万用电表工作原理及参考电路

在测量中,电表的接入应不影响被测电路的原工作状态,这就要求电压表应具有无穷大的输入电阻,而电流表的内阻应为零。但实际上,万用电表表头的可动线圈总有一定的电阻,例如 100 μA 的表头,其内阻约为 1 kΩ,用它进行测量时将影响被测量,引起误差。此外,交流电表中的整流二极管的压降和非线性特性也会产生误差。如果在万用电表中使用运算放大器,就能大大降低这些误差,提高测量精度。在欧姆表中采用运算放大器,不仅能得到线性刻度,还能实现自动调零。

1. 直流电压表

图 16-1 所示为同相端输入,却高精度直流电压表电原理图。

为了减小表头参数对测量精度的影响,将表头置于运算放大器的反馈回路中,这时,流经表头的电流与表头的参数无关,只要改变 R_1 一个电阻,就可进行量程的切换。

表头电流 I 与被测电压 U_i 的关系为 $I=U_i/R_i$。

应当指出:图 16-1 适用于测量电路与运算放大器共地的有关电路。此外,当被测电压较高时,在运放的输入端应设置衰减器。

2. 直流电流表

图 16-2 所示为浮地直流电流表的电原理图。在电流测量中,浮地电流的测量是普遍存在的,如若被测电流无接地点,就属于这种情况。为此,应把运算放大器的电源也对地浮动。按此种方式构成的电流表就像常规电流表那样,串联在任何电流通路中测量电流。

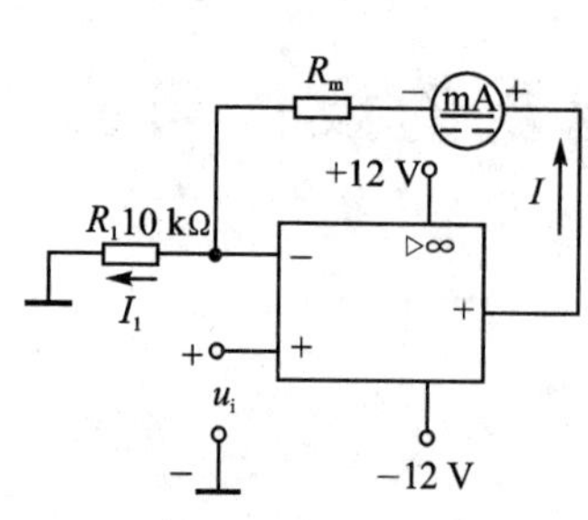

图 16-1 直流电压表

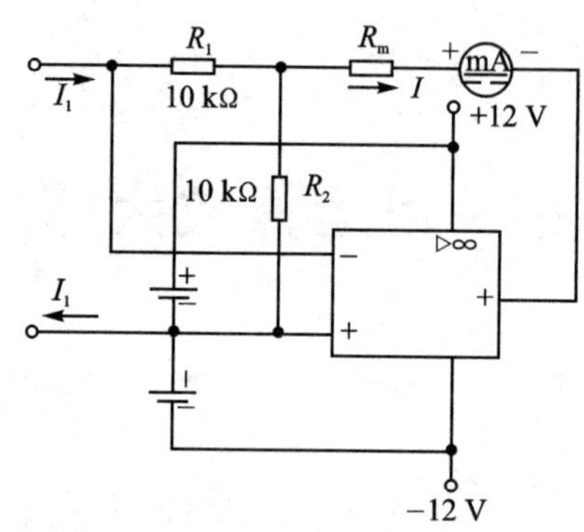

图 16-2 直流电流表

表头电流 I 与被测电流 I_1 间的关系为

$$-I_1R_1=(I_1-I)R_2,\quad I=\left(1+\frac{R_1}{R_2}\right)I_1$$

可见,改变电阻比 R_1/R_2,可调节流过电流表的电流,以提高灵敏度。如果被测电流较大时,应给电流表表头并联分流电阻。

3. 交流电压表

由运算放大器、二极管整流桥和直流毫安表组成的交流电压表如图 16-3 所示。被测交流电压 u_i 加到运算放大器的同相端,故有很高的输入阻抗,又因为负反馈能减小反馈回路中的非线性影响,故把二极管桥路和表头置于运算放大器的反馈回路中,以减小二极管本身非线性的影响。

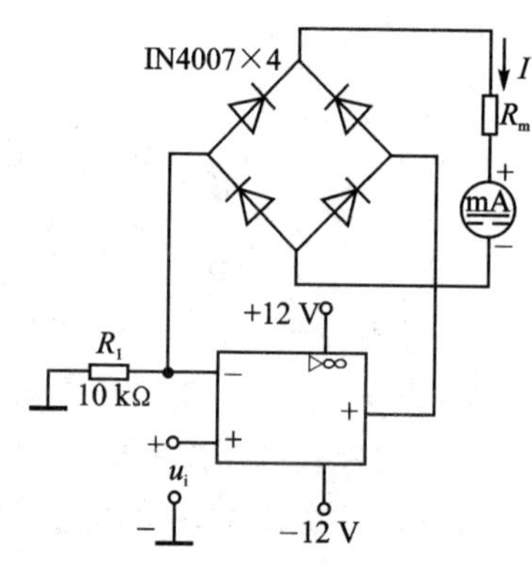

图 16-3 交流电压表

表头电流 I 与被测电压 u_i 的关系为 $I=u_i/R_i$。

电流 I 全部流过桥路,其值仅与 u_i/R_1 有关,与桥路和表头参数(如二极管的死区等非线性参数)无关。表头中电流与被测电压 u_i 的全波整流平均值成正比,若 u_i 为正弦波,则表头可按有效值来刻度。被测电压的上限频率决定于运算放大器的频带和上升速率。

4. 交流电流表

图 16-4 所示为浮地交流电流表,表头读数由被测交流电流 i 的全波整流平均值 I_{1AV} 决定,即 $I=\left(1+\frac{R_1}{R_2}\right)I_{1AV}$。如果被测电流 i 为正弦电流,即 $i_1=\sqrt{2}I_1\sin\omega t$,则上式可写为:$I=0.9(1+R_1/R_2)I_1$。因此,表头可按有效值来刻度。

5. 欧姆表

图 16-5 所示为多量程的欧姆表。在此电路中,运算放大器改由单电源供电,被测电阻 R_x 跨接在运算放大器的反馈回路中,同相端加基准电压 U_{REF}。由于 $U_P=U_N=U_{REN}$, $I_1=I_x$, $\frac{U_{REF}}{R_1}=\frac{U_o-U_{REF}}{R_x}$,即

$$R_x=\frac{R_1}{U_{REF}}(U_o-U_{REF})$$

因此,流经表头的电流为

$$I=\frac{U_o-U_{REF}}{R_2+R_m}$$

由上两式消去(U_o-U_{REF})可得

$$I=\frac{U_{REF}R_x}{R_1(R_m+R_2)}$$

可见,电流 I 与被测电阻成正比,而且表头具有线性刻度,改变 R_1 值,可改变欧姆表的量程。这种欧姆表能自动调零,当 $R_x=0$ 时,电路变成电压跟随器,即 $U_o=U_{REF}$,故表头电流为零,从而实现了自动调零。

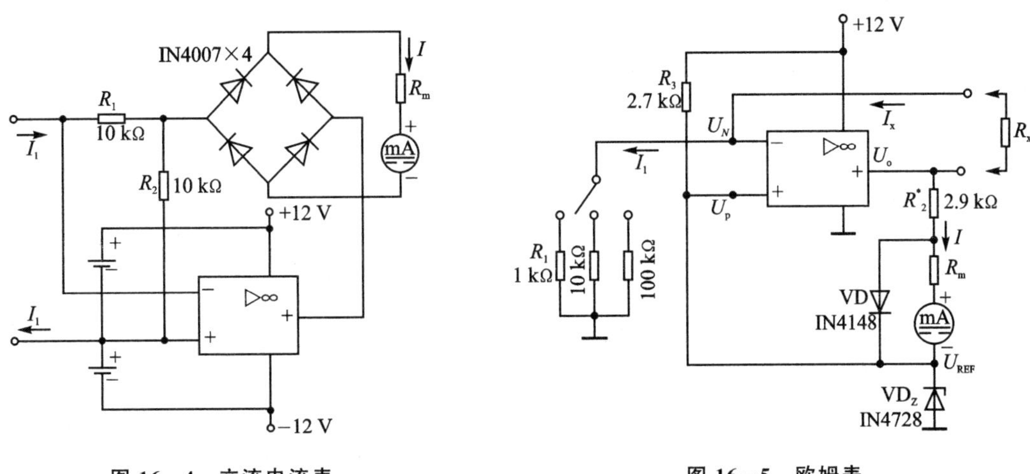

图 16－4　交流电流表　　　图 16－5　欧姆表

二极管 VD 起保护电表的作用,如果没有 VD,当 R_x 超量程时,特别是当 $R_x\to\infty$,运算放大器的输出电压将接近电源电压,使表头过载。有了 VD 就可使输出箝位,防止表头过载。调整 R_2,可实现满量程调节。

四、电路设计

(1) 万用电表的电路是多种多样的,建议用参考电路设计一只较完整的万用电表。

(2) 万用电表作电压、电流或欧姆测量时,和进行量程切换时应用开关切换,但实验时可引用接线切换。

五、实验元器件选择

(1) 表头　　灵敏度为 1 mA,内阻为 100 Ω;

(2) 运算放大器　　μA741;

(3) 电阻器　　均采用$\frac{1}{4}$W 的金属膜电阻器;

(4) 二极管　　IN4007×4、IN4148;

(5) 稳压管　　　IN4728。

六、注意事项

(1) 在连接电源时，正、负电源连接点上各接大容量的滤波电容器和 0.01～0.1 μF 的小电容器，以消除通过电源产生的干扰。

(2) 万用电表的电性能测试要用标准电压表和电流表校正，而欧姆表用标准电阻校正。考虑到实验要求不高，建议用数字式 $4\frac{1}{2}$位万用电表作为标准表。

七、报告要求

(1) 画出完整的万用电表的设计电路原理图。

(2) 将万用电表与标准表作测试比较，计算万用电表各功能挡的相对误差，分析误差原因。

(3) 写出电路改进建议。

第二部分

数字电子技术基础实验

实验一　TTL 集成逻辑门的逻辑功能与参数测试

一、实验目的

(1) 掌握 TTL 集成"与非"门的逻辑功能和主要参数的测试方法。

(2) 掌握 TTL 器件的使用规则。

(3) 进一步熟悉数字电路实验装置的结构、基本功能和使用方法。

二、实验原理

本实验采用四输入双"与非"门 74LS20,即在一片集成块内含有两个互相独立的"与非"门,每个"与非"门有 4 个输入端。其逻辑框图、符号及引脚图如图 1-1(a)、(b)、(c)所示。

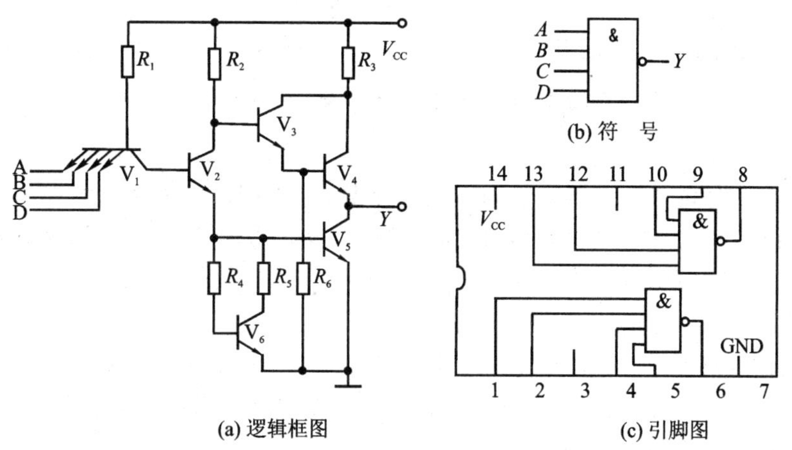

(a) 逻辑框图　　(b) 符号　　(c) 引脚图

图 1-1　74LS20 逻辑框图、符号及引脚图

1. "与非"门的逻辑功能

"与非"门的逻辑功能是:当输入端中有一个或一个以上是低电平时,输出端为高电平;只有当输入端全部为高电平时,输出端才是低电平,即有"0"得"1",全"1"得"0"。其逻辑表达式为 $Y=\overline{AB\cdots}$。

2. TTL"与非"门的主要参数

(1) 低电平输出电源电流 I_{CCL} 和高电平输出电源电流 I_{CCH}

"与非"门处于不同的工作状态,电源提供的电流是不同的。I_{CCL} 是指所有输入端悬空,输出端空载时,电源提供器件的电流。I_{CCH} 是指输出端空载,每个门各有一个以上的输入端接地,其余输入端悬空,电源提供给器件的电流。通常 $I_{CCL}>I_{CCH}$,它们的大小标志着器件静态功耗的大小。器件的最大功耗为 $P_{CCL}=V_{CC}I_{CCL}$。手册中提供的电源电流和功耗值是指整个器件总的电源电流和总的功耗。I_{CCL} 和 I_{CCH} 测试电路如图 1-2(a)、(b)所示。

注意:TTL 电路对电源电压要求较严,电源电压 V_{CC} 只允许在(5±0.1) V 的范围内工作,超过 5.5 V 将损坏器件;低于 4.5 V 器件的逻辑功能将不正常。

(2) 低电平输入电流 I_{iL} 和高电平输入电流 I_{iH}

I_{iL} 是指被测输入端接地,其余输入端悬空,输出端空载时,由被测输入端流出的电流值。在多级门电路中,I_{iL} 相当于前级门输出低电平时,后级向前级门灌入的电流,它关系到前级门的灌电流负载能力,即直接影响前级门电路带负载的个数,因此希望 I_{iL} 小些。

I_{iH} 是指被测输入端接高电平,其余输入端接地,输出端空载时,流入被测输入端的电流值。在多级门电路中,它相当于前级门输出高电平时的前级门的拉电流负载,其大小关系到前级门的拉电流负载能力,希望 I_{iH} 小些。由于 I_{iH} 较小,难以测量,一般免于测试。

I_{iL} 与 I_{iH} 的测试电路如图 1-2(c)、(d)所示。

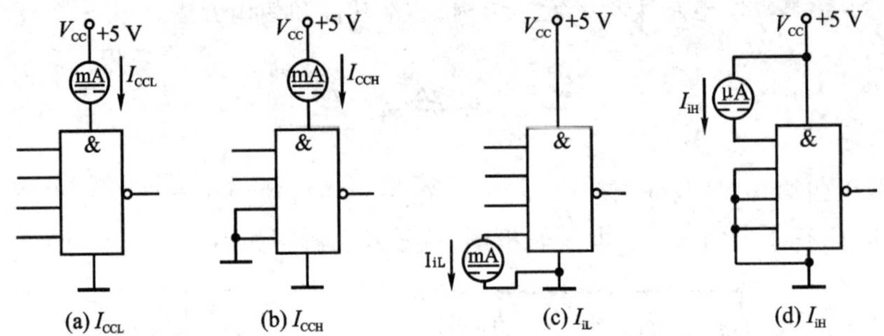

图 1-2 TTL"与非"门静态参数测试电路图

(3)扇出系数 N_o

扇出系数 N_o 是指门电路能驱动同类门的个数,它是衡量门电路负载能力的一个参数。TTL"与非"门有两种不同性质的负载,即灌电流负载和拉电流负载,因此有两种扇出系数,即低电平扇出系数 N_{oL} 和高电平扇出系数 N_{oH}。通常 $I_{iH}<I_{iL}$,则 $N_{oH}>N_{oL}$,故常以 N_{oL} 作为门的扇出系数。

N_{oL} 的测试电路如图 1-3 所示,门的输入端全部悬空,输出端接灌电流负载 R_{Lp},调节 R_{Lp} 使 I_{oL} 增大,V_{oL} 随之增高。当 V_{oL} 达到 V_{oLm}(手册中规定低电平规范值 0.4 V)时的 I_{oL} 就是允许灌入的最大负载电流,则

$$N_{oL}=\frac{I_{oL}}{I_{iL}} \qquad \text{通常 } N_{oL}\geqslant 8$$

(4) 电压传输特性

门的输出电压 u_o 随输入电压 u_i 而变化的曲线 $u_o=f(u_i)$,这称为门的电压传输特性。通过它可读得门电路的一些重要参数,如输出高电平 V_{oH}、输出低电平 V_{oL}、关门电平 V_{off}、开门电平 V_{oN}、阈值电平 V_T 及抗干扰容限 V_{NL}、V_{NH} 等值。测试电路如图 1-4 所示,采用逐点测试法,即调节 R_p,逐点测得 u_i 及 u_o,然后绘成曲线。

(5) 平均传输延迟时间 t_{pd}

t_{pd} 是衡量门电路开关速度的参数,它是指输出波形 u_o 边沿下降到 u_o 的 0.5 V 至输入波形 u_i 对应边沿的 0.5 V 点的时间间隔,如图 1-5 所示。

图 1-5(a)中的 t_{pdL} 为导通延迟时间,t_{pdH} 为截止延迟时间,平均传输延迟时间为

$$t_{pd}=\frac{1}{2}(t_{pdL}+t_{pdH})$$

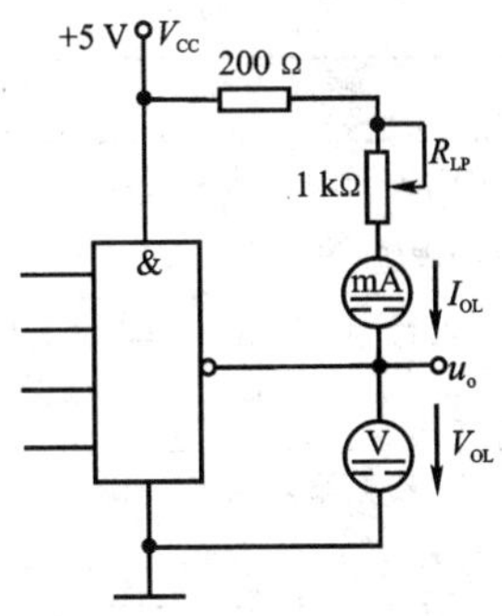

图 1-3　扇出系数试测电路

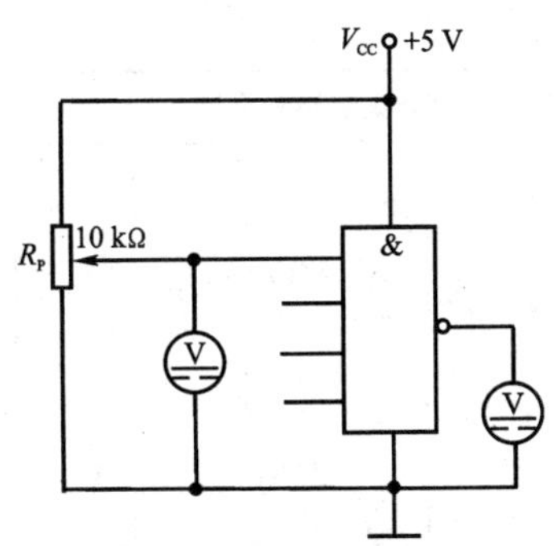

图 1-4　传输特性测试电路

t_{pd} 的测试电路如图 1-5(b)所示。由于 TTL 门电路的延迟时间较小，直接测量时对信号发生器和示波器的性能要求较高，故实验采用测量由奇数个“与非”门组成的环形振荡器的振荡周期 T 来求得。其工作原理是：假设电路在接通电源后某一瞬间，电路中的 A 点为逻辑“1”，经过三级门的延迟后，使 A 点由原来的逻辑“1”变为逻辑“0”；再经过三级门的延迟后，A 点电平又重新回到逻辑“1”；电路中其他各点电平也跟随变化。这说明使 A 点发生一个周期的振荡，必须经过六级门的延迟时间。因此平均传输延迟时间为

$$t_{pd}=\frac{T}{6}$$

TTL 电路的 t_{pd} 一般在 10～40 ns 之间。

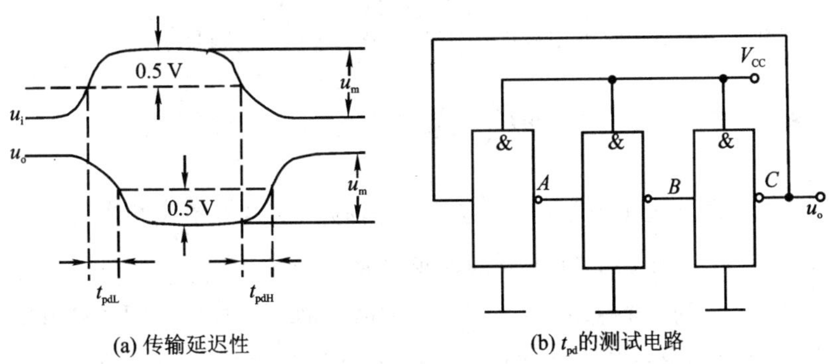

(a) 传输延迟性　　(b) t_{pd}的测试电路

图 1-5　平均传输延迟时间的测量及传输特性

74LS20 主要电参数规范如表 1-1 所列。

表 1-1

参数名称和符号			规范值/单位	测 试 条 件
直流参数	通导电源电流	I_{CCL}	＜14 mA	V_{CC}=5 V，输入端悬空，输出端空载
	截止电源电流	I_{CCH}	＜7 mA	V_{CC}=5 V，输入端接地，输出端空载
	低电平输入电流	I_{iL}	≤1.4 mA	V_{CC}=5 V，被测输入端接地，其他输入端悬空，输出端空载

续表 1－1

参数名称和符号			规范值/单位	测试条件
直流参数	高电平输入电流	I_{iH}	<50 μA	V_{CC}=5 V,被测输入端 V_{in}=2.4 V,其他输入端接地,输出端空载
			<1 mA	V_{CC}=5 V,被测输入端 V_{in}=5 V,其他输入端接地,输出端空载
	输出高电平	V_{oH}	≥3.4 V	V_{CC}=5 V,被测输入端 V_{in}=0.8 V,其他输入端悬空,I_{oH}=400 μA
	输出低电平	V_{oL}	<0.4 V	V_{CC}=5 V,输入端 V_{in}=2.0 V I_{oL}=12.8 mA
	扇出系数	N_o	≥8 V	同 V_{oH} 和 V_{oL}
交流参数	平均传输延迟时间	t_{pd}	≤20 ns	V_{CC}=5 V,被测输入端输入信号 V_{in}=3.0 V,f=2 MHz

三、实验设备与器件

(1) +5 V 直流电源；　(2) 逻辑电平开关；

(3) 逻辑电平显示器；　(4) 直流数字电压表；

(5) 直流毫安表；　(6) 直流微安表；

(7) 集成芯片 74LS20×2；1 kΩ、10 kΩ 电位器,200 Ω 电阻器(0.5 W)。

四、实验内容

在合适的位置选取一个 14P 插座,按定位标记插好 74LS20 集成芯片。

1. 验证 TTL 集成"与非"门 74LS20 的逻辑功能

按图 1－6 接线,门的 4 个输入端接逻辑开关输出插口,以提供"0"与"1"电平信号,开关向上,输出逻辑"1",向下为逻辑"0"。门的输出端接由 LED 发光二极管组成的逻辑电平显示器(又称 0—1 指示器)的显示插口,LED 亮为逻辑"1",不亮为逻辑"0"。按表 1－2 的真值表逐个测试集成片中两个"与非"门的逻辑功能。74LS20 有 4 个输入端,有 16 个最小项,在实际测试时,只要通过对输入 1111、0111、1011、1101 和 1110 五项进行检测就可判断其逻辑功能是否正常。

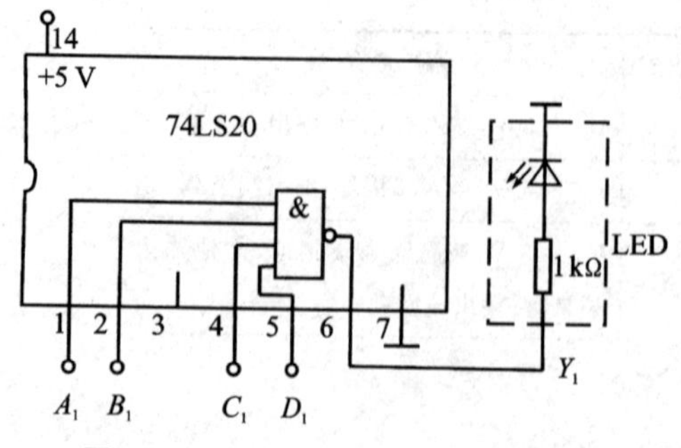

图 1－6　"与非"门逻辑功能测试电路

表 1－2

输入				输出	
A_n	B_n	C_n	D_n	Y_1	Y_2
1	1	1	1		
0	1	1	1		
1	0	1	1		
1	1	0	1		
1	1	1	0		

2. 74LS20主要参数的测试

(1) 分别按图1-2、1-3、1-5(b)接线并进行测试,将测试结果记入表1-3中。

表1-3

I_{CCL}/mA	I_{CCH}/mA	I_{iL}/mA	I_{oL}/mA	$N_o=\frac{I_{oL}}{I_{iL}}$	$t_{pd}=T/6$ /ns

(2) 按图1-4接线,调节电位器R_p,使U_i从0 V向高电平变化,逐点测量U_i和U_o的对应值,记入表1-4中。

表1-4

U_i/V	0	0.2	0.4	0.6	0.8	1.0	1.5	2.0	2.5	3.0	3.5	4.0	…
U_o/V													

五、实验报告

(1) 记录、整理实验结果,并对结果进行分析。

(2) 画出实测的电压传输特性曲线,并从中读出各有关参数值。

六、集成电路芯片简介

数字电路实验中所用到的集成芯片都是双列直插式的,其引脚图如图1-1(c)所示。识别方法是:正对集成电路型号(如74LS20)或看标记(左边的缺口或小圆点标记),从左下角开始按逆时针方向以1,2,3,…依次排列到最后一引脚(在左上角)。在标准形TTL集成电路中,电源端V_{CC}一般排在左上端,接地端GND一般排在右下端。如74LS20为14脚芯片,14脚为V_{CC},7脚为GND。若集成芯片引脚上的功能标号为NC,则表示该引脚为空脚,与内部电路不连接。

七、TTL集成电路使用规则

(1) 接插集成块时,要认清定位标记,不得插反。

(2) 电源电压使用范围为+4.5 V~+5.5 V之间,实验中要求使用V_{CC}=+5 V。电源极性绝对不允许接错。

(3) 闲置输入端处理方法:

① 悬空,相当于正逻辑"1",对于一般小规模集成电路的数据输入端,实验时允许悬空处理。但易受外界干扰,导致电路的逻辑功能不正常。因此,对于接有长线的输入端,中规模以上的集成电路和使用集成电路较多的复杂电路,所有控制输入端必须按逻辑要求接入电路,不允许悬空。

② 直接接电源电压V_{CC}(也可以串入一只1~10 kΩ的固定电阻)或接至某一固定电压

(2.4 V≤V≤4.5 V)的电源上,或与输入端为接地的多余“与非”门的输出端相接。

③ 若前级驱动能力允许,可以与使用的输入端并联。

(4) 输入端通过电阻接地,电阻值的大小将直接影响电路所处的状态。当 R≤680 Ω 时,输入端相当于逻辑“0”;当 R≥4.7 kΩ 时,输入端相当于逻辑“1”。对于不同系列的器件,要求的阻值不同。

(5) 输出端不允许并联使用(集电极开路门(OC)和三态输出门电路(3S)除外);否则,不仅会使电路逻辑功能混乱,还会导致器件损坏。

(6) 输出端不允许直接接地或直接接+5 V 电源,否则将损坏器件,有时为了使后级电路获得较高的输出电平,允许输出端通过电阻 R 接至 V_{CC},一般取 R=3～5.1 kΩ。

实验二　CMOS 集成逻辑门的逻辑功能与参数测试

一、实验目的

(1) 掌握 CMOS 集成逻辑门电路的逻辑功能和器件的使用规则。

(2) 学会 CMOS 集成逻辑门电路主要参数的测试方法。

二、实验原理

CMOS 集成电路是将 N 沟道 MOS 晶体管和 P 沟道 MOS 晶体管同时用于一个集成电路中,成为综合两种沟道 MOS 管性能的更优良的集成电路。CMOS 集成电路的主要优点是功耗低、输入阻抗高、扇出系数大、电源电压范围广。本实验将对 CMOS 集成逻辑门二输入四"与非"门 CD4011 的主要参数及逻辑功能进行测试。其逻辑符号及引脚排列图分别如图 2-1 和图 2-2 所示。

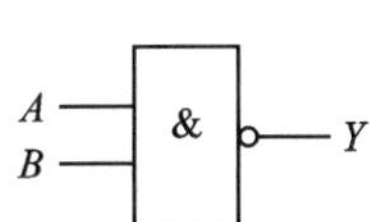

图 2-1　二输入"与非"门逻辑符号

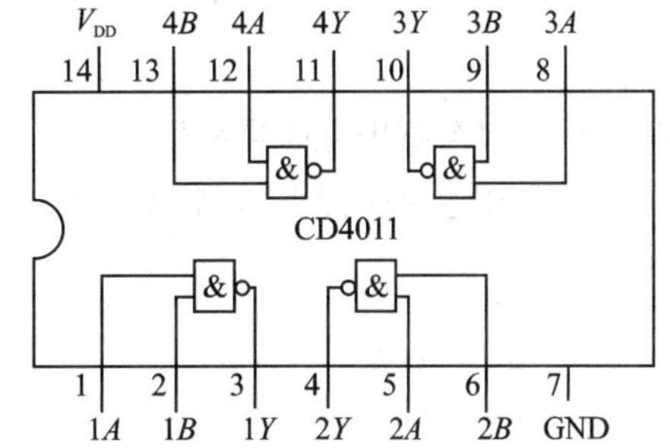

图 2-2　CD4011 引脚排列图

1. CD4011"与非"门电路逻辑功能

尽管 CMOS 与 TTL 电路内部结构不同,但它们的逻辑功能完全一样。逻辑表达式为

$$Y=\overline{AB}$$

2. CMOS"与非"门的主要参数

CMOS"与非"门主要参数的定义及测试方法与 TTL"与非"门主要参数的定义及测试方法类似,因此,其测量电路参照实验一。

3. CMOS 电路的使用规则

由于 CMOS 电路有很高的输入阻抗,这给使用者带来一定的麻烦,即外来的干扰信号很容易在一些悬空的输入端上感应很高的电压,以至损坏器件。CMOS 电路的使用规则如下:

(1) V_{DD} 接电源正极,V_{SS} 接电源负极(通常接地),不得接反。CD4000 系列的电源允许电压在＋3～＋18 V 范围内选择,实验中一般要求使用＋5～＋15 V。

(2) 所有输入端一律不准悬空。闲置输入端的处理方法如下：

① 按照逻辑要求，直接接 V_{DD}(“与非”门)或 V_{SS}(“或非”门)。

② 在工作频率不高的电路中，允许输入端并联使用。

(3) 输出端不允许直接与 V_{CC} 或 V_{SS} 连接，否则将导致器件损坏。

(4) 在装接电路，改变电路连接或插、拔电路时，均应切断电源，严禁带电操作。

(5) 焊接、测试和储存时的注意事项：

① 电路应存放在导电的容器内，有良好的静电屏蔽；

② 焊接时必须切断电源，电烙铁外壳必须良好接地或拔下电烙铁电源，靠其余热焊接；

③ 所有的测试仪器必须良好接地。

三、实验设备与器件

(1) +5 V 直流电源；

(2) 逻辑电平开关；

(3) 逻辑电平显示器；

(4) 直流数字电压表；

(5) 直流毫安表；

(6) 直流微安表；

(7) CD4011、电位器 100 kΩ、电阻 1 kΩ、电阻 200 Ω。

四、实验内容

1. CMO“与非”门 CD4011 逻辑功能测试

按图 2-3 所示电路图连接电路，将测试结果记入数据记录表 2-1 中。

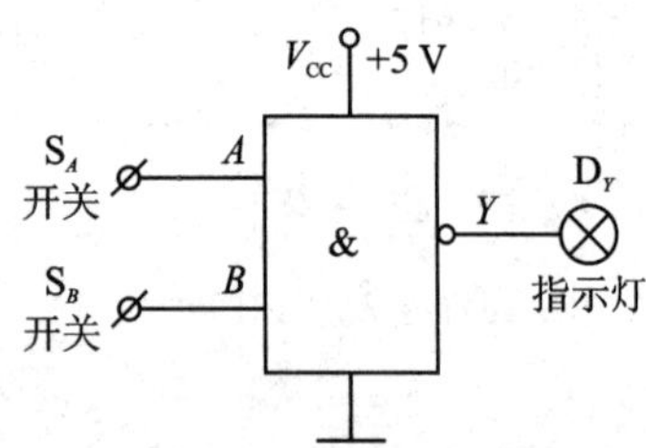

图 2-3　CMOS“与非”门逻辑功能测试图

表 2-1

输　入		输　出
A	B	Y

2. CMOS“与非”门 CD4011 参数测试

测试方法与 TTL 电路相同，测试电路可参考实验一。但应当注意：CMOS 所有输入端一律不准悬空。“与非”门闲置输入端直接接电源电压 V_{CC}。

(1) 测试 CD4011 的一个门的 I_{CCL}，I_{CCH}，I_{IL}，I_{IH}，将测试结果记入表 2-2 中。

① 整个器件的低电平输出电源电流 I_{CCL}：测试时，将 CD4011 的 4 个门的所有输入端接电源电压 V_{CC}，输出端空载，测得电源提供给器件的总电流。求每个门则除以 4。

② 整个器件的高电平输出电源电流 I_{CCH}：测试时，最好将 CD4011 的 4 个门的所有输入端接地，输出端空载时，测得电源提供给器件的总电流。求每个门则除以 4。

③ 低电平输入电流 I_{IL}：4 个门的 I_{IL} 相同，选取其中一个门进行测试。测试时，将被测输入端接地，其余输入端接 V_{CC}。

表 2-2

I_{CCL}	I_{CCB}	I_{IL}	I_{OL}	$N_O=I_{OL}/I_{IL}$	$t_{pd}=T/6$

(2) 测试 CD4011 的一个门的电压传输特性(一个输入端作信号输入,另一个输入端接逻辑高电平),将测试结果记入表 2-3。

表 2-3

V_i/V	0.0	0.3	0.7	0.8	0.9	1.0	1.1	1.2	1.3	1.5	2.0	3.0	…
V_o/V													

(3) 平均传输延迟时间 t_{pd}:将 CD4011 的 3 个门串接成振荡器,用示波器观测输入、输出波形,并计算出 t_{pd} 值。将测试结果记入表 2-2。

(4) 扇出系数 N_o:将测试结果记入表 2-2。

五、实验预习要求

(1) 复习 CMOS 门电路的工作原理

(2) 熟悉实验用各集成门引脚功能。

(3) 画出各实验内容的测试电路与数据记录表格。

(4) 画出实验用于各门电路的真值表格。

(5) 各 CMOS 门电路闲置输入端如何处理?

六、实验报告

(1) 整理实验结果,并对结果进行分析。

(2) 画出实测的电压传输特性曲线,并从中读出各有关参数值。

实验三　组合逻辑电路的设计与测试

一、实验目的

掌握组合逻辑电路的设计与测试方法。

二、实验原理

1. 组合逻辑电路设计流程

使用中、小规模集成电路来设计组合电路是最常见的逻辑电路。设计组合电路的一般步骤如图 3-1 所示。

根据设计任务的要求建立输入、输出变量，并列出真值表。然后用逻辑代数或卡诺图化简法求出简化的逻辑表达式，并按实际选用逻辑门的类型修改逻辑表达式；再根据简化后的逻辑表达式，画出逻辑图，用标准器件构成逻辑电路。最后，用实验来验证设计的正确性。

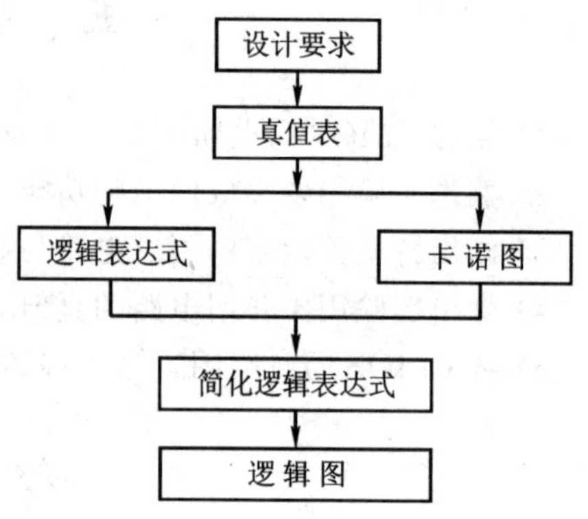

图 3-1　组合逻辑电路设计流程图

2. 组合逻辑电路设计举例

(1) 用“与非”门设计一个表决电路。当 4 个输入端中有 3 个或 4 个为“1”时，输出端才为“1”。

设计步骤：根据题意列出如表 3-1 所示的真值表，再填入卡诺图表 3-2 中。

表 3-1

D	0	0	0	0	0	0	0	0	1	1	1	1	1	1	1	1
A	0	0	0	0	1	1	1	1	0	0	0	0	1	1	1	1
B	0	0	1	1	0	0	1	1	0	0	1	1	0	0	1	1
C	0	1	0	1	0	1	0	1	0	1	0	1	0	1	0	1
Z	0	0	0	0	0	0	0	1	0	0	0	1	0	1	1	1

表 3-2

BC	DA			
	00	01	11	10
00				
01			1	
11		1	1	1
10			1	

由卡诺图得出逻辑表达式，并演化成“与非”的形式，即

$$Z=ABC+BCD+ACD+ABD=\overline{\overline{ABC}\cdot\overline{BCD}\cdot\overline{ACD}\cdot\overline{ABD}}$$

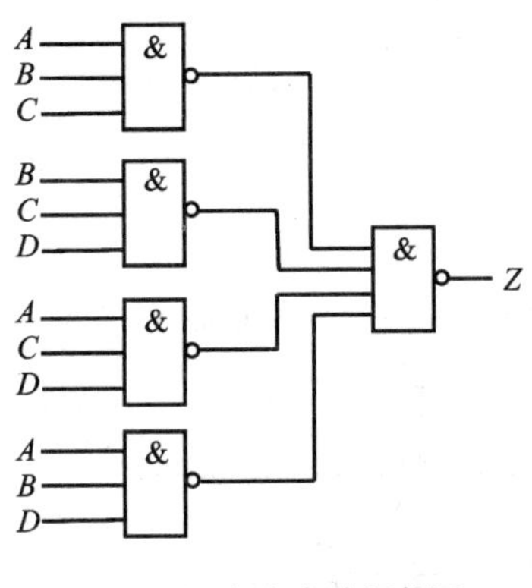

图 3-2　表决电路逻辑图

根据逻辑表达式画出用“与非”门构成的逻辑电路，如图 3-2 所示。

(2) 用实验验证逻辑功能：在实验装置的适当位置选定 3 个 14P 插座，按照集成芯片定位标记插好集成块 CC4012。

按图 3-2 接线，输入端 A、B、C 和 D 接至逻辑开关输出插口，输出端 Z 接逻辑电平显示输入插口，按真值表(自拟)要求，逐次改变输入变量，测量相应的输出值，验证逻辑功能，与表 3-1 进行比较，验证所设计的逻辑电路是否符合要求。

三、实验设备与器件

(1) +5 V 直流电源；　　(2) 逻辑电平开关；

(3) 逻辑电平显示器；　　(4) 直流数字电压表；

(5) 集成芯片 CC4011×2(74LS00)、CC4012×3(74LS20)、CC4030(74LS86)、CC4081(74LS08)、74LS54×2(CC4085)和 CC4001 (74LS02)。

四、实验内容

(1) 设计用与非门组成半加器电路。要求按本文所述的设计步骤进行，直到测试电路逻辑功能符合设计要求为止。

(2) 用两输入“与非”门设计一个三输入(I_0、I_1、I_2)和三输出(L_0、L_1、L_2)的信号排队电路。它的功能是：当输入 I_0 为 1 时，无论 I_1 和 I_2 为 0 还是为 1，输出 L_0 为 1，L_1 和 L_2 为 0；当 I_0 为 0 且 I_1 为 1，无论 I_2 为 0 还是为 1，输出 L_1 为 1，其余两输出为 0；当 I_2 为 1 且 I_0 和 I_1 均为 0 时，输出 L_2 为 1，其余两输出为 0。

(3) 旅客列车分特快、直快和普快，并依此为优先通行次序。某站台在同一时间只能有一趟列车从车站开出，即只能给出一个开车信号，试画出满足上述要求的逻辑电路。要求用“与非”门实现。

(4) 设计一位全加器，要求用“与或非”门实现。

(5) 设计一个对两个两位无符号的二进制数进行比较的电路；根据第一个数是否大于、等于和小于第二个数，使相应的三个输出端中的一个输出为 1，要求用“与”门、“与非”门及“或非”门实现。

五、实验预习要求

(1) 根据实验任务要求设计组合电路，并根据所给的标准器件画出逻辑图。

(2) 如何用最简单的方法验证“与或非”门的逻辑功能是否完好？

(3)“与或非”门中，当某一组“与”端不用时，应做如何处理？

六、实验报告

(1) 列写实验任务的设计过程，画出设计的电路图。

(2) 对所设计的电路进行实验测试，并记录测试结果。

(3) 总结组合电路的设计体会。

附注：四路 2−3−3−2 输入“与或非”门 74LS54 的逻辑图、引脚排列和逻辑表达式。

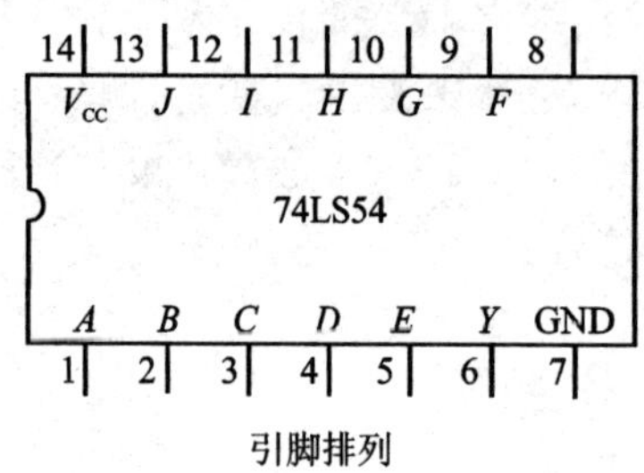

引脚排列

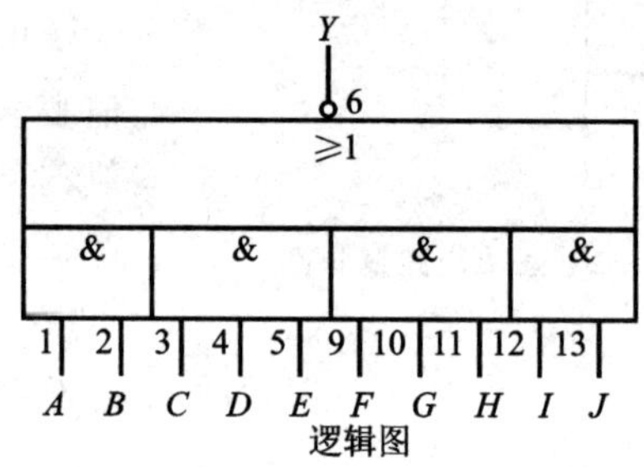

逻辑图

逻辑表达式　　　$Y=\overline{A\cdot B+C\cdot D\cdot E+F\cdot G\cdot H+I\cdot J}$

实验四　译码器及其应用

一、实验目的

(1) 掌握中规模集成译码器的逻辑功能和使用方法。

(2) 熟悉数码管的使用。

二、实验原理

译码器是一个多输入、多输出的组合逻辑电路。它的作用是把给定的代码进行“翻译”，变成相应的状态，使输出通道中相应的一路有信号输出。译码器在数字系统中有着广泛的用途，不仅用于代码的转换，终端的数字显示，还用于数据分配，存储器寻址和组合控制信号等。不同的功能可选用不同种类的译码器。

译码器可分为通用译码器和显示译码器两大类。前者又分为变量译码器和代码变换译码器。

1. 变量译码器

变量译码器又称二进制译码器，用以表示输入变量的状态，如 2 线-4 线、3 线-8 线和 4 线-16 线译码器。若有 n 个输入变量，则有 2^n 个不同的组合状态，就有 2^n 个输出端供其使用。而每一个输出所代表的函数对应于 n 个输入变量的最小项。

以 3 线-8 线译码器 74LS138 为例进行分析，图 4-1(a)、(b)分别为其逻辑图及引脚排列。其中 A_2、A_1、A_0 为地址输入端，$\overline{Y}_0 \sim \overline{Y}_7$ 为译码输出端，S_1、$\overline{S}_2$、$\overline{S}_3$ 为使能端。

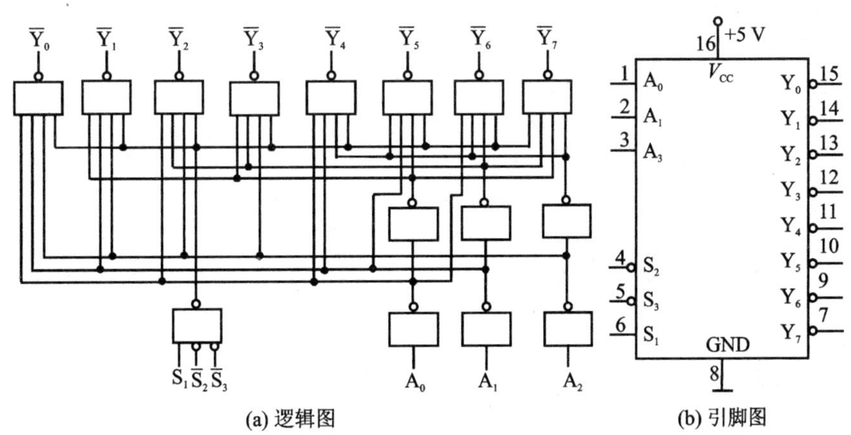

图 4-1　3 线-8 线译码器 74LS138 逻辑图及引脚排列

表 4-1 所列为 74LS138 功能表。

当 $S_1=1$，$\overline{S}_2+\overline{S}_3=0$ 时，译码器使能，地址码所指定的输出端有信号(为 0)输出，其他所有输出端均无信号(全为 1)输出。当 $S_1=0$，$\overline{S}_2+\overline{S}_3=X$ 或 $S_1=X$，$\overline{S}_2+\overline{S}_3=1$ 时，译码器被禁止，所有输出同时为 1。

表 4-1

输入					输出							
S_1	$\bar{S}_2+\bar{S}_3$	A_2	A_1	A_0	$\bar{Y}_0$	$\bar{Y}_1$	$\bar{Y}_2$	$\bar{Y}_3$	$\bar{Y}_4$	$\bar{Y}_5$	$\bar{Y}_6$	$\bar{Y}_7$
1	0	0	0	0	0	1	1	1	1	1	1	1
1	0	0	0	1	1	0	1	1	1	1	1	1
1	0	0	1	0	1	1	0	1	1	1	1	1
1	0	0	1	1	1	1	1	0	1	1	1	1
1	0	1	0	0	1	1	1	1	0	1	1	1
1	0	1	0	1	1	1	1	1	1	0	1	1
1	0	1	1	0	1	1	1	1	1	1	0	1
1	0	1	1	1	1	1	1	1	1	1	1	0
0	×	×	×	×	1	1	1	1	1	1	1	1
×	1	×	×	×	1	1	1	1	1	1	1	1

二进制译码器实际上也是负脉冲输出的脉冲分配器。若利用使能端中的一个输入端输入数据信息,器件就成为一个数据分配器(又称多路分配器),如图 4-2 所示。若在 S_1 输入端输入数据信息,令 $\bar{S}_2=\bar{S}_3=0$,地址码所对应的输出就是 S_1 端数据信息的反码;若从 $\bar{S}_2$ 端输入数据信息,令 $S_1=1$、$\bar{S}_3=0$,地址码所对应的输出就是 $\bar{S}_2$ 端数据信息的原码。若数据信息是时钟脉冲,则数据分配器便成为时钟脉冲分配器。

根据输入地址的不同组合译出唯一地址,故可用做地址译码器。接成多路分配器,可将一个信号源的数据信息传输到不同的地点。

二进制译码器还能方便地实现逻辑函数,如图 4-3 所示,实现的逻辑函数是

$$Z=\overline{\bar{A}\bar{B}\bar{C}}+\bar{A}B\bar{C}+A\overline{B}\overline{C}+ABC$$

利用使能端能方便地将两个 3 线-8 线译码器组合成一个 4 线-16 线译码器,如图 4-4 所示。

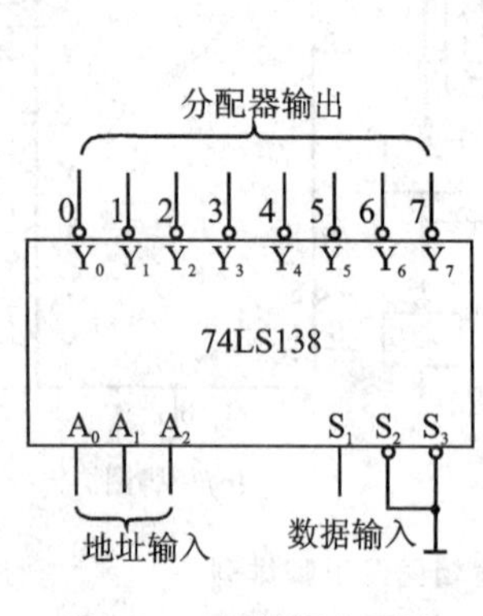

图 4-2 作数据分配器

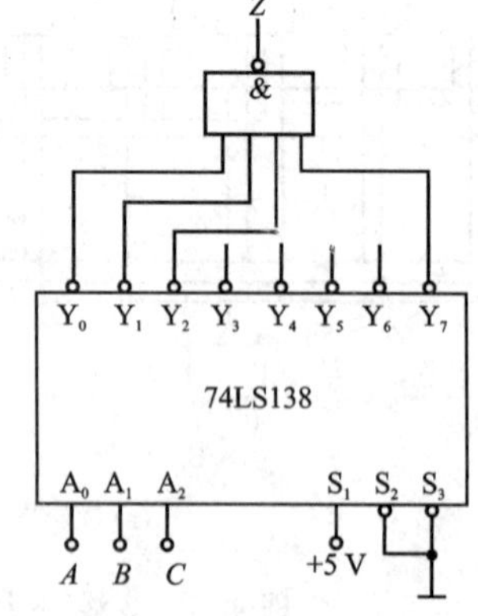

图 4-3 实现逻辑函数

2. 数码显示译码器

(1) 七段发光二极管(LED)数码管

LED 数码管是目前最常用的数字显示器,图 4-5(a)、(b)为共阴管和共阳管的电路,

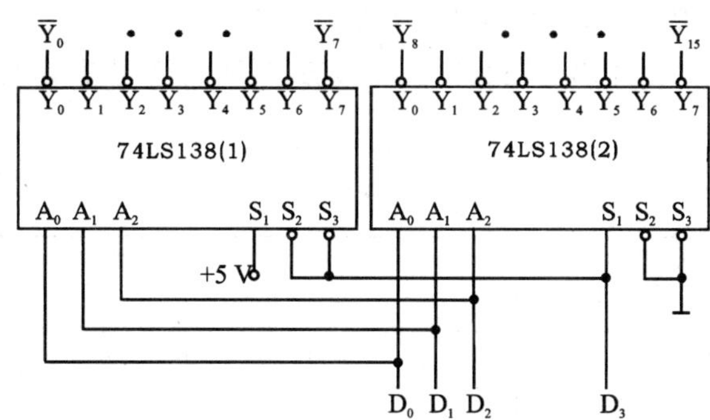

图 4-4　用两片 74LS138 组合成 4 线-16 线译码器

图 4-5(c)为两种不同出线形式的引脚功能图。

一个 LED 数码管可用来显示一位 0～9 的十进制数和一个小数点。小型数码管(0.5 寸和 0.36 寸)每段发光二极管的正向压降,随显示光(通常为红、绿、黄、橙色)的颜色不同略有差别,通常约为 2～2.5 V,每个发光二极管的点亮电流在 5～10 mA。LED 数码管要显示 BCD 码所表示的十进制数字就需要有一个专门的译码器。该译码器不但要完成译码功能,还要有相当的驱动能力。

(2) BCD 码七段译码驱动器

BCD 码七段译码器型号有 74LS47(共阳)、74LS48(共阴)、CC4511(共阴)等,本实验系采用 CC4511 BCD 码锁存/七段译码/驱动器,并驱动共阴极 LED 数码管。

图 4-6 所示为 CC4511 引脚排列。

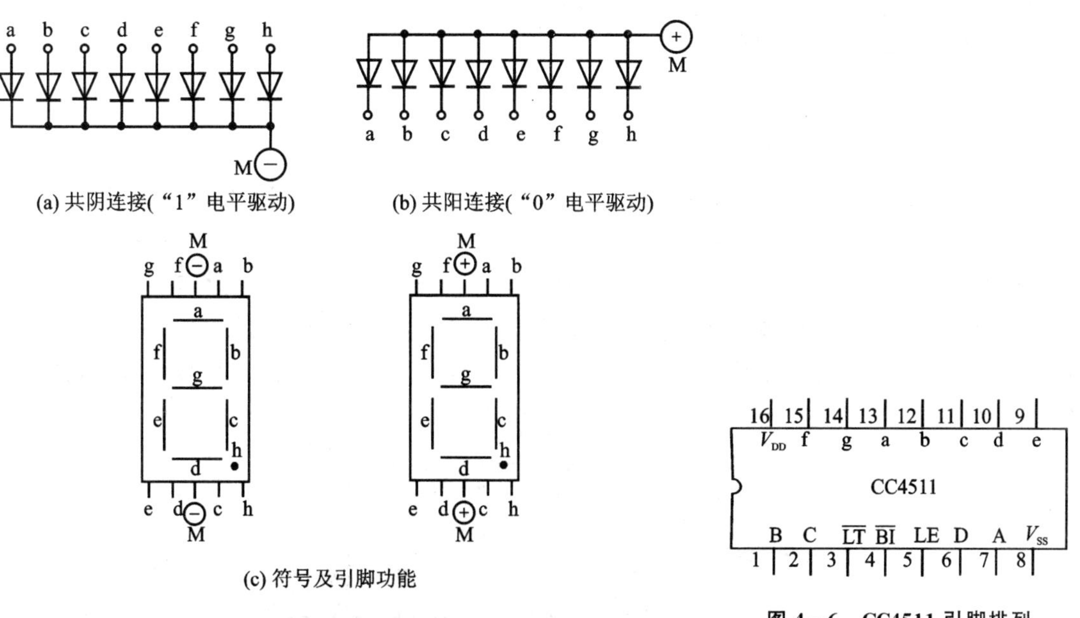

图 4-5　LED 数码管

图 4-6　CC4511 引脚排列

图中:A、B、C、D 为 BCD 码输入端;a、b、c、d、e、f、g 为译码输出端,输出"1"有效,用来驱动共阴极 LED 数码管;$\overline{LT}$ 为测试输入端,当 $\overline{LT}=0$ 时,译码输出全为 1;$\overline{BI}$ 为消隐输入端,当 $\overline{BI}=0$ 时,译码输出全为 0;LE 为锁定端,当 LE=1 时,译码器处于锁定(保持)状态,译码器输出并保持在 LE=0 时的数值,而 LE=0 为正常译码。

表4-2为CC4511功能表。CC4511内接有上拉电阻,故只需在输出端与数码管笔段之间串入限流电阻即可工作。译码器还有拒伪码功能,当输入码超过1001时,输出全为0,数码管熄灭。

表4-2

输入							输出							
LE	$\overline{BI}$	$\overline{LT}$	D	C	B	A	a	b	c	d	e	f	g	显示字形
×	×	0	×	×	×	×	1	1	1	1	1	1	1	8
×	0	1	×	×	×	×	0	0	0	0	0	0	0	消隐
0	1	1	0	0	0	0	1	1	1	1	1	1	0	0
0	1	1	0	0	0	1	0	1	1	0	0	0	0	1
0	1	1	0	0	1	0	1	1	0	1	1	0	1	2
0	1	1	0	0	1	1	1	1	1	1	0	0	1	3
0	1	1	0	1	0	0	0	1	1	0	0	1	1	4
0	1	1	0	1	0	1	1	0	1	1	0	1	1	5
0	1	1	0	1	1	0	0	0	1	1	1	1	1	6
0	1	1	0	1	1	1	1	1	1	0	0	0	0	7
0	1	1	1	0	0	0	1	1	1	1	1	1	1	8
0	1	1	1	0	0	1	1	1	1	0	0	1	1	9
0	1	1	1	0	1	0	0	0	0	0	0	0	0	消隐
0	1	1	1	0	1	1	0	0	0	0	0	0	0	消隐
0	1	1	1	1	0	0	0	0	0	0	0	0	0	消隐
0	1	1	1	1	0	1	0	0	0	0	0	0	0	消隐
0	1	1	1	1	1	0	0	0	0	0	0	0	0	消隐
0	1	1	1	1	1	1	0	0	0	0	0	0	0	消隐
1	1	1	×	×	×	×	锁存							锁存

在本数字电路实验装置上已完成了译码器CC4511和数码管BS202之间的连接。实验时,只要接通+5 V电源和将十进制数的BCD码接至译码器的相应输入端A、B、C、D即可显示0~9的数字。4位数码管可接收4组BCD码输入信号。CC4511与LED数码管的连接如图4-7所示。

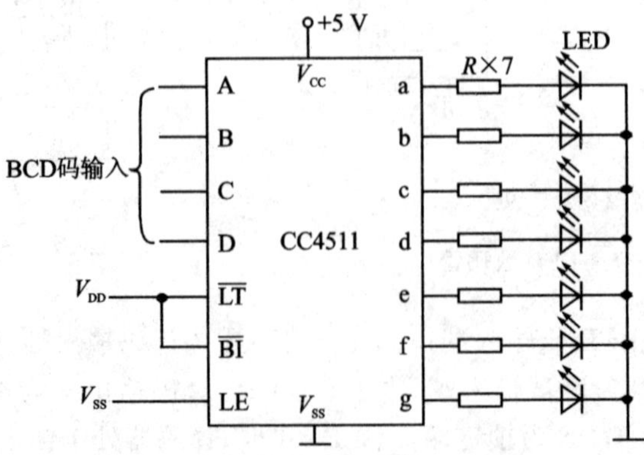

图4-7　CC4511驱动一位LED数码管

三、实验设备与器件

(1) +5 V 直流电源；
(2) 双踪示波器；
(3) 连续脉冲源；
(4) 逻辑电平开关；
(5) 逻辑电平显示器；
(6) 拨码开关组；
(7) 译码显示器；
(8) 集成芯片 74LS138×2 和 CC4511。

四、实验内容

(1) 数据拨码开关的使用：将实验装置上的 4 组拨码开关的输出 A_i、B_i、C_i、D_i 分别接至 4 组显示译码/驱动器 CC4511 的对应输入口，而 LE、$\overline{BI}$、$\overline{LT}$ 接至 3 个逻辑开关的相应输出插口，再接上+5 V 显示器的电源，然后按功能表 4-2 输入的要求拨动 4 个数码的增减键("+"与"-"键)和操作与 LE、$\overline{BI}$、$\overline{LT}$ 对应的 3 个逻辑开关，观测拨码盘上的四位数与 LED 数码管显示的对应数字是否一致，及译码显示是否正常。

(2) 74LS138 译码器逻辑功能测试：将译码器使能端 S_1、$\bar{S}_2$ 和 $\bar{S}_3$ 及地址端 A_2、A_1 和 A_0 分别接至逻辑电平开关输出口，8 个输出端 $\overline{Y}_0$，…，$\overline{Y}_7$ 依次连接在逻辑电平显示器的 8 个输入口上，拨动逻辑电平开关，按表 4-1 逐项测试 74LS138 的逻辑功能。

(3) 用 74LS138 构成时序脉冲分配器：参照图 4-2 和实验原理说明，时钟脉冲 CP 频率约为 10 kHz，要求分配器输出端 $\overline{Y}_0$，…，$\overline{Y}_7$ 的信号与 CP 输入信号反相。

画出分配器的实验电路，用示波器观察和记录在地址端 A_2、A_1、A_0 分别取 000～111 共计 8 种不同状态时 $\overline{Y}_7$，…，$\overline{Y}_0$ 端的输出波形，注意输出波形与 CP 输入波形之间的相位关系。

(4) 用两片 74LS138 组合成一个 4 线-16 线译码器，并进行实验。

五、实验预习要求

(1) 复习有关译码器和分配器的原理。
(2) 根据实验任务，画出所需的实验线路及记录表格。

六、实验报告

(1) 画出实验线路，把观察到的波形画在坐标纸上，并标上对应的地址码。
(2) 对实验结果进行分析、讨论。

实验五　数据选择器及其应用

一、实验目的

(1) 掌握中规模集成数据选择器的逻辑功能及使用方法。

(2) 学习用数据选择器构成组合逻辑电路的方法。

二、实验原理

数据选择器又叫“多路开关”。数据选择器在地址码(或叫选择控制)电位的控制下,从几个数据输入中选择一个并将其送到一个公共的输出端。数据选择器的功能类似一个多掷开关,如图 5-1 所示,图中有 4 路数据 $D_0 \sim D_3$,通过选择控制信号 A_1、A_0(地址码)从 4 路数据中选中某一路数据送至输出端 Q。

数据选择器为目前逻辑设计中应用十分广泛的逻辑部件,它有 2 选 1、4 选 1、8 选 1 和 16 选 1 等类别。

数据选择器的电路结构一般由“与”“或”门阵列组成,也有用传输门开关和门电路混合而成的。

1. 8 选 1 数据选择器 74LS151

74LS151 为互补输出的 8 选 1 数据选择器,引脚排列如图 5-2 所示,功能见表 5-1。

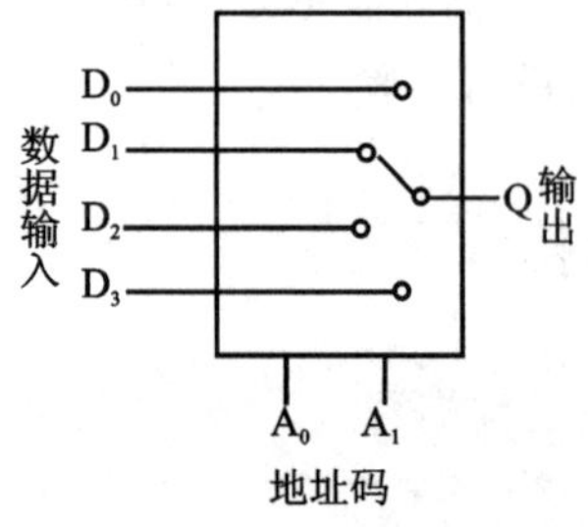

图 5-1　4 选 1 数据选择器示意图

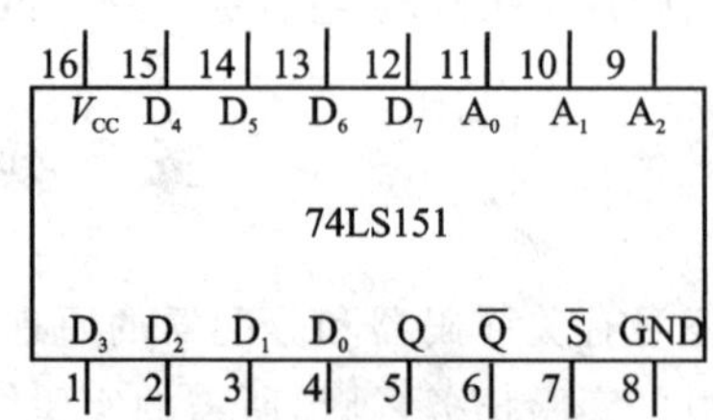

图 5-2　74LS151 引脚排列

表 5-1

输　入				输　出	
$\bar{S}$	A_2	A_1	A_0	Q	$\bar{Q}$
1	×	×	×	0	1
0	0	0	0	D_0	$\bar{D}_0$
0	0	0	1	D_1	$\bar{D}_1$
0	0	1	0	D_2	$\bar{D}_2$
0	0	1	1	D_3	$\bar{D}_3$
0	1	0	0	D_4	$\bar{D}_4$
0	1	0	1	D_5	$\bar{D}_5$
0	1	1	0	D_6	$\bar{D}_6$
0	1	1	1	D_7	$\bar{D}_7$

选择控制端(地址端)为 $A_2 \sim A_0$,按二进制译码,从 8 个输入数据 $D_0 \sim D_7$ 中,选择一个需要的数据送到输出端 Q,$\bar{S}$ 为使能端,低电平有效。

(1) 当使能端 $\bar{S}=1$ 时,不论 $A_2 \sim A_0$ 状态如何,均无输出($Q=0,\bar{Q}=1$),多路开关被禁止。

(2) 当使能端 $\bar{S}=0$ 时,多路开关正常工作,根据地址码 A_2、A_1 和 A_0 的状态选择 $D_0 \sim D_7$ 中某一个通道的数据并输送到输出端 Q。

如:$A_2A_1A_0=000$,则选择 D_0 数据到输出端,即 $Q=D_0$。

$A_2A_1A_0=001$,则选择 D_1 数据到输出端,即 $Q=D_1$,其余类推。

2. 双 4 选 1 数据选择器 74LS153

所谓双 4 选 1 数据选择器就是在一块集成芯片上有两个 4 选 1 数据选择器。引脚排列如图 5-3 所示,功能如表 5-2 所列。

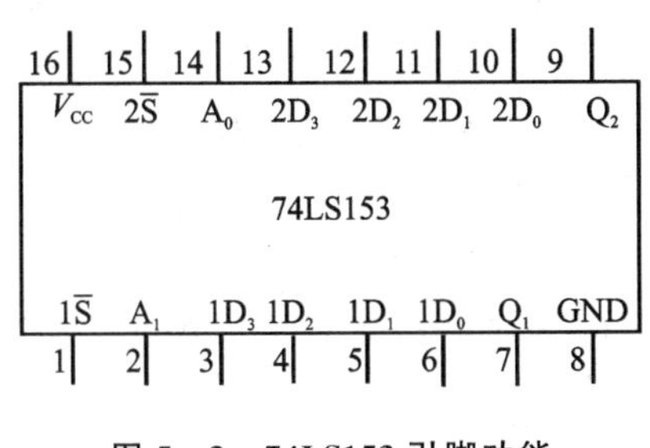

图 5-3　74LS153 引脚功能

表 5-2

输　入			输　出
$\bar{S}$	A_1	A_0	Q
1	×	×	0
0	0	0	D_0
0	0	1	D_1
0	1	0	D_2
0	1	1	D_3

$1\bar{S}$、$2\bar{S}$ 为两个独立的使能端;A_1、A_0 为公用的地址输入端;$1D_0 \sim 1D_3$ 和 $2D_0 \sim 2D_3$ 分别为两个 4 选 1 数据选择器的数据输入端;Q_1、Q_2 为两个输出端。

(1) 当使能端 $1\bar{S}(2\bar{S})=1$ 时,多路开关被禁止,无输出,即 $Q=0$。

(2) 当使能端 $1\bar{S}(2\bar{S})=0$ 时,多路开关正常工作,根据地址码 A_1、A_0 的状态,将相应的数据 $D_0 \sim D_3$ 送到输出端 Q。

如:$A_1A_0=00$,则选择 D_0 数据到输出端,即 $Q=D_0$。

$A_1A_0=01$,则选择 D_1 数据到输出端,即 $Q=D_1$,其余类推。

数据选择器的用途很多,例如多通道传输,数码比较,并行码变串行码,以及实现逻辑函数等。

3. 数据选择器的应用——实现逻辑函数

例 1　用 8 选 1 数据选择器 74LS151 实现函数 $F=A\bar{B}+\bar{A}C+B\bar{C}$。

采用 8 选 1 数据选择器 74LS151 可实现任意 3 输入变量的组合逻辑函数。

作出函数 F 的功能表,如表 5-3 所列,将函数 F 功能表与 8 选 1 数据选择器的功能表相比较,可知:

(1) 将输入变量 C、B 和 A 作为 8 选 1 数据选择器的地址码 A_2、A_1 和 A_0。

(2) 使 8 选 1 数据选择器的各数据输入 $D_0 \sim D_7$ 分别与函数 F 的输出值一一相对应。

即:$A_2A_1A_0=CBA$,则 $D_0=D_7=0$,$D_1=D_2=D_3=D_4=D_5=D_6=1$。

因此,8 选 1 数据选择器的输出 Q 便实现了函数 $F=A\bar{B}+\bar{A}C+B\bar{C}$ 的功能。

实现 8 选 1 数据选择器的接线图如图 5-4 所示。

显然,采用具有 n 个地址端的数据选择实现 n 变量的逻辑函数时,应将函数的输入变量加到数据选择器的地址端(A),选择器的数据输入端(D)按次序以函数 F 输出值来赋值。

表 5-3

输入			输出
C	B	A	F
0	0	0	0
0	0	1	1
0	1	0	1
0	1	1	1
1	0	0	1
1	0	1	1
1	1	0	1
1	1	1	0

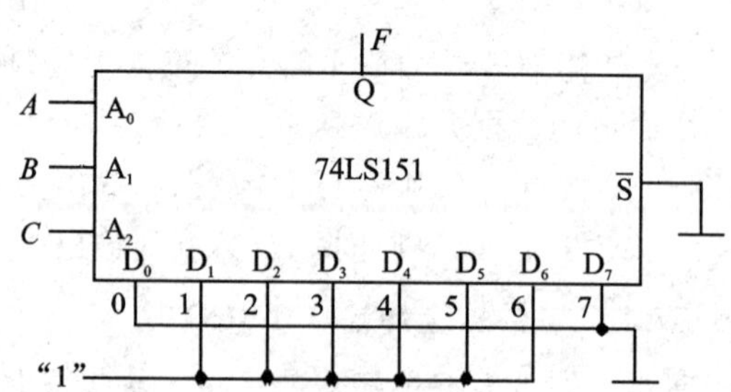

图 5-4 用 8 选 1 数据选择器实现 $F=A\bar{B}+\bar{A}C+B\bar{C}$

例 2 用 8 选 1 数据选择器 74LS151 实现函数 $F=A\bar{B}+\bar{A}B$。

(1) 列出函数 F 的功能表如表 5-4 所列。

(2) 将 A、B 加到地址端 A_1、A_0,而 A_2 接地,由表 5-4 可见,将 D_1、D_2 接"1"及 D_0、D_3 接地,其余数据输入端 D_4~D_7 都接地,则 8 选 1 数据选择器的输出 Q 实现了函数 $F=A\bar{B}+B\bar{A}$ 的功能。

实现 $F=A\bar{B}+\bar{A}B$ 函数的接线图如图 5-5 所示。

表 5-4

B	A	F
0	0	0
0	1	1
1	0	1
1	1	0

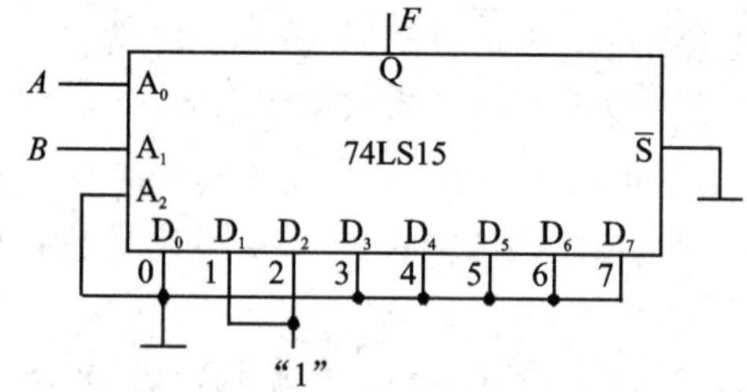

图 5-5 8 选 1 数据选择器实现 $F=A\bar{B}+\bar{A}B$ 的接线图

显然,当函数输入变量数小于数据选择器的地址端(A)时,应将不用的地址端及不用的数据输入端(D)都接地。

例 3 用 4 选 1 数据选择器 74LS153 实现函数 $F=\bar{A}BC+A\bar{B}C+AB\bar{C}+ABC$。

函数 F 的功能如表 5-5 所列。

函数 F 有 3 个输入变量 A、B、C,而数据选择器有 2 个地址端 A_1、A_0 且少于函数输入变量个数,在设计时可任选 A 接 A_1,B 接 A_0。将函数功能表改画成如图 5-6 形式,可见当将输入变量 A、B、C 中 A、B 接选择器的地址端 A_1、A_0。由表 5-6 不难看出:$D_0=0$,$D_1=D_2=C$,$D_3=1$。

则 4 选 1 数据选择器的输出,便实现了函数 $F=\bar{A}BC+A\bar{B}C+AB\bar{C}+ABC$,其接线图如图 5-6 所示。

当函数输入变量大于数据选择器地址端(A)时,可能随着选用函数输入变量作地址的方案不同,而使其设计结果不同,需对几种方案比较,以获得最佳方案。

表 5－5

输入			输出
A	B	C	F
0	0	0	0
0	0	1	0
0	1	0	0
0	1	1	1
1	0	0	0
1	0	1	1
1	1	0	1
1	1	1	1

表 5－6

输入			输出	中选数据端
A	B	C	F	
0	0	0	0	$D_0=0$
		1	0	
0	1	0	0	$D_1=C$
		1	1	
1	0	0	0	$D_2=C$
		1	1	
1	1	0	1	$D_3=1$
		1	1	

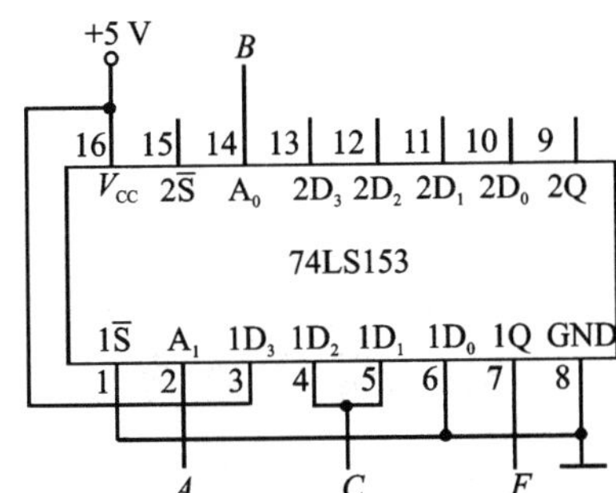

图 5－6　用 4 选 1 数据选择器实现 $F=\bar{A}BC+A\bar{B}C+AB\bar{C}+ABC$

三、实验设备与器件

(1) +5 V 直流电源；　(2) 逻辑电平开关；

(3) 逻辑电平显示器；　(4) 集成芯片 74LS151(或 CC4512),74LS153(或 CC4539)。

四、实验内容

(1) 测试数据选择器 74LS151 的逻辑功能：按图 5－7 接线，地址端 A_2、A_1、A_0 和数据端 D_0～D_7、使能端 $\bar{S}$ 接逻辑开关，输出端 Q 接逻辑电平显示器，按 74LS151 功能表逐项进行测试，并记录测试结果。

(2) 测试 74LS153 的逻辑功能：测试方法及步骤同上，并记录之。

(3) 用 8 选 1 数据选择器 74LS151 设计 3 输入多数表决电路。设计步骤如下：

① 写出设计过程；

② 画出接线图；

③ 验证逻辑功能。

(4) 用 8 选 1 数据选择器实现逻辑函数：$F=\bar{A}BC+A\bar{B}C+AB\bar{C}+ABC$。设计步骤如下：

① 写出设计过程；

② 画出接线图；

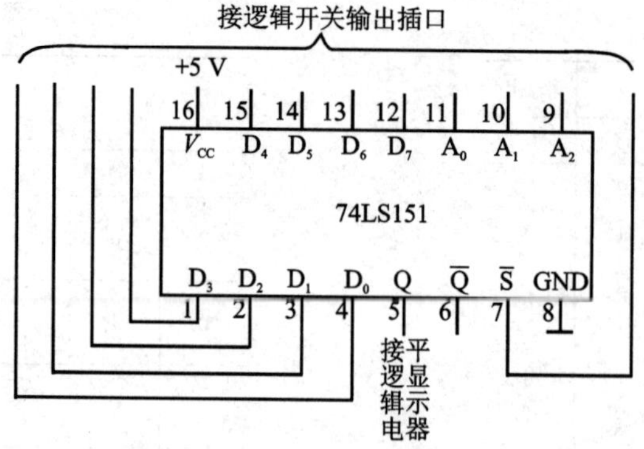

图 5-7 74LS151 逻辑功能测试

③ 验证逻辑功能。

(5) 用双 4 选 1 数据选择器 74LS153 实现全加器。步骤如下：

① 写出设计过程；

② 画出接线图；

③ 验证逻辑功能。

五、预习内容

(1) 复习数据选择器的工作原理。

(2) 用数据选择器对实验内容中各函数式进行预设计。

六、实验报告

用数据选择器对实验内容进行设计，写出设计全过程，画出接线图，进行逻辑功能测试和总结实验收获及体会。

实验六　触发器及其应用

一、实验目的

(1) 掌握基本的 RS、JK、D 和 T 触发器的逻辑功能。

(2) 掌握集成触发器的逻辑功能及使用方法。

(3) 熟悉触发器之间相互转换的方法。

二、实验原理

触发器具有两个稳定状态，用以表示逻辑状态“1”和“0”，在一定的外界信号作用下，可以从一个稳定状态翻转到另一个稳定状态；它是一个具有记忆功能的二进制信息存储器件，是构成各种时序电路的最基本逻辑单元。

1. 基本的 RS 触发器

图 6-1 为由两个“与非”门交叉耦合构成的基本 RS 触发器，是无时钟控制低电平直接触发的触发器。基本 RS 触发器具有置“0”、置“1”和“保持”3 种功能。通常称 $\bar{S}$ 为置“1”端，因为 $\bar{S}=0(\bar{R}=1)$ 时触发器被置“1”；$\bar{R}$ 称为置“0”端，因为 $\bar{R}=0(\bar{S}=1)$ 时触发器被置“0”；而当 $\bar{S}=\bar{R}=1$ 时状态保持；$\bar{S}=\bar{R}=0$ 时，触发器状态不定，应避免此种情况发生。表 6-1 为基本 RS 触发器的功能表。

基本 RS 触发器也可以用两个“或非”门组成，此时为高电平触发有效。

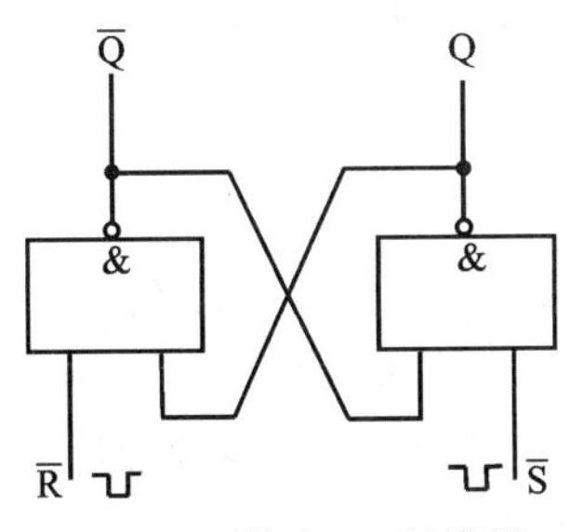

图 6-1　基本 RS 触发器

表 6-1

输　入		输　出	
$\bar{S}$	$\bar{R}$	Q_{n+1}	$\bar{Q}_{n+1}$
0	1	1	0
1	0	0	1
1	1	Q_n	$\bar{Q}_n$
0	0	Φ	Φ

2. JK 触发器

在输入信号为双端的情况下，JK 触发器是功能完善、使用灵活和通用性较强的一种触发器。本实验采用 74LS112 双 JK 触发器，是下降边沿触发的边沿触发器。引脚功能及逻辑符号如图 6-2 所示。

JK 触发器的状态方程为

$$Q_{n+1}=J\bar{Q}_n+\bar{K}Q_n$$

式中：J 和 K 是数据输入端，是触发器状态更新的依据。若 J、K 有两个或两个以上输入端时，组成“与”的关系。Q 与 $\bar{Q}$ 为两个互补输出端。通常把 $Q=0$、$\bar{Q}=1$ 时的状态定为触发器“0”

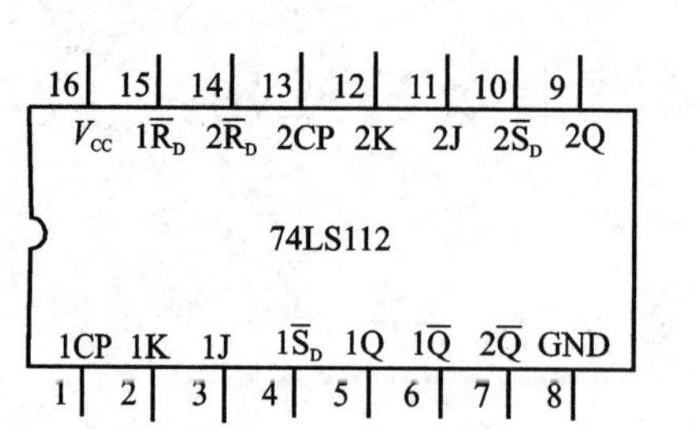

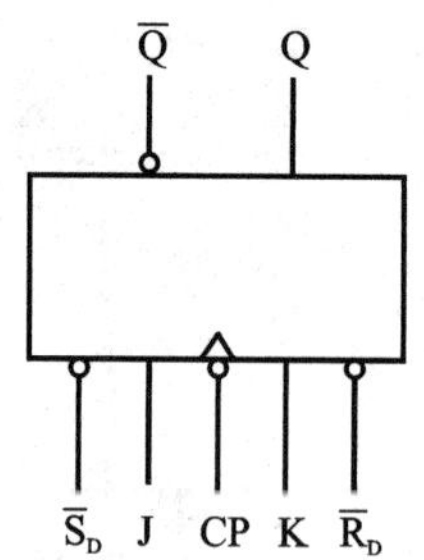

图 6-2　74LS112 双 JK 触发器引脚排列及逻辑符号

状态,而把 Q=1、$\overline{Q}$=0 定为"1"状态。

下降沿触发 JK 触发器的功能如表 6-2 所列。

表 6-2

输入					输出	
$\overline{S}_D$	$\overline{R}_D$	CP	J	K	Q_{n+1}	$\overline{Q}_{n+1}$
0	1	×	×	×	1	0
1	0	×	×	×	0	1
0	0	×	×	×	Φ	Φ
1	1	↓	0	0	Q_n	$\overline{Q}_n$
1	1	↓	1	0	1	0
1	1	↓	0	1	0	1
1	1	↓	1	1	$\overline{Q}_n$	Q_n
1	1	↑	×	×	Q_n	$\overline{Q}_n$

注:×为任意态;↓为高到低电平跳变;↑为低到高电平跳变;Q_n($\overline{Q}_n$)为现态;Q_{n+1}($\overline{Q}_{n+1}$)为次态;Φ为不定态。JK 触发器常被用做缓冲存储器、移位寄存器和计数器。

3. D 触发器

在输入信号为单端的情况下,D 触发器用起来最为方便,其状态方程为 $Q_{n+1}=D_n$。其输出状态的更新发生在 CP 脉冲的上升沿,故又称为上升沿触发的边沿触发器。触发器的状态只取决于时钟到来前 D 端的状态。D 触发器的应用很广,可用做数字信号的寄存、移位寄存、分频和波形发生等。有很多种型号可供各种用途的需要而选用。如双 D 74LS74、四 D 74LS175 和六 D 74LS174 等。

图 6-3 为双 D 74LS74 的引脚排列及逻辑符号。功能见表 6-3。

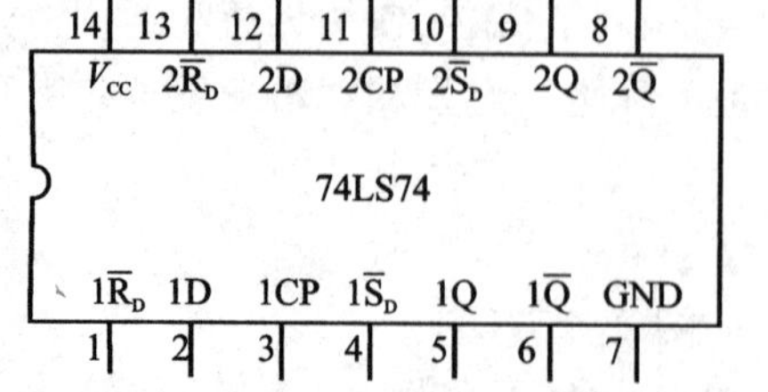

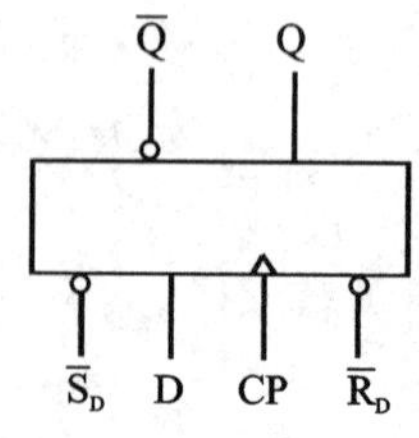

图 6-3　74LS74 引脚排列及逻辑符号

表 6－3

输入				输出	
$\bar{S}_D$	$\bar{R}_D$	CP	D	Q_{n+1}	$\bar{Q}_{n+1}$
0	1	×	×	1	0
1	0	×	×	0	1
0	0	×	×	Φ	Φ
1	1	↑	1	1	0
1	1	↑	0	0	1
1	1	↓	×	Q_n	$\bar{Q}_n$

表 6－4

输入				输出
$\bar{S}_D$	$\bar{R}_D$	CP	T	Q_{n+1}
0	1	×	×	1
1	0	×	×	0
1	1	↓	0	Q_n
1	1	↓	1	$\bar{Q}_n$

4. 触发器之间的相互转换

在集成触发器的产品中，每一种触发器都有自己固定的逻辑功能。但可以利用转换的方法获得具有其他功能的触发器。例如将 JK 触发器的 J、K 两端连接在一起，并认它为 T 端，就得到所需的 T 触发器。如图 6－4(a)所示，T 触发器的状态方程为 $Q_{n+1}=T\bar{Q}_n+\bar{T}Q_n$。

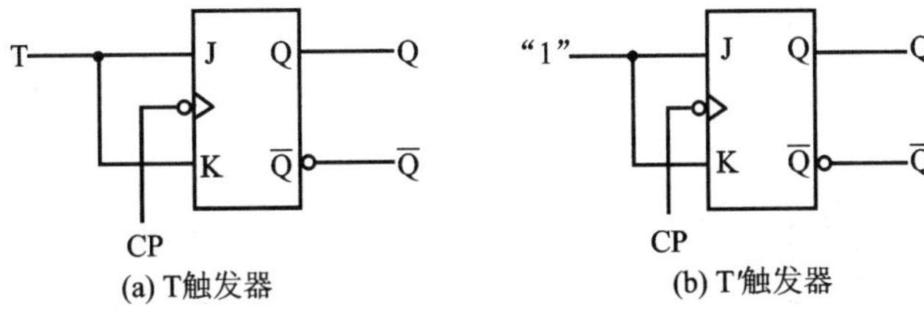

图 6－4　JK 触发器转换为 T、T′触发器

T 触发器的功能见表 6－4。

由功能表可见：当 T＝0 时，时钟脉冲作用后，其状态保持不变；当 T＝1 时，时钟脉冲作用后，触发器状态翻转。所以，若将 T 触发器的 T 端置 1，即得如图 6－4(b)所示的 T′触发器。在 T′触发器的 CP 端，每来一个 CP 脉冲信号，触发器的状态就翻转一次，故称为反转触发器，广泛用于计数电路中。

同样，若将 D 触发器 $\bar{Q}$ 端与 D 端相连，便转换成 T′触发器，如图 6－5 所示。

JK 触发器也可转换为 D 触发器，如图 6－6 所示。

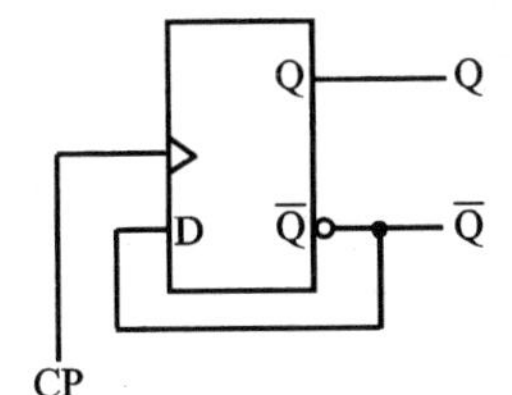

图 6－5　D 触发器转成 T′触发器

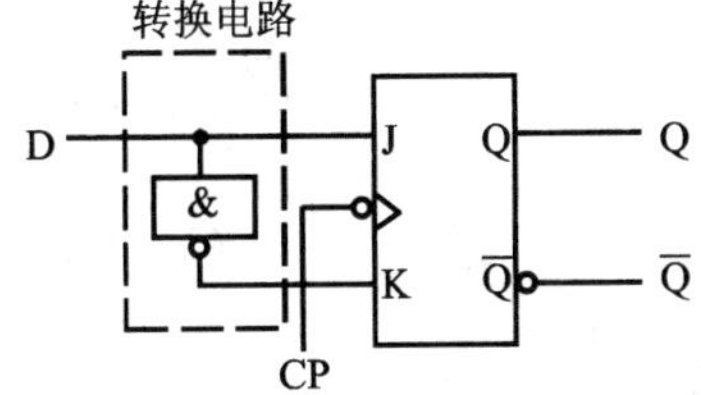

图 6－6　JK 触发器转成 D 触发器

5. CMOS 触发器

(1) CMOS 边沿型 D 触发器

CC4013 是由 CMOS 传输门构成的边沿型 D 触发器，是上升沿触发的双 D 触发器。表 6－5 所列为其功能表，图 6－7 所示为其引脚排列图。

(2) CMOS 边沿型 JK 触发器

CC4027 是由 CMOS 传输门构成的边沿型 JK 触发器，是上升沿触发的双 JK 触发器。

表 6－6 所列为其功能表,图 6－8 所示为其引脚排列图。

表 6－5

输 入				输 出
S	R	CP	D	Q_{n+1}
1	0	×	×	1
0	1	×	×	0
1	1	×	×	Φ
0	0	↑	1	1
0	0	↑	0	0
0	0	↓	×	Q_n

图 6－7 双上升沿 D 触发器

表 6－6

输 入					输 出
S	R	CP	J	K	Q_{n+1}
1	0	×	×	×	1
0	1	×	×	×	0
1	1	×	×	×	Φ
0	0	↑	0	0	Q_n
0	0	↑	1	0	1
0	0	↑	0	1	0
0	0	↑	1	1	$\overline{Q}_n$
0	0	↓	×	×	Q_n

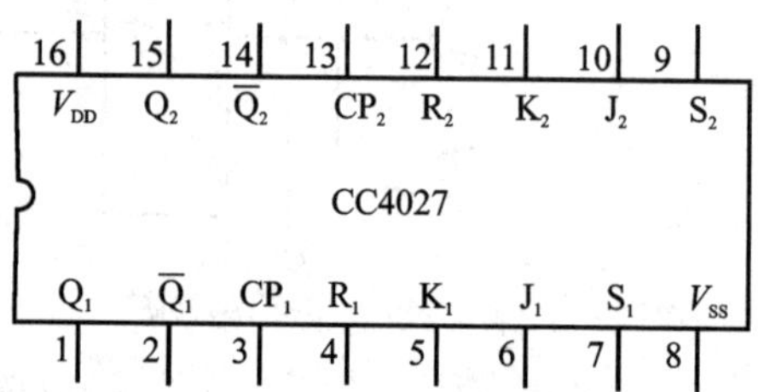

图 6－8 双上升沿 JK 触发器

CMOS 触发器的直接置位、复位输入端 S 和 R 是高电平有效,当 S＝1(或 R＝1)时,触发器将不受其他输入端所处状态的影响,使触发器直接置 1(或置 0)。但直接置位、复位输入端 S 和 R 必须遵守 RS＝0 的约束条件。CMOS 触发器在按逻辑功能工作时,S 和 R 必须均置 0。

三、实验设备与器件

(1) ＋5 V 直流电源; (2) 双踪示波器;
(3) 连续脉冲源; (4) 单次脉冲源;
(5) 逻辑电平开关; (6) 逻辑电平显示器;
(7) 集成芯片 74LS112(或 CC4027),74LS00(或 CC4011)和 74LS74(或 CC4013)。

四、实验内容

1. 测试基本 RS 触发器的逻辑功能

按图 6－1 所示,用两个“与非”门组成基本 RS 触发器,输入端 $\overline{R}$、$\overline{S}$ 接逻辑开关的输出插口，输出端 Q、$\overline{Q}$ 接逻辑电平显示输入插口，按表 6－7 的要求测试，并做记录。

表 6－7

$\overline{R}$	$\overline{S}$	Q	$\overline{Q}$
1	1→0		
	0→1		
1→0	1		
0→1			
0	0		

2. 测试双 JK 触发器 74LS112 逻辑功能

(1) 测试 $\overline{R}_D$ 和 $\overline{S}_D$ 的复位、置位功能，任取一片 JK 触发器，使 $\overline{R}_D$、$\overline{S}_D$、J、K 端接逻辑开关输出插口，CP 端接单次脉冲源，Q、$\overline{Q}$ 端接至逻辑电平显示器的输入插口。要求改变 $\overline{R}_D$，$\overline{S}_D$(J、K、CP 处于任意状态)，并在 $\overline{R}_D=0$($\overline{S}_D=1$)或 $\overline{S}_D=0$($\overline{R}_D=1$)作用期间任意改变 J、K 及 CP 的状态，观察 Q、$\overline{Q}$ 状态。自拟表格并做记录。

(2) 测试 JK 触发器的逻辑功能，按表 6－8 的要求改变 J、K、CP 端状态，并观察 Q、$\overline{Q}$ 状态的变化，观察触发器状态更新是否发生在 CP 脉冲的下降沿(即 CP 由 1→0)，并做记录。

表 6－8

J　K	CP	Q_{n+1}	
		$Q_n=0$	$Q_n=1$
0　0	0→1		
	1→0		
0　1	0→1		
	1→0		
1　0	0→1		
	1→0		
1　1	0→1		
	1→0		

(3) 将 JK 触发器的 J、K 端连在一起，构成 T 触发器。在 CP 端输入 1 Hz 连续脉冲，观察 Q 端的变化；在 CP 端输入 1 kHz 连续脉冲，用双踪示波器观察 CP、Q、$\overline{Q}$ 端的波形，注意相位关系，并描绘之。

3. 测试双 D 触发器 74LS74 的逻辑功能

(1) 测试 $\overline{R}_D$ 和 $\overline{S}_D$ 的复位、置位功能，测试方法同实验内容 2 之(1)，自拟表格记录。

(2) 测试 D 触发器的逻辑功能，按照表 6－9 的要求进行测试，并观察触发器状态更新是否发生在 CP 脉冲的上升沿(即由 0→1)，并做记录。

表 6－9

D	CP	Q_{n+1}	
		$Q_n=0$	$Q_n=1$
0	0→1		
	1→0		
1	0→1		
	1→0		

(3) 将 D 触发器的 $\overline{Q}$ 端与 D 端相连接，构成 T′触发器。测试方法同实验内容 2 之(3)，并做记录。

4. 双相时钟脉冲电路

用 JK 触发器及“与非”门构成的双相时钟脉冲电路如图 6－9 所示，此电路是用来将时钟脉冲 CP 转换成两相时钟脉冲 CP_A 及 CP_B，其频率相同且相位不同。

分析电路工作原理，并按图 6－9 接线，用双踪示波器同时观察 CP、CP_A；CP、CP_B 及 CP_A、CP_B 的波形，并描绘之。

5. 乒乓球练习电路

电路功能要求：模拟两名动运员在练球时，乒乓球能往返运转的过程。

提示：采用双 D 触发器 74LS74 设计实验线路，两个 CP 端触发脉冲分别由两名运动员操

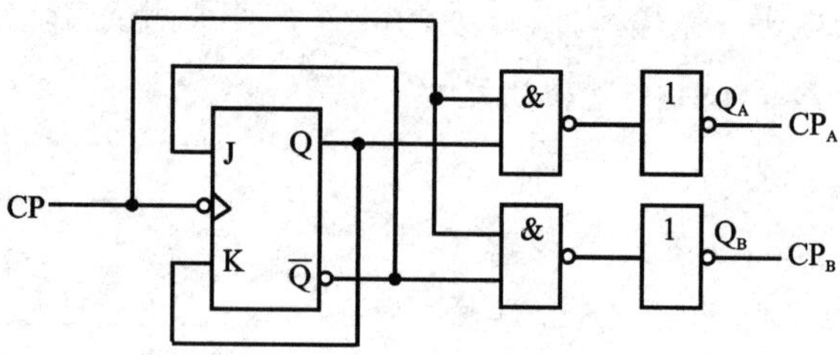

图 6-9　双相时钟脉冲电路

作，两触发器的输出状态用逻辑电平显示器显示。

五、实验预习要求

(1) 复习有关触发器内容。

(2) 列出各触发器功能测试表格。

(3) 按实验内容 4、5 的要求设计线路，并拟定实验方案。

六、实验报告

(1) 列表整理各类触发器的逻辑功能。

(2) 总结观察到的波形，说明触发器的触发方式。

(3) 体会触发器的应用。

(4) 利用普通的机械开关组成的数据开关所产生的信号是否可作为触发器的时钟脉冲信号？为什么？是否可以用做触发器的其他输入端的信号？又是为什么？

实验七　计数器及其应用

一、实验目的

(1) 学习用集成触发器构成计数器的方法。

(2) 掌握中规模集成计数器的使用及功能测试方法。

(3) 运用集成计数器构成 $1/N$ 分频器。

二、实验原理

计数器是一个用以实现计数功能的时序部件,它不仅可用来计脉冲数,还常用做数字系统的定时、分频和执行数字运算以及其他特定的逻辑功能。

计数器种类很多。按构成计数器中的各触发器是否使用一个时钟脉冲源来分,有同步计数器和异步计数器。根据计数制的不同,分为二进制计数器、十进制计数器和任意进制计数器。根据计数的增减趋势,可分为加法、减法和可逆计数器。还有可预置数和可编程序功能计数器等。目前,无论是 TTL 还是 CMOS 集成电路,都有品种较齐全的中规模集成计数器。使用者只要借助于器件手册提供的功能表和工作波形图以及引出端的排列,就能正确地运用这些器件。

1. 用 D 触发器构成异步二进制加/减计数器

图 7-1 所示是用 4 片 D 触发器构成的四位二进制异步加法计数器。它的连接特点是将每片 D 触发器接成 T′触发器,再由低位触发器的 $\overline{Q}$ 端和高一位的 CP 端相连接。

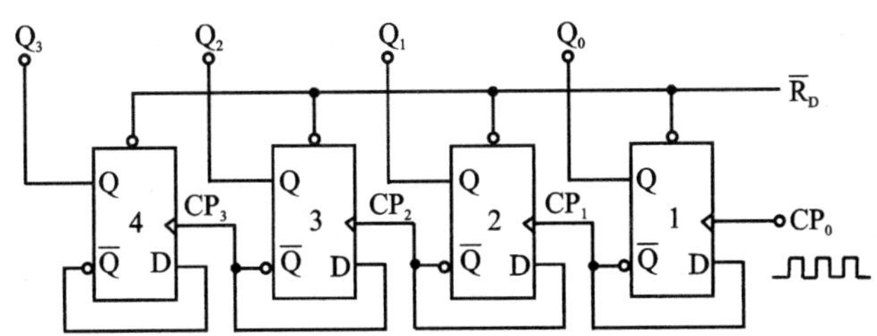

图 7-1　四位二进制异步加法计数器

若将图 7-1 稍加改动,即将低位触发器的 Q 端与高一位的 CP 端相连接,就构成了一个四位二进制减法计数器。

2. 中规模十进制计数器

CC40192 是同步十进制可逆计数器,具有双时钟输入,并具有清除和置数等功能,其引脚排列及逻辑符号如图 7-2 所示。

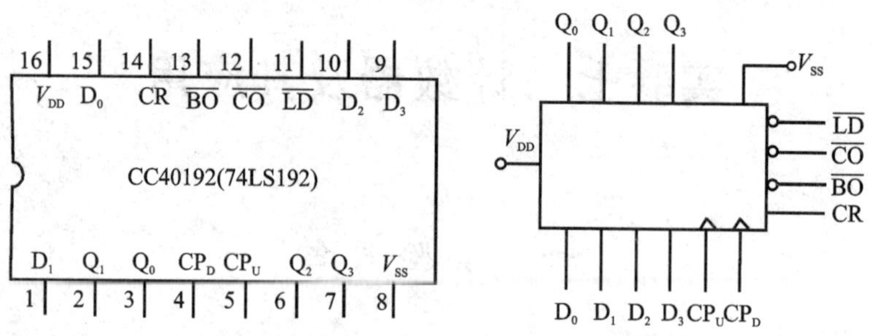

图 7-2　CC40192 引脚排列及逻辑符号

图中：$\overline{LD}$ 为置数端；CP_U 为加计数端；CP_D 为减计数端；$\overline{CO}$ 为非同步进位输出端；$\overline{BO}$ 为非同步借位输出端；D_0、D_1、D_2 和 D_3 为计数器输入端；Q_0、Q_1、Q_2 和 Q_3 为数据输出端；CR 为清零端。

CC40192(同 74LS192，二者可互换使用)的功能见表 7-1。

表 7-1

输　入								输　出			
CR	$\overline{LD}$	CP_U	CP_D	D_3	D_2	D_1	D_0	Q_3	Q_2	Q_1	Q_0
1	×	×	×	×	×	×	×	0	0	0	0
0	0	×	×	d	c	b	a	d	c	b	a
0	1	↑	1	×	×	×	×	加　计　数			
0	1	1	↑	×	×	×	×	减　计　数			

表 7-1 说明如下：

当清零端 CR 为高电平“1”时，计数器直接清零；当 CR 置低电平则执行其他功能。

当 CR 为低电平且置数端 $\overline{LD}$ 也为低电平时，数据直接从置数端 D_0、D_1、D_2 和 D_3 置入计数器。

当 CR 为低电平且 $\overline{LD}$ 为高电平时，执行计数功能。执行加计数时，减计数端 CP_D 接高电平，计数脉冲由 CP_U 输入；在计数脉冲上升沿进行 8421 码十进制加法计数。执行减计数时，加计数端 CP_U 接高电平，计数脉冲由减计数端 CP_D 输入。表 7-2 所列为 8421 码十进制加、减计数器的状态转换表。

表 7-2

加法计数 →

输入脉冲数		0	1	2	3	4	5	6	7	8	9
输出	Q_3	0	0	0	0	0	0	0	0	1	1
	Q_2	0	0	0	0	1	1	1	1	0	0
	Q_1	0	0	1	1	0	0	1	1	0	0
	Q_0	0	1	0	1	0	1	0	1	0	1

← 减法计数

3. 计数器的级联使用

一个十进制计数器只能表示 0～9 这 10 个数，为了扩大计数器范围，常用多个十进制计数器级联使用。

同步计数器往往设有进位（或借位）输出端，故可选用其进位（或借位）输出信号驱动下一级计数器。

图 7－3 所示是由 CC40192 利用进位输出 $\overline{CO}$ 控制高一位的 CP_U 端构成的加数级联图。

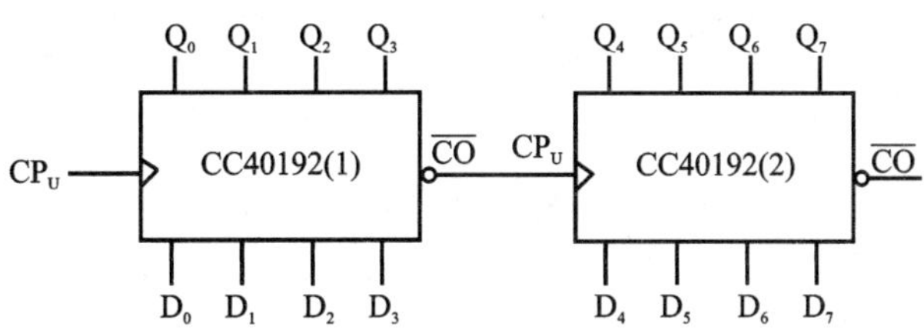

图 7－3　CC40192 级联电路

4. 实现任意进制计数

（1）用复位法获得任意进制计数器：假定已有 N 进制计数器，而需要得到一个 M 进制计数器时，只要 $M<N$，用复位法使计数器计数到 M 时置 0，即获得 M 进制计数器。如图 7－4 所示为一个由 CC40192 十进制计数器接成的六进制计数器。

（2）利用预置功能获 M 进制计数器：图 7－5 为用三个 CC40192 组成的 421 进制计数器。

外加的由“与非”门构成的锁存器可以克服器件计数速度的离散性，保证在反馈置 0 信号作用下计数器可靠置 0。

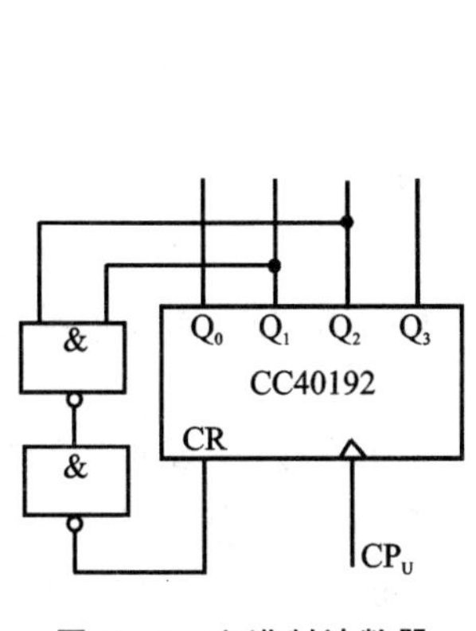

图 7－4　六进制计数器

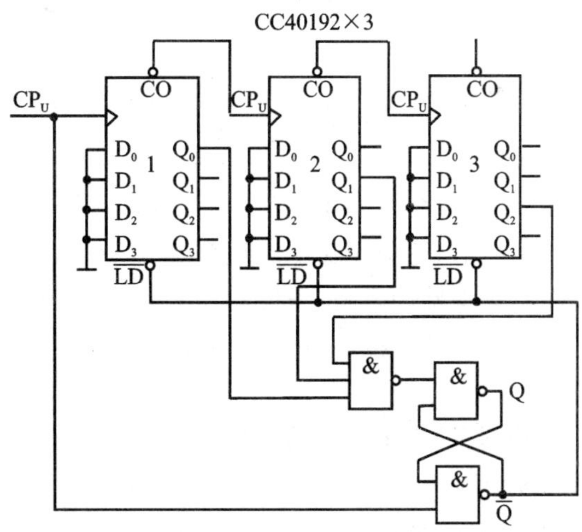

图 7－5　421 进制计数器

如图 7－6 所示是一个特殊的十二进制的计数器电路方案。在数字钟里，对“时”位的计数序列是 1、2、…、11、12、1、…是十二进制的，且无 0 数。图中，当计数到 13 时，通过“与非”门产生一个复位信号，使 CC40192(2)〔“时”十位〕直接置成 0000，而 CC40192(1)，即“时”个位直接置成 0001，从而实现了 1～12 的计数。

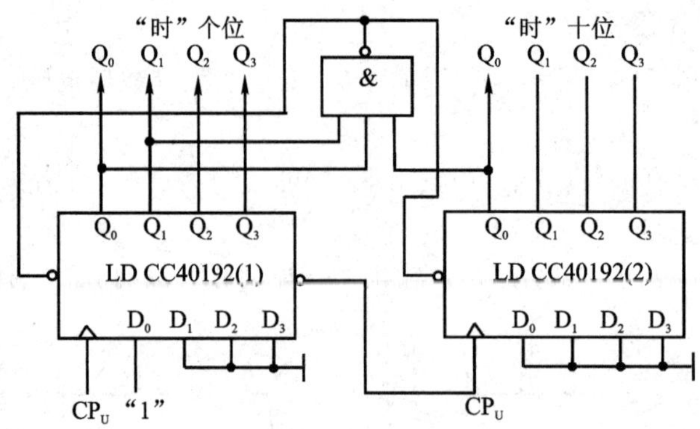

图 7-6 特殊的12进制计数器

三、实验设备与器件

(1) +5 V 直流电源；(2) 双踪示波器；

(3) 连续脉冲源；(4) 单次脉冲源；

(5) 逻辑电平开关；(6) 逻辑电平显示器；

(7) 译码显示器；

(8) 集成芯片 CC4013×2(74LS74)，CC40192×3(74LS192)，CC4011(74LS00)和 CC4012(74LS20)。

四、实验内容

1. 用 CC4013 或 74LS74 D 触发器构成四位二进制异步加法计数器

(1) 按图 7-1 所示接线，$\bar{R}_D$接至逻辑开关的输出插口，将低位 CP_0端接单次脉冲源，输出端 Q_3、Q_2、Q_1、Q_0接逻辑电平显示输入插口，各 $\bar{S}_D$ 接高电平"1"。

(2) 清零后，逐个送入单次脉冲，观察并列表记录 Q_3～Q_0的状态。

(3) 将单次脉冲改为 1 Hz 的连续脉冲，观察 Q_3～Q_0 的状态。

(4) 将 1 Hz 的连续脉冲改为 1 kHz，用双踪示波器观察 CP、Q_3、Q_2、Q_1、Q_0端的波形，并描绘之。

(5) 将图 7-1 中电路的低位触发器的 Q 端与高一位的 CP 端相连接，构成减法计数器，按以上实验步骤(2)、(3)、(4)进行实验，观察并列表记录 Q_3～Q_0的状态。

2. 测试 CC40192 或 74LS192 同步十进制可逆计数器的逻辑功能

计数脉冲由单次脉冲源提供，清除端 CR、置数端 $\overline{LD}$、数据输入端 D_3、D_2、D_1、D_0 分别接逻辑开关，输出端 Q_3、Q_2、Q_1、Q_0 分别接实验设备的一个译码显示输入相应插口 A、B、C、D；$\overline{CO}$和 $\overline{BO}$ 接逻辑电平显示插口。按表 7-1 所列逐项测试，并判断该集成芯片的功能是否正常。

(1) 清除：令 CR=1，其他输入端为任意态，这时 $Q_3Q_2Q_1Q_0$=0000，译码数字显示为 0。清除功能完成后，置 CR=0。

(2) 置数：CR=0，CP_U、CP_D任意状态，数据输入端输入任意一组二进制数，令 $\overline{LD}$= 0，观察计数译码显示输出，予置功能是否完成，此后置 $\overline{LD}=1$。

（3）加计数：$CR=0$，$\overline{LD}=CP_D=1$，CP_U接单次脉冲源。清零后送入 10 个单次脉冲，观察译码数字显示是否按 8421 码十进制状态转换表进行；输出状态变化是否发生在 CP_U 的上升沿。

（4）减计数：$CR=0$，$\overline{LD}=CP_U=1$，CP_D接单次脉冲源。参照步骤(3)进行实验。

（5）如图 7－3 所示，用两片 CC40192 组成两位十进制加法计数器，输入 1 Hz 连续计数脉冲，进行由 00～99 的累加计数，并做记录。

（6）将两位十进制加法计数器改为两位十进制减法计数器，实现由 99～00 递减计数，并做记录。

（7）按图 7－4 中的电路进行实验，并做记录。

（8）按图 7－5 或图 7－6 进行实验，并做记录。

（9）设计一个数字钟的移位六十进制计数器并进行实验。

五、实验预习要求

（1）复习有关计数器部分内容。

（2）绘出各实验内容的详细线路图。

（3）拟出各实验内容所需的测试记录表格。

（4）查手册，给出并熟悉实验所用各集成芯片的引脚排列图。

六、实验报告

（1）画出实验线路图，记录、整理实验现象及实验所得的有关波形，并对实验结果进行分析。

（2）总结使用集成计数器的体会。

实验八　移位寄存器及其应用

一、实验目的

(1) 掌握中规模4位双向移位寄存器逻辑功能及使用方法。

(2) 熟悉移位寄存器的应用——实现数据的串行/并行转换和构成环形计数器。

二、实验原理

1. 移位寄存器的工作原理

移位寄存器是一个具有移位功能的寄存器，是指寄存器中所存的代码能够在移位脉冲的作用下依次左移或右移。既能左移又能右移的称为双向移位寄存器，只需要改变左、右移的控制信号便可实现双向移位要求。根据移位寄存器存取信息的方式不同可分为：串入串出、串入并出、并入串出和并入并出4种形式。

本实验选用的4位双向通用移位寄存器，型号为CC40194或74LS194，两者功能相同，可互换使用，其逻辑符号及引脚排列如图8-1所示。

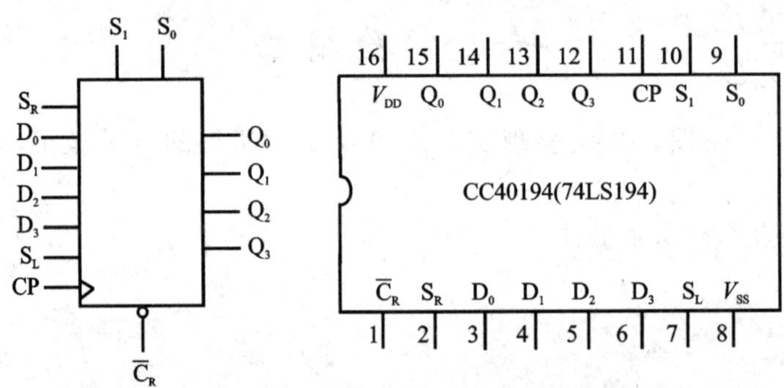

图8-1　CC40194的逻辑符号及引脚功能

其中，D_0、D_1、D_2和D_3为并行输入端；Q_0、Q_1、Q_2和Q_3为并行输出端；S_R为右移串行输入端，S_L为左移串行输入端；S_1和S_0为操作模式控制端；$\overline{C}_R$为直接无条件清零端；CP为时钟脉冲输入端。

CC40194有5种操作模式：并行送数寄存、右移（方向由$Q_0 \rightarrow Q_3$）、左移（方向由$Q_3 \rightarrow Q_0$）、保持及清零。

S_1、S_0和$\overline{C}_R$端的控制作用见表8-1。

2. 移位寄存器的应用

移位寄存器应用很广，可构成移位寄存器型计数器；顺序脉冲发生器；串行累加器；可用做数据转换，即把串行数据转换为并行数据，或把并行数据转换为串行数据等。本实验研究移位寄存器用做环形计数器和数据的串/并行转换。

表 8-1

功　能	输　入										输　出			
	CP	$\overline{C}_R$	S_1	S_0	S_R	S_L	D_O	D_1	D_2	D_3	Q_0	Q_1	Q_2	Q_3
清除	×	0	×	×	×	×	×	×	×	×	0	0	0	0
送数	↑	1	1	1	×	×	a	b	c	d	a	b	c	d
右移	↑	1	0	1	D_{SR}	×	×	×	×	×	D_{SR}	Q_0	Q_1	Q_2
左移	↑	1	1	0	×	D_{SL}	×	×	×	×	Q_1	Q_2	Q_3	D_{SL}
保持	↑	1	0	0	×	×	×	×	×	×	Q_0^n	Q_1^n	Q_2^n	Q_3^n
保持	↓	1	×	×	×	×	×	×	×	×	Q_0^n	Q_1^n	Q_2^n	Q_3^n

(1) 环形计数器

把移位寄存器的输出反馈到它的串行输入端，就可以进行循环移位。如图 8-2 所示，把输出端 Q_3 和右移串行输入端 S_R 相连接，设初始状态 $Q_0Q_1Q_2Q_3=1000$，在时钟脉冲 CP 作用下，$Q_0Q_1Q_2Q_3$ 将依次变为 0100→0010→0001→1000→…如表 8-2 所列。可见它是一个具有 4 个有效状态的计数器，这种类型的计数器通常称为环形计数器。图 8-2 中的电路可以由各个输出端输出在时间上有先后顺序的脉冲，因此也可作为顺序脉冲发生器。

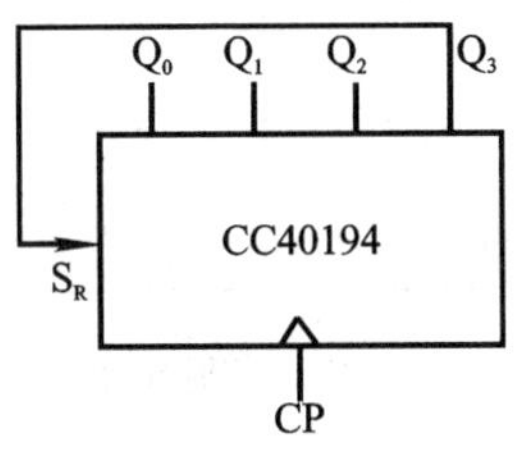

图 8-2　环形计数器

表 8-2

CP	Q_0	Q_1	Q_2	Q_3
0	1	0	0	0
1	0	1	0	0
2	0	0	1	0
3	0	0	0	1

如果将输出 Q_0 与左移串行输入端 S_L 相连接，即可达左移循环移位。

(2) 实现数据串/并行转换

1) 串行/并行转换器

串行/并行转换是指串行输入的数码，经转换电路之后变换成并行输出。

图 8-3 所示是用两片 CC40194(74LS194)四位双向移位寄存器组成的 7 位串行/并行数据转换电路。

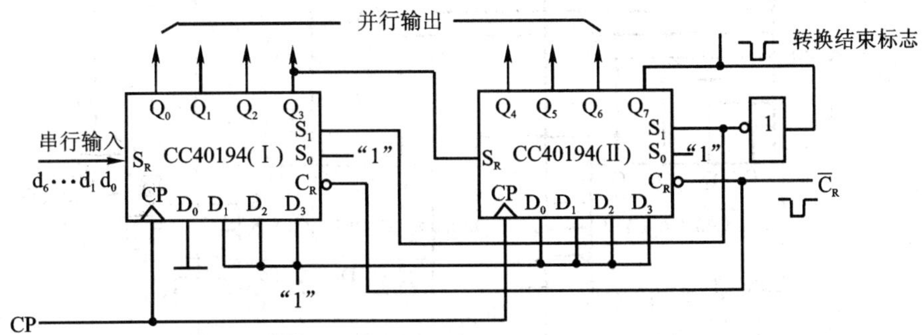

图 8-3　7 位串行/并行转换器

电路中 S_0 端接高电平 1，S_1 受 Q_7 控制，两片寄存器连接成串行输入右移工作模式，Q_7 是转换结束标志。当 $Q_7=1$ 时,S_1 为 0,使之成为 $S_1S_0=01$ 的串入右移工作方式;当 $Q_7=0$ 时,$S_1=1$,有 $S_1S_0=10$,则串行送数结束,标志着串行输入的数据已转换成并行输出了。

串行/并行转换的具体过程如下:

转换前,$\overline{C}_R$ 端加低电平,使两片寄存器Ⅰ、Ⅱ的内容清零,此时 $S_1S_0=11$,寄存器执行并行输入工作方式。当第一个 CP 脉冲到来后,寄存器的输出状态 $Q_0 \sim Q_7$ 为 01111111,与此同时 S_1S_0 变为 01,转换电路变为执行串入右移工作方式,串行输入数据由片Ⅰ的 S_R 端输入。随着 CP 脉冲的依次加入,输出状态的变化可列成表 8-3 所列。

表 8-3

CP	Q_0	Q_1	Q_2	Q_3	Q_4	Q_5	Q_6	Q_7	说　明
0	0	0	0	0	0	0	0	0	清零
1	0	1	1	1	1	1	1	1	送数
2	D_0	0	1	1	1	1	1	1	右移操作7次
3	D_1	D_0	0	1	1	1	1	1	
4	D_2	D_1	D_0	0	1	1	1	1	
5	D_3	D_2	D_1	D_0	0	1	1	1	
6	D_4	D_3	D_2	D_1	D_0	0	1	1	
7	D_5	D_4	D_3	D_2	D_1	D_0	0	1	
8	D_6	D_5	D_4	D_3	D_2	D_1	D_0	0	
9	0	1	1	1	1	1	1	1	送数

由表 8-3 可见,右移操作 7 次之后,Q_7 变为 0,S_1S_0 又变为 11,说明串行输入结束。这时,串行输入的数码已经转换成了并行输出了。

当再来一个 CP 脉冲时,电路又重新执行一次并行输入,为第二组串行数码转换作好了准备。

2) 并行/串行转换器

并行/串行转换器是指并行输入的数码经转换电路之后,换成串行输出。

图 8-4 是用两片 CC40194(74LS194)组成的 7 位并行/串行转换电路,它比图 8-3 多了两只"与非"门 G_1 和 G_2,电路工作方式同样为右移。

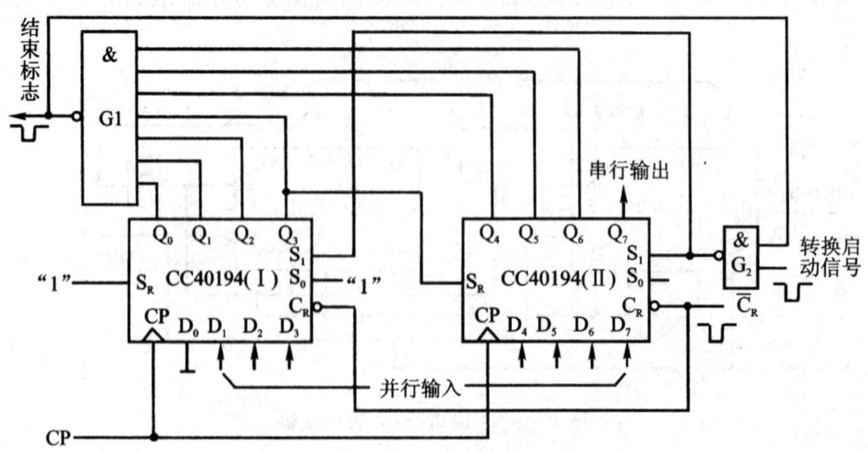

图 8-4　7 位并行/串行转换器

寄存器清"0"后，加一个转换启动信号（负脉冲或低电平）。此时，由于方式控制位 S_1S_0 为 11，转换电路执行并行输入操作。当第一个 CP 脉冲到来后，$Q_0Q_1Q_2Q_3Q_4Q_5Q_6Q_7$ 的状态为 $0D_1D_2D_3D_4D_5D_6D_7$，并行输入数码存入寄存器。从而使得 G_1 输出为 1，G_2 输出为 0。结果，S_1S_2 变为 01，转换电路随着 CP 脉冲的加入，开始执行右移串行输出。随着 CP 脉冲的依次加入，输出状态依次右移，待右移操作 7 次后，Q_0～Q_6 的状态都为高电平 1，"与非"门 G_1 输出为低电平，G_2 门输出为高电平，S_1S_2 又变为 11，表示并/串行转换结束，都为第二次并行输入创造了条件。转换过程如表 8－4 所列。

表 8－4

CP	Q_0	Q_1	Q_2	Q_3	Q_4	Q_5	Q_6	Q_7	串行输出
0	0	0	0	0	0	0	0	0	
1	0	D_1	D_2	D_3	D_4	D_5	D_6	D_7	
2	1	0	D_1	D_2	D_3	D_4	D_5	D_6	D_7
3	1	1	0	D_1	D_2	D_3	D_4	D_5	D_6 D_7
4	1	1	1	0	D_1	D_2	D_3	D_4	D_5 D_6 D_7
5	1	1	1	1	0	D_1	D_2	D_3	D_4 D_5 D_6 D_7
6	1	1	1	1	1	0	D_1	D_2	D_3 D_4 D_5 D_6 D_7
7	1	1	1	1	1	1	0	D_1	D_2 D_3 D_4 D_5 D_6 D_7
8	1	1	1	1	1	1	1	0	D_1 D_2 D_3 D_4 D_5 D_6 D_7
9	0	D_1	D_2	D_3	D_4	D_5	D_6	D_7	

中规模集成移位寄存器，其位数往往以 4 位居多，当需要的位数大于 4 位时，可把几片移位寄存器用级联的方法来扩展位数。

三、实验设备及器件

（1）＋5 V 直流电源；　　（2）单次脉冲源；

（3）逻辑电平开关；　　（4）逻辑电平显示器；

（5）集成芯片 CC40194×2（74LS194），CC4011（74LS00）和 CC4068（74LS30）。

四、实验内容

1. 测试 CC40194（或 74LS194）的逻辑功能

按图 8－5 接线，$\bar{C}_R$、S_1、S_0、S_L、S_R、D_0、D_1、D_2 和 D_3 分别接至逻辑开关的输出插口；Q_0、Q_1、Q_2 和 Q_3 接至逻辑电平显示输入插口。CP 端接单次脉冲源。按表 8－5 所规定的输入状态，逐项进行测试。工作步骤如下：

（1）清除：令 $\bar{C}_R=0$，其他输入均为任意态，这时寄存器输出 Q_0、Q_1、Q_2、Q_3 应均为 0。清除后，置 $\bar{C}_R=1$。

（2）送数：令 $\bar{C}_R=S_1=S_0=1$，送入任意 4 位二进制数，如 $D_0D_1D_2D_3=abcd$；加 CP 脉冲，观察 CP＝0，CP 由 0→1，CP 由 1→0 的 3 种情况下寄存器输出状态的变化；观察寄存器输出状态变化是否发生在CP脉冲的上升沿。

(3) 右移：清零后，令 $\overline{C}_R=1, S_1=0, S_0=1$，由右移输入端 S_R 送入二进制数码如0100，由CP端连续加4个脉冲，观察输出情况，并记录之。

(4) 左移：先清零或预置，再令 $\overline{C}_R=1, S_1=1, S_0=0$，由左移输入端 S_L 送入二进制数码如1111，连续加4个CP脉冲，观察输出端情况，并做记录。

(5) 保持：寄存器预置任意4位二进制数码abcd，令 $\overline{C}_R=1, S_1=S_0=0$，加CP脉冲，观察寄存器输出状态，并记录到表8-5中。

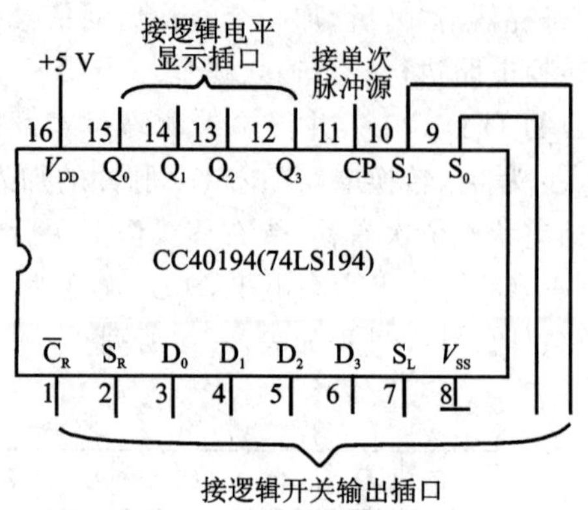

图8-5　CC40194逻辑功能测试

表8-5

清除	模式		时钟	串行		输入	输出	功能总结
$\overline{C}_R$	S_1	S_0	CP	S_L	S_R	$D_0\ D_1\ D_2\ D_3$	$Q_0\ Q_1\ Q_2\ Q_3$	
0	×	×	×	×	×	××××		
1	1	1	↑	×	×	a b c d		
1	0	1	↑	×	0	××××		
1	0	1	↑	×	1	××××		
1	0	1	↑	×	0	××××		
1	0	1	↑	×	0	××××		
1	1	0	↑	1	×	××××		
1	1	0	↑	1	×	××××		
1	1	0	↑	1	×	××××		
1	1	0	↑	1	×	××××		
1	0	0	↑	×	×	××××		

2. 环形计数器

自拟实验线路用并行送数法预置寄存器为某二进制数码(如0100)，然后进行右移循环，观察寄存器输出端状态的变化，并记入表8-6中。

表8-6

CP	Q_0	Q_1	Q_2	Q_3
0	0	1	0	0
1				
2				
3				
4				

3. 实现数据的串/并行转换

（1）串行输入、并行输出：按图 8－3 接线，进行右移串入、并出实验，串入数码自定。再改接线路用左移方式实现并行输出。自拟表格，并做记录。

（2）并行输入、串行输出：按图 8－4 接线，进行右移并入、串出实验，并入数码自定。再改接线路用左移方式实现串行输出。自拟表格，并做记录。

五、实验预习要求

（1）复习有关寄存器及串行、并行转换器的有关内容。

（2）查阅 CC40194、CC4011 及 CC4068 逻辑线路，熟悉其逻辑功能及引脚排列。

（3）在对 CC40194 进行送数后，若要使输出端改成另外的数码，是否一定要使寄存器清零？

（4）使寄存器清零，除采用 $\overline{C}_R$ 输入低电平外，可否采用右移或左移的方法？可否使用并行送数法？若可行，如何进行操作？

（5）若进行循环左移，图 8－4 接线应如何改接？

（6）画出用两片 CC40194 构成的 7 位左移串/并行转换器线路。

（7）画出用两片 CC40194 构成的 7 位左移并/串行转换器线路。

六、实验报告

（1）分析表 8－4 的实验结果，总结移位寄存器 CC40194 的逻辑功能并写入表格功能总结一栏中。

（2）根据环形计数器实验内容的结果，画出 4 位环形计数器的状态转换图及波形图。

（3）分析串/并、并/串转换器所得结果的正确性。

实验九　使用门电路产生脉冲信号
——自激多谐振荡器

一、实验目的

（1）掌握使用门电路构成脉冲信号产生电路的基本方法。

（2）掌握影响输出脉冲波形参数的定时元件数值的计算方法。

（3）学习石英晶体稳频原理和使用石英晶体构成振荡器的方法。

二、实验原理

“与非”门作为一个开关倒相器件，可用以构成各种脉冲波形的产生电路。电路的基本工作原理是利用电容器的充放电，当输入电压达到“与非”门的阈值电压 V_T 时，门的输出状态即发生变化。因此，电路输出的脉冲波形参数直接取决于电路中阻容元件的数值。

1. 非对称型多谐振荡器

如图 9－1 所示，“非”门 3 用于输出波形的整形。

非对称型多谐振荡器的输出波形是不对称的，当用 TTL“与非”门组成时，输出脉冲宽度

$$t_{w1}=RC,\quad t_{w2}=1.2RC,\quad T=2.2RC$$

调节 R 或 C 的值，可改变输出信号的振荡频率，通常用改变 C 来实现输出频率的粗调，改变电位器 R 实现输出频率的细调。

2. 对称型多谐振荡器

如图 9－2 所示，由于电路完全对称，电容器的充放电时间常数相同，故输出为对称的方波。改变 R 和 C 的值，可以改变输出振荡频率。“非”门 3 用于输出波形的整形。

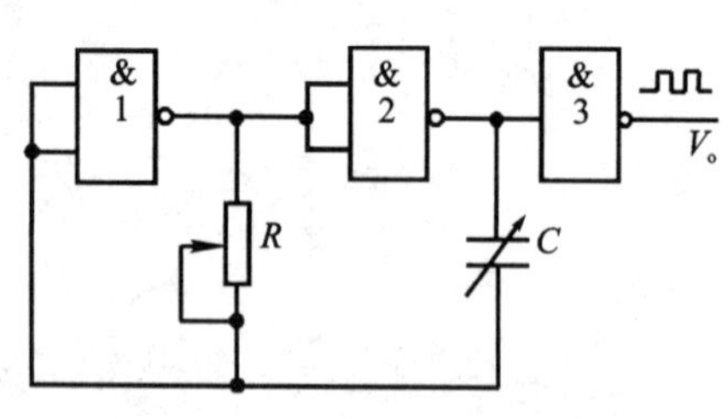

图 9－1　非对称型振荡器

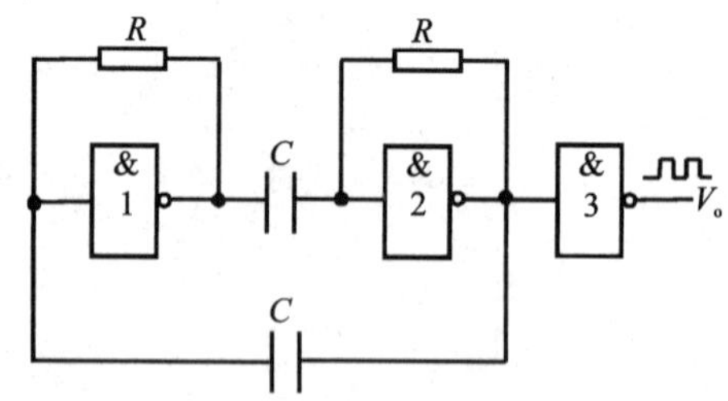

图 9－2　对称型振荡器

一般取 $R\leqslant 1\ \text{k}\Omega$，当 $R=1\ \text{k}\Omega$，$C=100\ \text{pF}\sim 100\ \mu\text{F}$ 时，f 为几赫兹至几兆赫兹，脉冲宽度 $t_{w1}=t_{w2}=0.7RC$，$T=1.4RC$。

3. 带 RC 电路的环形振荡器

电路如图 9－3 所示，“非”门 4 用于输出波形的整形。图中，R 为限流电阻，一般取 100 Ω，电位器 R_p 要求 $\leqslant 1\ \text{k}\Omega$。电路利用电容 C 的充放电过程，控制 D 点电压 V_D，从而控制“与非”

门的自动启闭，形成多谐振荡。电容 C 的充电时间 t_{w1}、放电时间 t_{w2} 和总的振荡周期 T 分别为

$$t_{w1} \approx 0.94RC, \quad t_{w2} \approx 1.26RC, \quad T \approx 2.2RC$$

调节 R 和 C 的大小可改变电路输出的振荡频率。

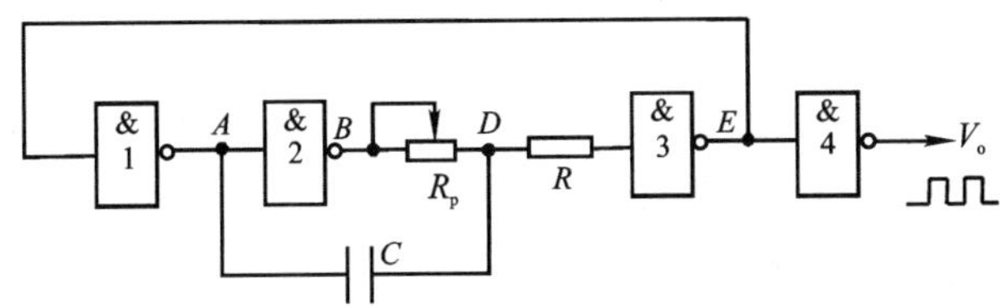

图 9-3　带有 RC 电路的环形振荡器

以上这些电路的状态转换都发生在“与非”门输入电平达到门的阈值电平 V_T 的时刻。在 V_T 附近电容器的充放电速度已经缓慢，而且 V_T 本身也不够稳定，易受温度、电源电压变化以及干扰等因素的影响。因此，电路输出频率的稳定性较差。

4. 石英晶体稳频的多谐振荡器

当要求多谐振荡器的工作频率稳定性很高时，上述几种多谐振荡器的精度已不能满足要求。为此常用石英晶体作为信号频率的基准。用石英晶体与门电路构成的多谐振荡器常用来为微型计算机等提供时钟信号。

图 9-4 所示为常用的晶体稳频多谐振荡器。图(a)、(b)为 TTL 器件组成的晶体振荡电路；图(c)、(d)为 CMOS 器件组成的晶体振荡电路，一般用于电子表中，其中晶体的频率 f_0 = 32 768 Hz。

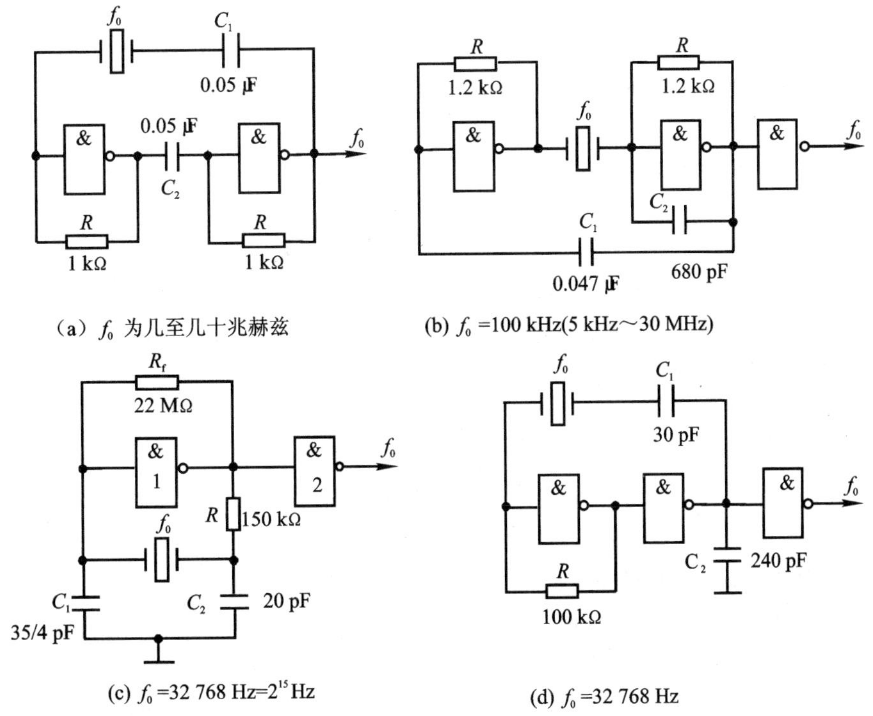

图 9-4　常用的晶体振荡电路

图(c)中,门1用于振荡,门2用于缓冲整形。R_f 是反馈电阻,通常在几十兆欧姆之间选取,一般选22 MΩ。R 起稳定振荡作用,通常取十至几百千欧姆。C_1 是频率微调电容器,C_2 用于温度特性校正。

三、实验设备与器件

(1) +5 V直流电源;　　(2) 双踪示波器;　　(3) 数字频率计;

(4) 集成芯片74LS00(或CC4011),晶振32 768 Hz;

(5) 电位器、电阻、电容若干只。

四、实验内容

(1) 用与非门74LS00按图9-1构成多谐振荡器,其中 R 为10 kΩ电位器,C 为0.01 μF。

① 用示波器观察输出波形及电容 C 两端的电压波形,并列表记录。

② 调节电位器观察输出波形的变化,测出上、下限频率。

③ 用一只100 μF电容器跨接在74LS00的引脚14与引脚7的最近处,观察输出波形的变化及电源的纹波信号变化,并做记录。

(2) 用74LS00按图9-2接线,取 $R=1$ kΩ, $C=0.047$ μF;用示波器观察输出波形,并做记录。

(3) 用74LS00按图9-3接线,其中定时电阻 R_p 用一个510 Ω与一个1 kΩ的电位器串联,取 $R=100$ Ω, $C=0.1$ μF。

① R_p 调到最大时,观察并记录 A、B、D、E 及 V_o 各点电压的波形,测出 V_o 的周期 T 和负脉冲宽度(电容 C 的充电时间)并与理论计算值比较。

② 改变 R_p 值,观察输出信号 V_o 波形的变化情况。

(4) 按图9-4(c)接线,晶振选用电子表晶振 $f_0=32\ 768$ Hz,"与非"门选用CC4011,用示波器观察输出波形,用频率计测量输出信号频率,并做记录。

五、实验预习要求

(1) 复习自激多谐振荡器的工作原理。

(2) 画出实验用的详细实验线路图。

(3) 拟好记录、实验数据表格等。

六、实验报告

(1) 画出实验电路,整理实验数据与理论值进行比较。

(2) 用方格纸画出实验观测到的工作波形图,对实验结果进行分析。

实验十　单稳态触发器与施密特触发器——脉冲延时与波形整形电路

一、实验目的

(1) 掌握使用集成门电路构成单稳态触发器的基本方法。

(2) 熟悉集成单稳态触发器的逻辑功能及其使用方法。

(3) 熟悉集成施密特触发器的性能及其应用。

二、实验原理

在数字电路中常使用矩形脉冲作为信号进行信息传递，或作为时钟信号用来控制和驱动电路，使各部分协调动作。实验九是利用自激多谐振荡器在不需要外加信号触发的矩形波发生器。还有一类是他激多谐振荡器，有单稳态触发器，它需要在外加触发信号的作用下输出具有一定宽度的矩形脉冲波；有施密特触发器(整形电路)，它对外加输入的正弦波等波形进行整形，使电路输出矩形脉冲波。

1. 用“与非”门组成单稳态触发器

利用“与非”门作开关，依靠定时元件 RC 电路的充放电路来控制“与非”门的启闭。单稳态电路有微分型与积分型两大类，这两类触发器对触发脉冲的极性与宽度有不同的要求。

(1) 微分型单稳态触发器

微分型单稳态触发器如图 10-1 所示。

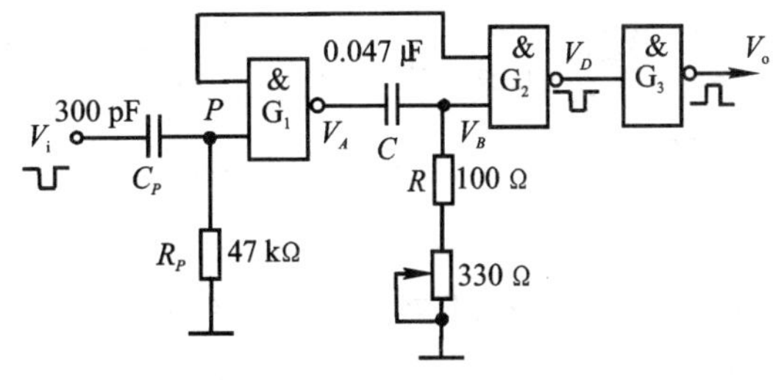

图 10-1　微分型单稳态触发器

该电路为负脉冲触发。其中 R_P、C_P 构成输入端微分隔直电路。R、C 构成微分型定时电路，定时元件 R、C 的取值不同，输出脉宽 t_w 也不同，$t_w \approx (0.7 \sim 1.3) RC$。“与非”门 G_3 起整形和倒相作用。

图 10-2 所示为微分型单稳态触发器各点波形图，结合波形图说明其工作原理。

1) 无外界触发脉冲时电路初始稳态($t < t_1$ 前状态)

稳态时 V_i 为高电平。适当选择电阻 R 的阻值，使“与非”门 G_2 输入电压 V_B 小于门的关门电平($V_B < V_{off}$)，则门 G_2 关闭，V_D 输出为高电平。适当选择电位器 R_P 阻值，使“与非”门 G_1 的输入电压 V_p 大于门的开门电平($V_P > V_{on}$)，于是 G_1 的两个输入端全为高电平，则 G_1 开启，输出 V_A 为低电平(为方便计算，取 $V_{off} = V_{on} = V_T$)。

2) 触发翻转($t = t_1$ 时刻)

V_i 负跳变，V_P 也负跳变，门 G_1 输出 V_A 升高，经电容 C 耦合，V_B 也升高，门 G_2 输出 V_D 降低，正反馈到 G_1 输入端，结果使 G_1 输出 V_A 由低电平迅速上跳至高电平，G_1 迅速关闭；V_B

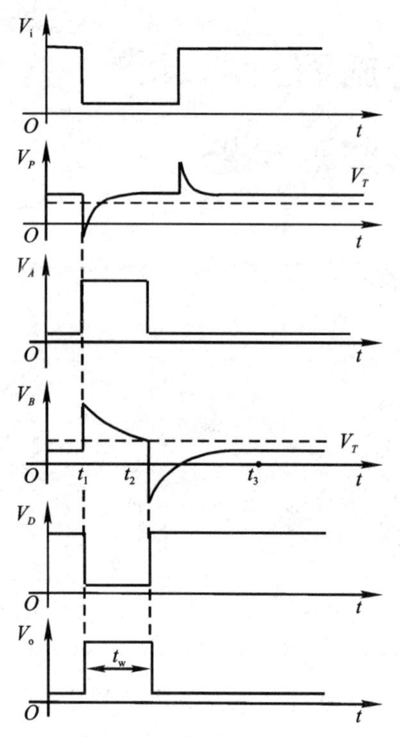

图 10-2 微分型单稳态触发器波形图

也上跳至高电平，G_2 输出 V_D 则迅速下跳至低电平，G_2 迅速开通。

3）暂稳状态($t_1<t<t_2$)

$t \geqslant t_1$ 以后，G_1 输出高电平，对电容 C 充电，V_B 随之按指数规律下降，但只要 $V_B>V_T$，G_1 关、G_2 开的状态将维持不变，V_A、V_D 也维持不变。

4）自动翻转($t=t_2$)

在 $t=t_2$ 时刻，V_B 下降至门的关门平 V_T，G_2 输出 V_D 升高，G_1 输出 V_A，由于正反馈作用使电路迅速翻转至 G_1 开启、G_2 关闭的初始稳态。

暂稳态时间的长短，决定于电容 C 充电时间常数 $t=RC$。

5）恢复过程($t_2<t<t_3$)

电路自动翻转到 G_1 开启、G_2 关闭后，V_B 不是立即回到初始稳态值，这是因为电容 C 要有一个放电的过程。

$t>t_3$ 以后，如 V_i 再出现负跳变，则电路将重复上述过程。

如果输入脉冲宽度较小时，则输入端可以省去 R_PC_P 微分电路了。

(2) 积分型单稳态触发器

积分型单稳态触发器如图 10-3 所示。

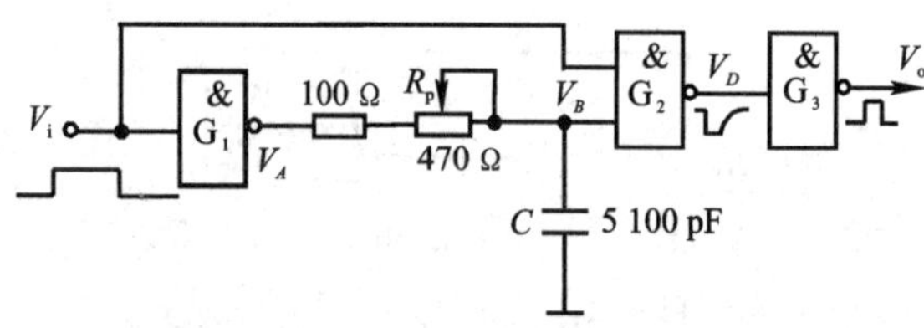

图 10-3 积分型单稳态触发器

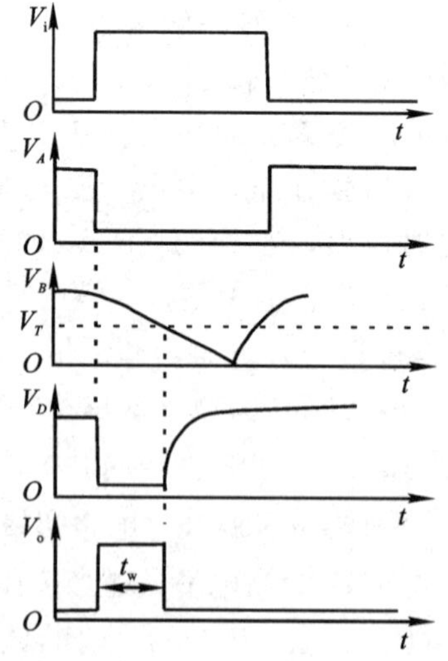

图 10-4 积分型单稳态触发器波形图

电路采用正脉冲触发，工作波形如图 10-4 所示。电路的稳定条件是 $R \leqslant 1\ \mathrm{k\Omega}$，输出脉冲宽度 $t_w \approx 1.1RC$。

单稳态触发器的共同特点是：触发脉冲未加入前，电路处于稳态。此时，可以测得各门的输入和输出电位。触发脉冲加入后，电路立刻进入暂稳态，暂稳态的时间，即输出脉冲的宽度 t_w 只取决于 RC 数值的大小，与触发脉冲无关。

2. 用"与非"门组成施密特触发器

施密特触发器能对正弦波、三角波等信号进行整形，并输出矩形波，图 10-5(a)、(b)是两种典型的电路。图 10-5(a)中，门 G_1、G_2 是基本 RS 触发器，门 G_3 是反相器；二极管 VD 起电平偏移作用，以产生回差电压。其工作情况如下：设 $V_i=0$，G_3 截止，R=1、S=0，Q=1、$\overline{Q}=0$，电路处于原态；若 V_i 由 0 V 上升到电路的接通电位 V_T 时，G_3 导通，R=0，S=1，触发器翻转为 Q=0、$\overline{Q}=1$ 的新状态；此后 V_i 继续上升，电路状态不变；当 V_i 由最大值下降到 V_T 值的时间内，R 仍等于 0，S=1，电路状态也不变；当 $V_i \leqslant V_T$ 时，G_3 由导通变为截止，而 $V_S=V_T+V_D$ 为高电平，因而 R=1，S=1，触发器状态仍保持；只有 V_i 降至使 $V_S=V_T$ 时，电路才翻回到 Q=1，$\overline{Q}=0$ 的原态。电路的回差电压 $\Delta V=V_D$。图 10-5(b)是由电阻 R_1、R_2 产生回差的电路。

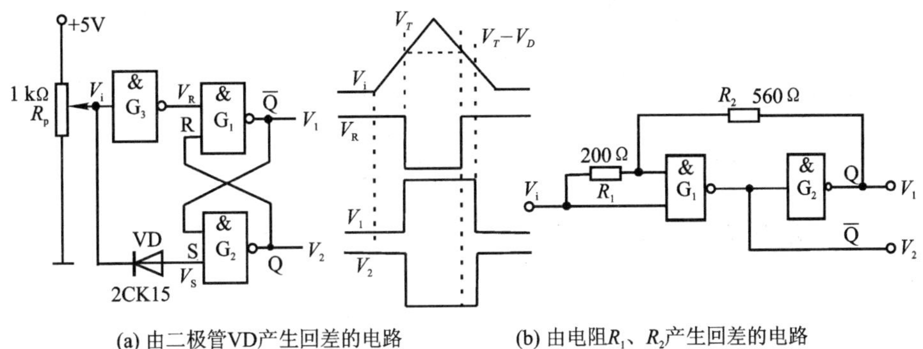

(a) 由二极管VD产生回差的电路　　(b) 由电阻R_1、R_2产生回差的电路

图 10-5　"与非"门组成施密特触发器

3. 集成双单稳态触发器 CC14528(CC4098)

图 10-6 为 CC14528(CC4098)的逻辑符号及功能表，该器件能提供稳定的单脉冲，脉宽由外部电阻 R_X 和外部电容 C_X 决定，调整 R_X 和 C_X 可使 Q 端和 $\overline{Q}$ 端输出脉冲宽度有一个较宽的范围。本器件可采用上升沿触发(+TR)也可用下降沿触发(−TR)，为使用带来很大的

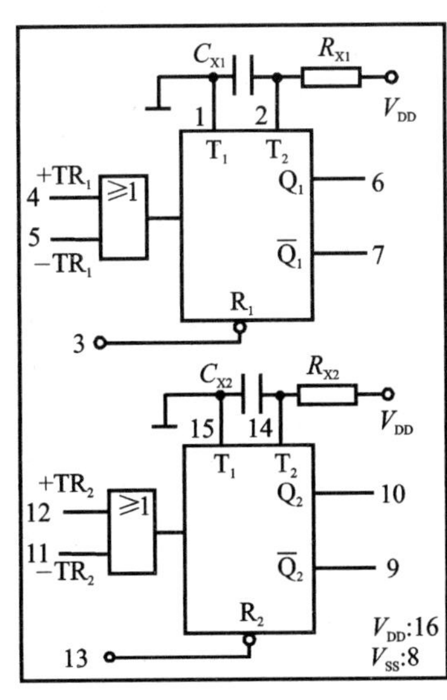

输入			输出	
+TR	−TR	$\overline{R}$	Q	$\overline{Q}$
↑	1	1	⊓	⊔
↑	0	1	Q	$\overline{Q}$
1	↓	1	Q	$\overline{Q}$
0	↓	1	⊓	⊔
×	×	0	0	1

图 10-6　CC14528 的逻辑符号及功能表

方便。在正常工作时,电路应由每一个新脉冲去触发。当采用上升沿触发时,为防止重复触发,$\overline{Q}$ 必须连到(－TR)端。同样,在使用下降沿触发时,Q 端必须连到(＋TR)端。

该单稳态触发器的时间周期约为 $T_X = R_X C_X$,所有的输出级都有缓冲级,以提供较大的驱动电流。

应用举列:现以脉冲延迟和多谐振荡器的实现作为例子加以说明。

① 实现脉冲延迟的电路如图 10－7 所示。

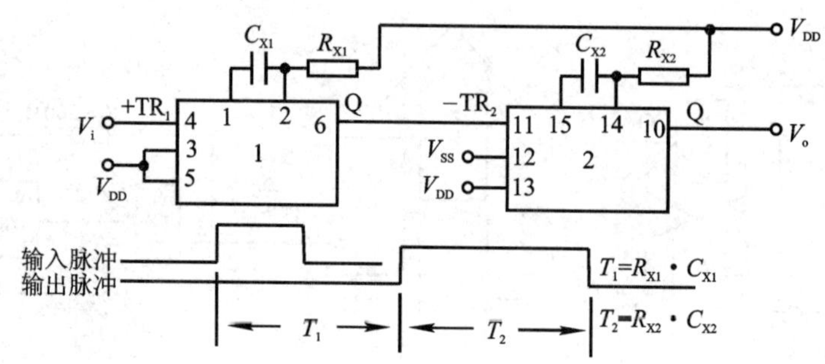

图 10－7　实现脉冲延迟

② 实现多谐振荡器的电路如图 10－8 所示。

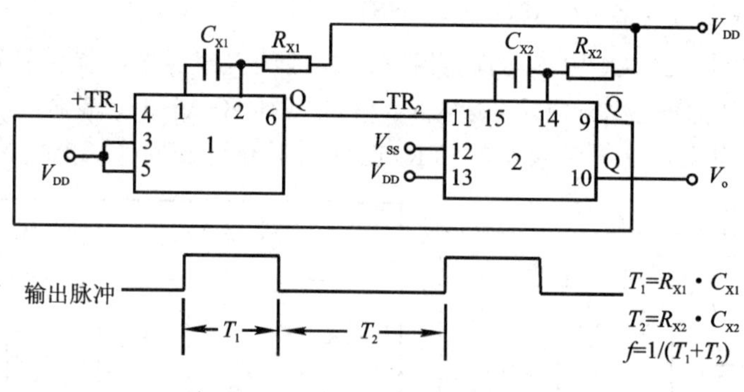

图 10－8　实现多谐振荡

4. 集成六施密特触发器 CC40106

如图 10－9 所示为其逻辑符号及引脚功能,它可用于波形的整形,也可作为反相器或构成单稳态触发器和多谐振荡器。

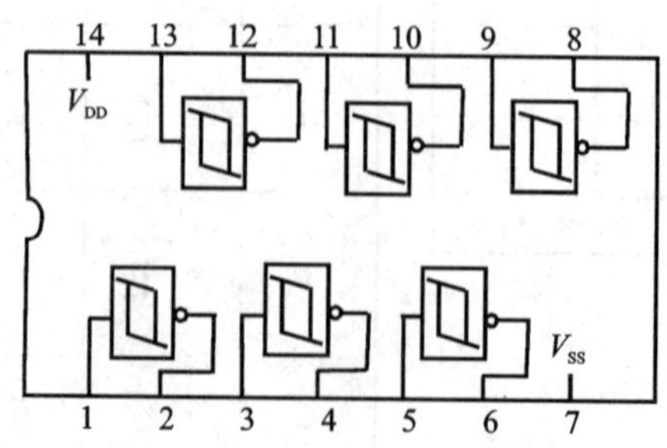

图 10－9　CC40106 引脚排列

① 将正弦波转换为方波,如图 10－10 所示。

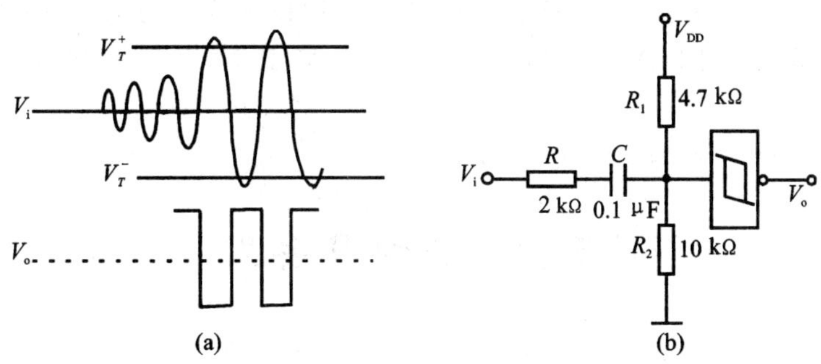

图 10－10　正弦波转换为方波

② 构成多谐振荡器的电路，如图 10－11 所示。

③ 构成单稳态触发器：图 10－12(a)为下降沿触发，图 10－12(b)为上升沿触发。

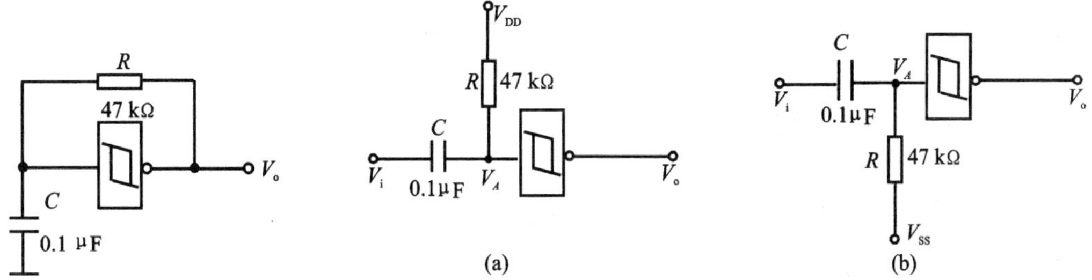

图 10－11　多谐振荡器　　　　**图 10－12　单稳态触发器**

三、实验设备与器件

(1) ＋5 V 直流电源；　(2) 双踪示波器；

(3) 连续脉冲源；　(4) 数字频率计；

(5) 集成芯片 CC4011,CC14528,CC40106,2CK15；

(6) 电位器、电阻和电容若干只。

四、实验内容

(1) 按图 10－1 接线，输入 1 kHz 连续脉冲，用双踪示波器测量 V_i、V_P、V_A、V_B、V_D 及 V_o 的波形，并做记录。

(2) 改变 C 或 R 之值，重复实验内容(1)的实验。

(3) 按图 10－3 接线，重复实验内容(1)的实验。

(4) 按图 10－5(a)接线，令 V_i 由 0→5 V 变化，测量 V_1、V_2 之值。

(5) 按图 10－7 接线，输入 1 kHz 连续脉冲，用双踪示波器观测输入、输出波形，测定 T_1 与 T_2 时间。

(6) 按图 10－8 接线，用示波器观测输出波形，测定振荡频率。

(7) 按图 10－11 接线，用示波器观测输出波形，测定振荡频率。

(8) 按图 10－10 接线，构成整形电路。图中被整形信号可由音频信号源提供，图中串联的 2 kΩ 电阻起限流保护作用。将正弦信号频率置 1 kHz,调节信号电压由低到高观测输出波形的变化。记录输入信号为 0 V、0.25 V、0.5 V、1.0 V、1.5 V 和 2.0 V 时的输出波形,并做记录。

(9) 分别按图 10-12(a)、(b)接线,进行实验。

五、实验预习要求

(1) 复习有关单稳态触发器和施密特触发器的内容。

(2) 画出实验用的详细线路图。

(3) 拟定各次实验的方法和步骤。

(4) 拟好、记录实验结果所需的数据和表格等。

六、实验报告

(1) 绘出实验线路图,用方格纸记录波形。

(2) 分析各次实验结果的波形,验证有关的理论。

(3) 总结单稳态触发器及施密特触发器的特点及其应用。

实验十一　555 时基电路及其应用

一、实验目的

(1) 熟悉 555 型集成时基电路结构、工作原理及其特点。

(2) 掌握 555 型集成时基电路的基本应用。

二、实验原理

集成时基电路又称为集成定时器或 555 电路，是一种数字、模拟混合型的中规模集成电路，应用十分广泛。它是一种产生时间延迟和多种脉冲信号的电路，由于内部电压标准使用了 3 个 5 kΩ 电阻，故取名 555 电路。其电路类型有双极型和 CMOS 型两大类，二者的结构与工作原理类似。几乎所有的双极型产品型号最后的三位数码都是 555 或 556；所有的 CMOS 产品型号最后四位数码都是 7555 或 7556，二者的逻辑功能和引脚排列完全相同，易于互换。555 和 7555 是单定时器。556 和 7556 是双定时器。双极型的电源电压 $V_{CC}=+5\sim+15$ V，输出的最大电流可达 200 mA，CMOS 型的电源电压为 $+3\sim+18$ V。

1. 555 电路的工作原理

555 电路的内部电路方框图如图 11-1 所示。它含有两个电压比较器，一个基本 RS 触发器，一个放电开关管 V 和比较器。比较器的参考电压由 3 只 5 kΩ 的电阻器构成的分压器提供。它们分别使高电平比较器 A_1 的同相输入端和低电平比较器 A_2 的反相输入端的参考电平为 $\frac{2}{3}V_{CC}$ 和 $\frac{1}{3}V_{CC}$。A_1 与 A_2 的输出端控制 RS 触发器状态和放电管开关状态。当输入信

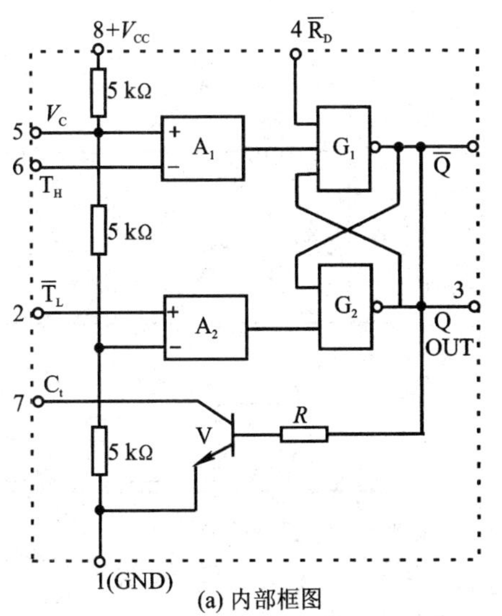

(a) 内部框图

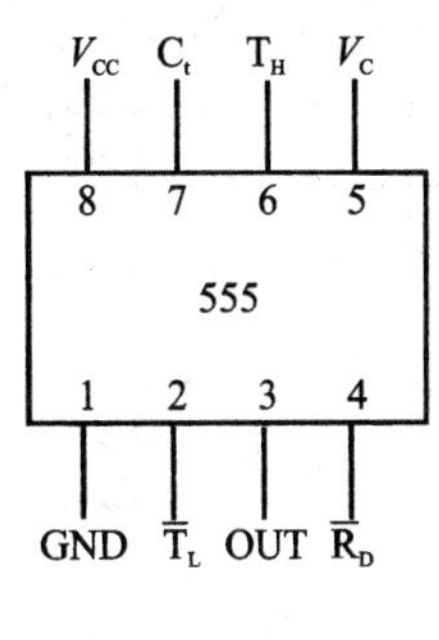

(b) 引脚图

图 11-1　555 定时器内部框图及引脚排列

号自引脚 6,即高电平触发输入并超过参考电平的$\frac{2}{3}V_{CC}$时,触发器复位,555 的输出端引脚 3 输出低电平,同时放电开关管导通;当输入信号自 2 脚输入并低于$\frac{1}{3}V_{CC}$时,触发器置位,555 的引脚 3 输出高电平,同时放电开关管截止。

$\bar{R}_D$ 是复位端(引脚 4),当 $\bar{R}_D=0$,555 输出低电平。平时 $\bar{R}_D$端开路或接 V_{CC}。

V_C 是控制电压端(引脚 5),平时输出$\frac{2}{3}V_{CC}$作为比较器 A_1的参考电平。当引脚 5 外接一个输入电压,即改变了比较器的参考电平,从而实现对输出的另一种控制,在不接外加电压时,通常接一个 0.01 μF 的电容器到地,起滤波作用,以消除外来的干扰,以确保参考电平的稳定。

V 为放电管,当 V 导通时,将给接于引脚 7 的电容器提供低阻放电通路。

555 定时器主要是与电阻、电容构成充放电回路,并由两个比较器来检测电容器上的电压,以确定输出电平的高低和放电开关管的通断。这就很方便地构成从微秒到数十分钟的延时电路,可方便地构成单稳态触发器、多谐振荡器、施密特触发器等脉冲产生或波形变换电路。

2. 555 定时器的典型应用

(1) 构成单稳态触发器

图 11-2(a)所示为由 555 定时器和外接定时元件 R、C 构成的单稳态触发器。触发电路由 C_1、R_1 和 VD 构成,其中 VD 为钳位二极管。稳态时 555 电路输入端处于电源电平,内部放电开关管 V 导通,输出端 F 输出低电平。当有一个外部负脉冲触发信号经 C_1 加到 2 端,并使 2 端电位瞬时低于$\frac{1}{3}V_{CC}$,低电平比较器动作,单稳态电路即开始一个暂态过程,电容 C 开始充电,V_C 按指数规律增长。当 V_C 充电到$\frac{2}{3}V_{CC}$时,高电平比较器动作,比较器 A_1 翻转,输出 V_o 从高电平返回低电平,放电开关管 V 重新导通,电容 C 上的电荷很快经放电开关管放电,暂态结束,恢复稳态,为下一个触发脉冲的来到作好准备。波形图如图 11-2(b)所示。

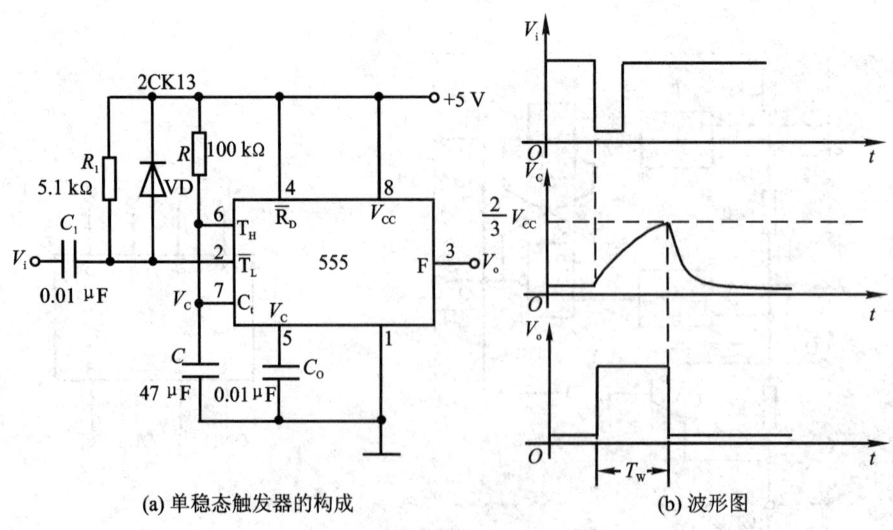

图 11-2　单稳态触发器

暂稳态的持续时间 t_W(即为延时时间)决定于外接元件 R、C 值的大小,即

$$t_w = 1.1RC$$

通过改变 R、C 的大小，可使延时时间在几微秒到几十分钟之间变化。当这种单稳态电路作为计时器时，可直接驱动小型继电器，并用复位端(4 脚)接地的方法来终止暂态，重新计时。此外尚须用一个续流二极管与继电器线圈并接，以防继电器线圈反电势损坏内部功率管。

(2) 构成多谐振荡器

如图 11-3(a)所示，由 555 定时器和外接元件 R_1、R_2 和 C 构成多谐振荡器，引脚 2 与引脚 6 直接相连。电路没有稳态，仅存在两个暂稳态，电路亦不需要外加触发信号，利用电源通过 R_1、R_2 向 C 充电，以及 C 通过 R_2 向放电端 C_t 放电，使电路产生振荡。电容 C 在 $\frac{1}{3}V_{CC}$ 和 $\frac{2}{3}V_{CC}$ 之间充电和放电，其波形如图 11-3 (b)所示。输出信号的时间参数为

$$T = t_{w1} + t_{w2}, \quad t_{w1} = 0.7(R_1 + R_2)C, \quad t_{w2} = 0.7R_2C$$

555 电路要求 R_1 与 R_2 均应大于或等于 1 kΩ，但 $R_1 + R_2$ 应小于或等于 3.3 MΩ。

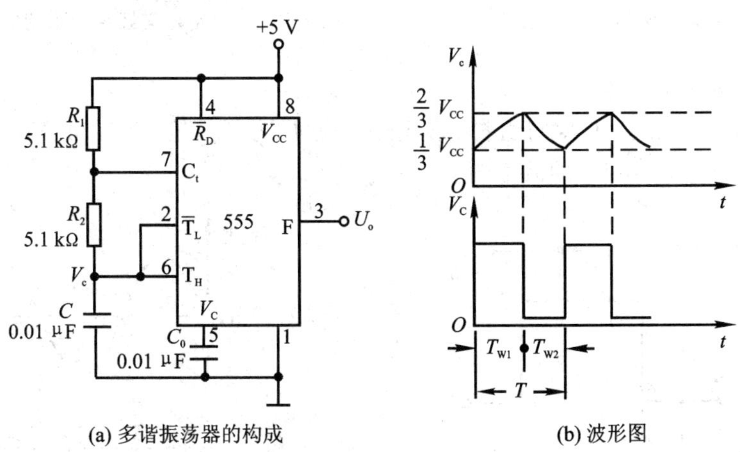

(a) 多谐振荡器的构成　(b) 波形图

图 11-3　多谐振荡器

外部元件的稳定性决定了多谐振荡器的稳定性，555 定时器配以少量的元件即可获得较高精度的振荡频率和具有较强的功率输出能力。因此这种形式的多谐振荡器应用很广。

(3) 组成占空比可调的多谐振荡器

电路如图 11-4 所示，在图 11-3 所示的电路中增加了一个电位器和两个导引二极管。VD_1、VD_2 用来决定电容充、放电电流流经电阻的途径(充电时 VD_1 导通，VD_2 截止；放电时 VD_2 导通，VD_1 截止)。

占空比为

$$P = \frac{t_{w1}}{t_{w1} + t_{w2}} \approx \frac{0.7R_AC}{0.7C(R_A + R_B)} = \frac{R_A}{R_A + R_B}$$

可见，若取 $R_A = R_B$，电路即可输出占空比为 50%的方波信号。

(4) 组成占空比连续可调并能调节振荡频率的多谐振荡器

电路如图 11-5 所示。对 C_1 充电时，充电电流通过 R_1、VD_1、R_{p2} 和 R_{p1}；放电时通过 R_{p1}、R_{p2}、VD_2、R_2。当 $R_1 = R_2$，且 R_{p2} 调至中心点，因充放电时间基本相等，其占空比约为 50%，此时调节 R_{p1} 仅改变频率，占空比不变。如 R_{p2} 调至偏离中心点，再调节 R_{p1}，不仅振荡频率改变，而且对占空比也有影响。R_{p1} 不变，调节 R_{p2}，仅改变占空比，对频率无影响。因此，

当接通电源后,应首先调节 R_{p1} 使频率至规定值,再调节 R_{p2},以获得需要的占空比。若频率调节的范围比较大,还可以用波段开关改变 C_1 的值。

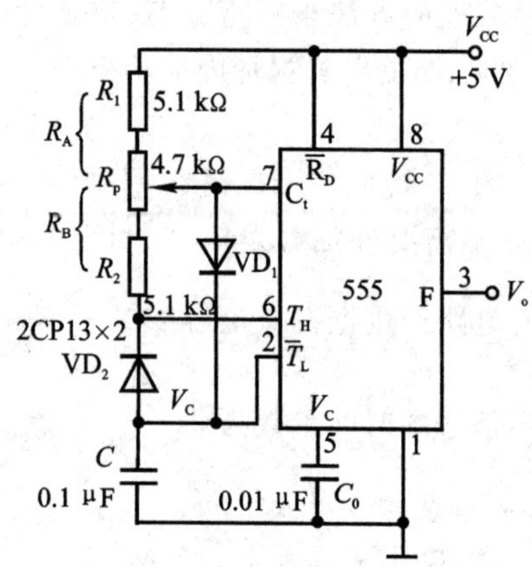

图 11-4 占空比可调的多谐振荡器

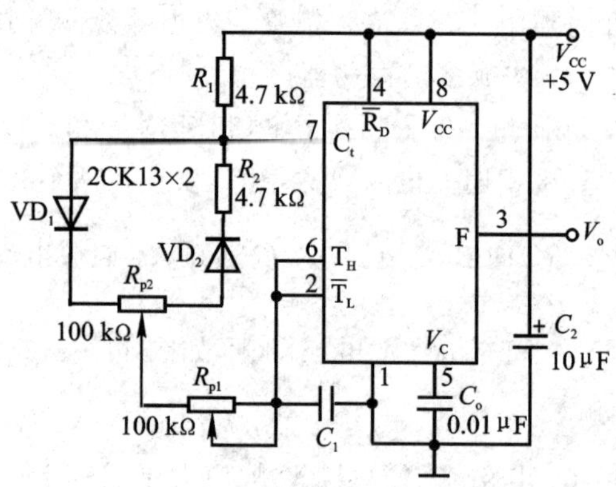

图 11-5 占空比与频率均可调的多谐振荡器

(5) 组成施密特触发器

电路如图 11-6 所示,只要将引脚 2、6 连在一起作为信号输入端,即得到施密特触发器。图 11-7 示出了 V_s、V_i 和 V_o 的波形图。

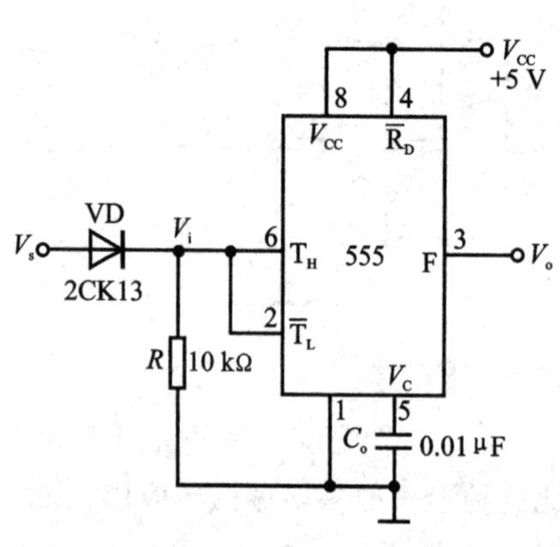

图 11-6 施密特触发器

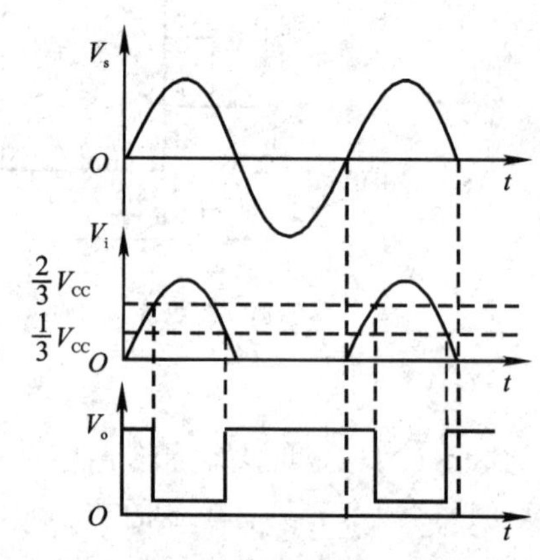

图 11-7 波形变换图

设被整形变换的电压为正弦波 V_s,其正半波通过二极管 VD 同时加到 555 定时器的脚引 2 和引脚 6,得 V_i 为半波整流波形。当 V_i 上升到 $\frac{2}{3}V_{CC}$ 时,V_o 从高电平翻转为低电平;当 V_i 下降到 $\frac{1}{3}V_{CC}$ 时,V_o 又从低电平翻转为高电平。电路的电压传输特性曲线如图 11-8 所示。因此,回差电压为

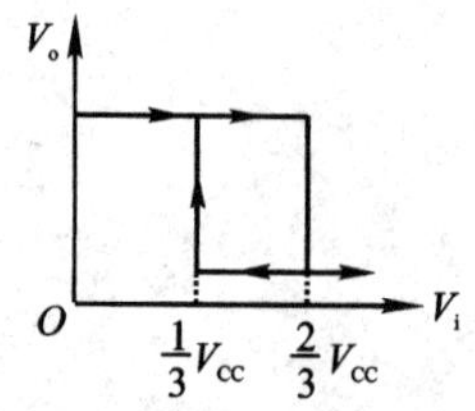

图 11-8 电压传输特性

$$\Delta V=\frac{2}{3}V_{CC}-\frac{1}{3}V_{CC}=\frac{1}{3}V_{CC}$$

三、实验设备与器件

(1) +5 V 直流电源；　(2) 双踪示波器；
(3) 连续脉冲源；　(4) 单次脉冲源；
(5) 音频信号源；　(6) 数字频率计；
(7) 逻辑电平显示器；　(8) 集成芯片 555×2 片，2CK13×2 支；
(9) 电位器、电阻和电容若干只。

四、实验内容

1. 单稳态触发器

(1) 按图 11-2 连线，取 $R=100\ \text{k}\Omega$，$C=47\ \mu\text{F}$，输入信号 V_i 由单次脉冲源提供，用双踪示波器观测 V_i、V_C 和 V_o 的波形，并测定幅度与暂稳时间。

(2) 将 R 改为 1 kΩ，C 改为 0.1 μF，输入端加 1 kHz 的连续脉冲，观测 V_i、V_C 和 V_o 的波形，并测定幅度及暂稳时间。

2. 多谐振荡器

(1) 按图 11-3 接线，用双踪示波器观测 V_c 与 V_o 的波形，并测定频率。

(2) 按图 11-4 接线，组成占空比为 50%的方波信号发生器，并观测 V_c、V_o 波形，测定波形参数。

(3) 按图 11-5 接线，通过调节 R_{p1} 和 R_{p2} 来观测输出波形。

3. 施密特触发器

按图 11-6 接线，输入信号由音频信号源提供，预先调好 V_s 的频率为 1 kHz，接通电源，逐渐加大 V_s 的幅度，观测输出波形，测绘电压传输特性，算出回差电压 ΔV。

4. 模拟声响电路

按图 11-9 接线，组成两个多谐振荡器，调节定时元件，使芯片(1)输出较低频率，芯片(2)输出较高频率，连好线，接通电源，试听音响效果。调换外接阻容元件，再试听音响效果。

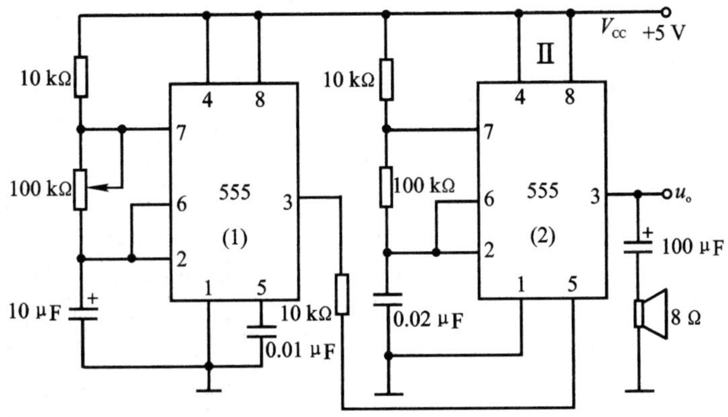

图 11-9　模拟声响电路

五、实验预习要求

(1) 复习有关555定时器的工作原理及其应用。
(2) 拟定实验中所需的数据和表格等。
(3) 如何用示波器测定施密特触发器的电压传输特性曲线?
(4) 拟定各次实验的步骤和方法。

六、实验报告

(1) 绘出详细的实验线路图,定量绘出观测到的波形。
(2) 分析和总结实验结果。

实验十二　D/A 和 A/D 转换器

一、实验目的

(1) 了解 D/A 和 A/D 转换器的基本工作原理和基本结构。

(2) 掌握大规模集成 D/A 和 A/D 转换器的功能及其典型应用。

二、实验原理

在数字电子技术的很多应用场合往往需要把模拟量转换为数字量,称为模/数转换器(A/D 转换器,简称 ADC);或把数字量转换成模拟量,称为数/模转换器(D/A 转换器,简称 DAC)。完成这种转换的线路有多种,特别是单片大规模集成 A/D、D/A 转换器问世,为实现上述的转换提供了极大的方便。使用者可借助于手册提供的器件性能指标及典型应用电路,即可正确使用这些器件。本实验将采用大规模集成电路 DAC0832 实现 D/A 转换,ADC0809 实现 A/D 转换。

1. D/A 转换器 DAC0832

DAC0832 是采用 CMOS 工艺制成的单片电流输出型 8 位数/模转换器。图 12-1 所示是 DAC0832 的逻辑框图及引脚排列。

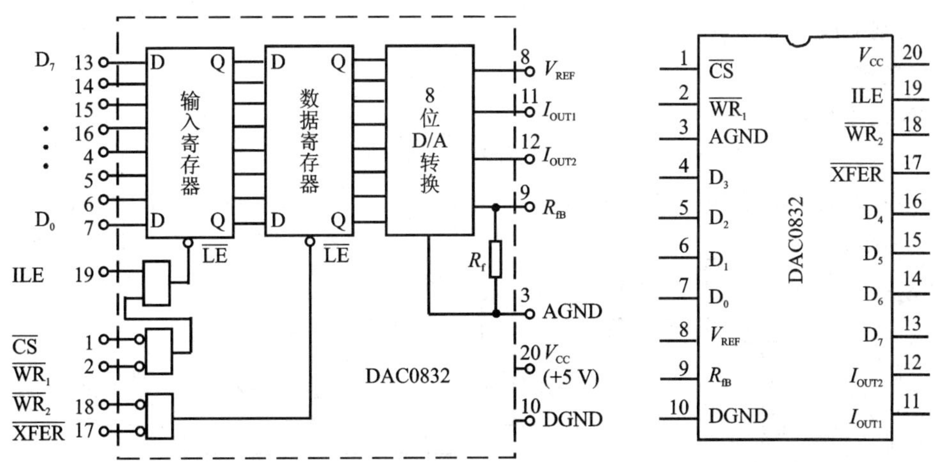

图 12-1　DAC0832 单片 D/A 转换器逻辑框图和引脚排列

器件的核心部分采用倒 T 形电阻网络的 8 位 D/A 转换器,如图 12-2 所示。它是由倒 T 形 $R-2R$ 电阻网络、模拟开关、运算放大器和参考电压 V_{REF} 共 4 部分组成。

运放的输出电压为

$$V_o = \frac{V_{REF} \cdot R_f}{2^n R}(D_{n-1} \cdot 2^{n-1} + D_{n-2} 2^{n-2} + \cdots + D_0 \cdot 2^0)$$

由上式可见,输出电压 V_o 与输入的数字量成正比,这就实现了从数字量到模拟量的转换。

一个 8 位的 D/A 转换器,它有 8 个输入端,每个输入端是 8 位二进制数的一位;有一个模

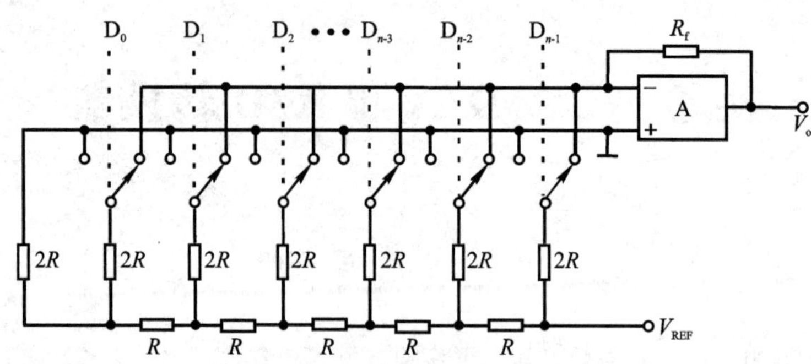

图 12-2　倒 T 形电阻网络 D/A 转换电路

拟输出端,输入可有 $2^8=256$ 个不同的二进制组态,输出为 256 个电压之一,即输出电压不是整个电压范围内的任意值,而只能是 256 个可能值。

DAC0832 的引脚功能说明如下:

$D_0 \sim D_7$:数字信号输入端;

ILE:输入寄存器允许,高电平有效;

$\overline{CS}$:片选信号,低电平有效;

$\overline{WR_1}$:写信号 1,低电平有效;

$\overline{XFER}$:传送控制信号,低电平有效;

$\overline{WR_2}$:写信号 2,低电平有效;

I_{OUT1}、I_{OUT2}:DAC 电流输出端;

R_f:反馈电阻,是集成在片内的外接运放的反馈电阻;

V_{REF}:基准电压 $-10 \sim +10$ V;

V_{CC}:电源电压 $+5 \sim +15$ V;

AGND:模拟地;

DGND:数字地,可与 AGND 接在一起使用。

DAC0832 输出的是电流,要转换为电压,还必须经过一个外接的运算放大器,实验线路如图 12-3 所示。

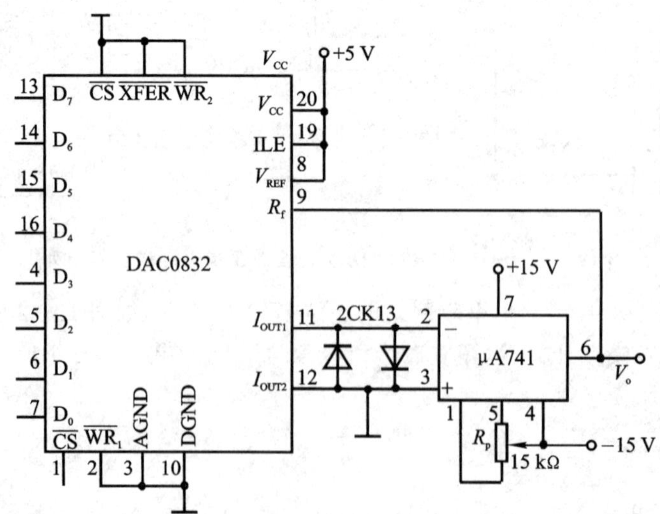

图 12-3　D/A 转换器实验线路

2. A/D 转换器 ADC0809

ADC0809 是采用 CMOS 工艺制成的单片 8 位 8 通道逐次渐近型模/数转换器，其逻辑框图及引脚排列如图 12-4 所示。

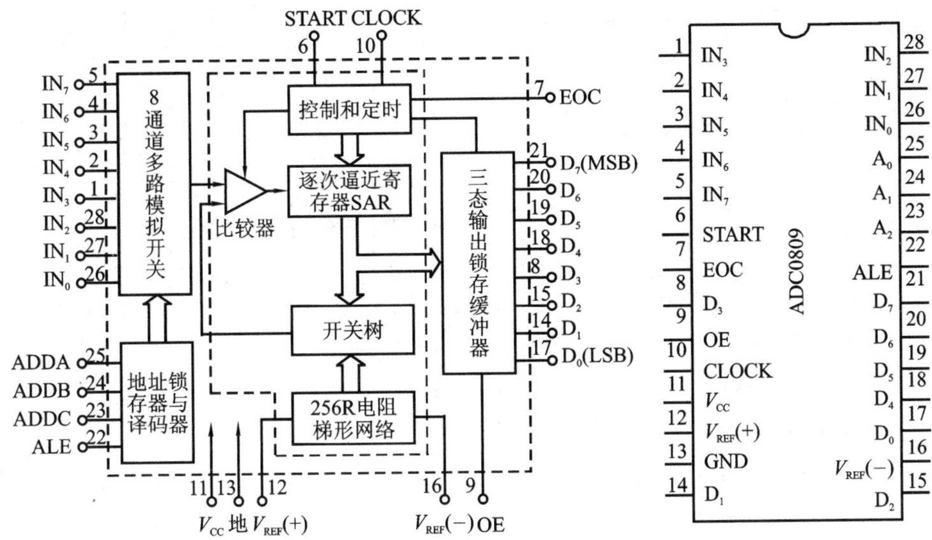

图 12-4　ADC0809 转换器逻辑框图及引脚排列

器件的核心部分是 8 位 A/D 转换器，它由比较器、逐次渐近寄存器、D/A 转换器及控制和定时 5 部分组成。

ADC0809 的引脚功能说明如下：

IN_0～IN_7：8 路模拟信号输入端。

A_2、A_1、A_0：地址输入端。

ALE：地址锁存允许输入信号。在此引脚施加正脉冲，上升沿有效，此时锁存地址码，从而选通相应的模拟信号通道，以便进行 A/D 转换。

START：启动信号输入端。当此引脚施加正脉冲，在上升沿到达时，内部逐次逼近寄存器复位；在下降沿到达后，开始 A/D 转换过程。

EOC：转换结束输出信号（转换结束标志），高电平有效。

OE：输入允许信号，高电平有效。

CLOCK（CP）：时钟信号输入端，外接时钟频率一般为 640 kHz。

V_{CC}：+5 V 单电源供电。

$V_{REF}(+)$、$V_{REF}(-)$：基准电压的正极、负极。一般 $V_{REF}(+)$ 接 +5 V 电源，$V_{REF}(-)$ 接地。

D_7～D_0：数字信号输出端。

（1）模拟量输入通道选择

8 路模拟开关由 A_2、A_1 和 A_0 3 个地址输入端来选通 8 路模拟信号中的任何一路并进行 A/D 转换。地址译码与模拟输入通道的选通关系如表 12-1 所列。

（2）D/A 转换过程

在启动端（START）加启动脉冲（正脉冲），D/A 转换即开始工作。如将启动端（START）与转换结束端（EOC）直接相连，转换将是连续的，在用这种转换方式时，开始应在外部加启动脉冲。

表 12-1

被选模拟通道		IN_0	IN_1	IN_2	IN_3	IN_4	IN_5	IN_6	IN_7
地址	A_2	0	0	0	0	1	1	1	1
	A_1	0	0	1	1	0	0	1	1
	A_0	0	1	0	1	0	1	0	1

三、实验设备及器件

(1) +5 V、±15 V 直流电源；　(2) 双踪示波器；

(3) 计数脉冲源；　(4) 逻辑电平开关；

(5) 逻辑电平显示器；　(6) 直流数字电压表；

(7) 集成芯片 DAC0832、ADC0809、μA741；

(8) 电位器、电阻和电容若干只。

四、实验内容

1. D/A 转换器(DAC0832)

(1) 按图 12-3 接线，电路接成直通方式，即 $\overline{CS}$、$\overline{WR_1}$、$\overline{WR_2}$ 和 $\overline{XFER}$ 接地；ALE、V_{CC} 和 V_{REF} 接+5 V 电源；运放电源接±15 V；D_0～D_7 接逻辑开关的输出插口，输出端 V_o 接直流数字电压表。

(2) 调零，令 D_0～D_7 全置零，调节运放的电位器使 μA741 输出为零。

(3) 按表 12-2 所列的输入数字信号，用数字电压表测量运放的输出电压 V_o，并将测量结果填入表中，并与理论值进行比较。

表 12-2

输入数字量								输出模拟量 V_o/V
D_7	D_6	D_5	D_4	D_3	D_2	D_1	D_0	V_{CC}=+5 V
0	0	0	0	0	0	0	0	
0	0	0	0	0	0	0	1	
0	0	0	0	0	0	1	0	
0	0	0	0	0	1	0	0	
0	0	0	0	1	0	0	0	
0	0	0	1	0	0	0	0	
0	0	1	0	0	0	0	0	
0	1	0	0	0	0	0	0	
1	0	0	0	0	0	0	0	
1	1	1	1	1	1	1	1	

2. A/D 转换器(ADC0809)

按图 12－5 接线,为 ADC0809 的实验线路。

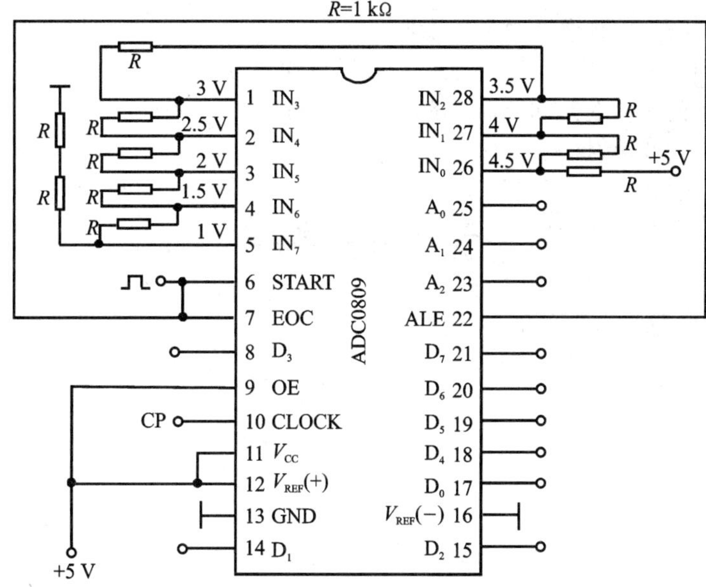

图 12－5 ADC0809 实验线路

(1) 8 路输入模拟信号 1～4.5 V 是由＋5 V 电源经电阻 R 分压而成;变换结果 D_0～D_7 接逻辑电平显示器输入插口;CP 时钟脉冲由计数脉冲源提供,取 $f=100$ kHz;A_0～A_2 地址端接逻辑电平输出插口。

(2) 接通电源后,在启动端(START)加一正单次脉冲,下降沿一到即开始 A/D 转换。

(3) 按表 12－3 的要求观察,记录 IN_0～IN_7 的 8 路模拟信号的转换结果,并将转换结果换算成十进制数表示的电压值,并与数字电压表实测的各路输入电压值进行比较,分析误差原因。

表 12－3

被选模拟通道	输入模拟量	地址			输出数字量								
IN	V_i/V	A_2	A_1	A_0	D_7	D_6	D_5	D_4	D_3	D_2	D_1	D_0	十进制
IN_0	4.5	0	0	0									
IN_1	4.0	0	0	1									
IN_2	3.5	0	1	0									
IN_3	3.0	0	1	1									
IN_4	2.5	1	0	0									
IN_5	2.0	1	0	1									
IN_6	1.5	1	1	0									
IN_7	1.0	1	1	1									

五、实验预习要求

(1) 复习 A/D、D/A 转换器的工作原理。

(2) 熟悉 ADC0809、DAC0832 各引脚功能及其使用方法。

(3) 绘好完整的实验线路和所需的实验记录表格。

(4) 拟定各个实验内容的具体实验方案。

六、实验报告

整理实验数据,分析实验结果。

实验十三　智力竞赛抢答装置

一、实验目的

(1) 学习数字电路中D触发器、分频电路、多谐振荡器和CP时钟脉冲源等单元电路的综合运用。

(2) 熟悉智力竞赛抢答器的工作原理。

(3) 了解简单数字系统实验、调试及故障排除方法。

二、实验原理

图13-1所示为供四人用的智力竞赛抢答装置线路，用以判断抢答优先权。

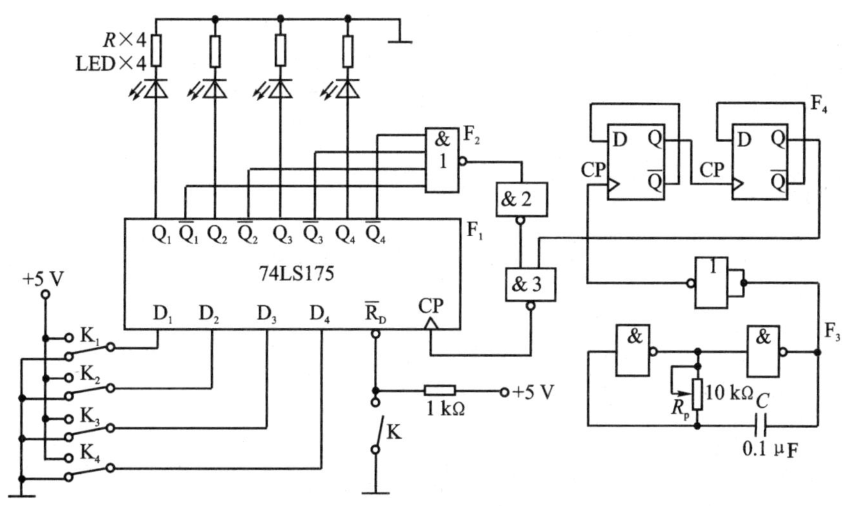

图13-1　智力竞赛抢答装置原理图

图中，F_1 为4D触发器74LS175，具有公共置0端和公共CP端；F_2 为双4输入"与非"门74LS20；F_3 是由74LS00组成的多谐振荡器；F_4 是由74LS74组成的4分频电路。F_3、F_4 组成抢答电路中的CP时钟脉冲源。抢答开始时，由主持人清除信号，按下复位开关K，74LS175的输出 $Q_1 \sim Q_4$ 全为0，所有发光二极管LED均熄灭。当主持人宣布"抢答开始"后，首先作出判断的参赛者立即按下开关，对应的发光二极管点亮；同时，通过"与非"门 F_2 送出信号锁住其余3个抢答者的电路，不再接收其他信号，直到主持人再次清除信号为止。

三、实验设备与器件

(1) +5 V直流电源；　　(2) 逻辑电平开关；

(3) 逻辑电平显示器；　　(4) 双踪示波器；

(5) 数字频率计；　　　　　　(6) 直流数字电压表；

(7) 集成芯片 74LS175、74LS20、74LS74 和 74LS00 若干片。

四、实验内容

(1) 测试各触发器及各逻辑门的逻辑功能。试测方法参照实验一及实验七的有关内容，判断器件的好坏。

(2) 按图 13-1 接线，抢答器 5 个开关接实验装置上的逻辑开关、发光二极管接逻辑电平显示器。

(3) 断开抢答器电路中的 CP 脉冲源电路，单独对多谐振荡器 F_3 及分频器 F_4 进行调试；调整多谐振荡器 10 kΩ 电位器，使其输出脉冲频率约 4 kHz；同时观察 F_3 及 F_4 输出波形及测试其频率(参照实验十有关内容)。

(4) 测试抢答器电路功能：接通 +5 V 电源，CP 端接实验装置上的连续脉冲源，取重复频率约 1 kHz。

① 抢答开始前，开关 K_1、K_2、K_3 和 K_4 均置 0，准备抢答；将开关 S 置 0，发光二极管全熄灭，再将 S 置 1。抢答开始，K_1、K_2、K_3 和 K_4 某一开关置 1，观察发光二极管的亮、灭情况，然后再将其他三个开关中的任一个置 1，观察发光二极管的亮、灭有否改变。

② 重复步骤①的内容，改变 K_1、K_2、K_3 和 K_4 的任一个开关状态，观察抢答器的工作情况。

③ 整体测试时，断开实验装置上的连续脉冲源，接入 F_3 及 F_4，再进行实验。

五、实验预习要求

若在图 13-1 的电路中加一个计时功能电路，要求计时电路显示时间精确到秒，最多限制为 2 min，一旦超出限时，则取消抢答权，电路如何改进。

六、实验报告

(1) 分析智力竞赛抢答装置各部分功能及工作原理。

(2) 总结数字系统的设计和调试方法。

(3) 分析实验中出现的故障及解决办法。

实验十四　电子秒表

一、实验目的

(1) 学习数字电路中的基本 RS 触发器、单稳态触发器、时钟发生器及计数、译码显示等单元电路的综合应用。

(2) 学习电子秒表的调试方法。

二、实验原理

图 14-1 所示为电子秒表的电路原理图。按功能分成 4 个单元电路进行分析。

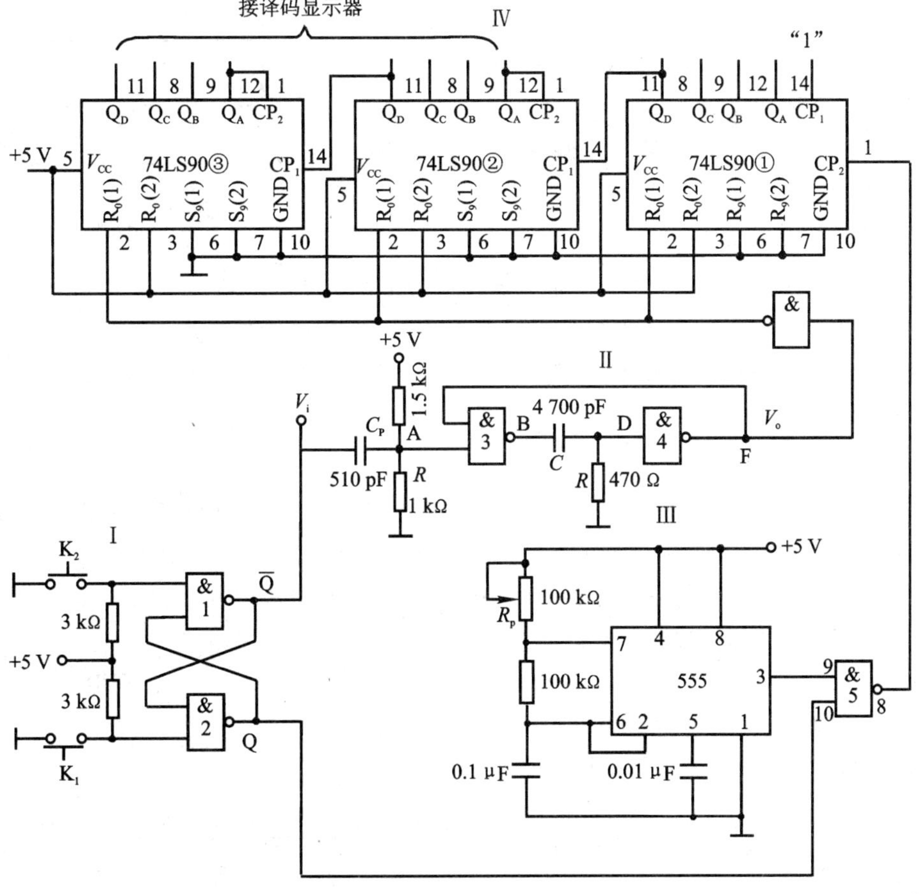

图 14-1　电子秒表电路原理图

1. 基本 RS 触发器

图 14-1 所示的单元Ⅰ部分为用集成"与非"门构成的基本 RS 触发器。它属于低电平直

接触发的触发器,有直接置位和复位的功能。

它的一路输出 $\overline{Q}$ 作为单稳态触发器的输入,另一路输出 Q 作为"与非"门 5 的输入控制信号。

按动按钮开关 K_2 到接地,则门 1 的输出 $\overline{Q}=1$;门 2 的输出 Q=0,K_2 复位后 Q、$\overline{Q}$ 状态保持不变。再按动按钮开关 K_1,则 Q 由 0 变为 1,门 5 开启,为计数器启动作好准备。$\overline{Q}$ 由 1 变 0,送出负脉冲,启动单稳态触发器工作。

基本 RS 触发器在电子秒表中的职能是启动和停止秒表的工作。

2. 单稳态触发器

图 14-1 所示的单元Ⅱ部分为用集成"与非"门构成的微分型单稳态触发器,而图 14-2 所示为各点波形图。

单稳态触发器的输入触发负脉冲信号 V_i 由基本 RS 触发器 $\overline{Q}$ 端提供,输出负脉冲 V_o 通过"非"门加到计数器的清除端 R。

静态时,门 4 应处于截止状态,故电阻 R 必须小于门的关门电阻 R_{off}。定时元件 RC 取值不同,输出脉冲宽度也不同。当触发脉冲宽度小于输出脉冲宽度时,可以省去输入微分电路的 R_p 和 C_p。

单稳态触发器在电子秒表中的职能是为计数器提供清零信号。

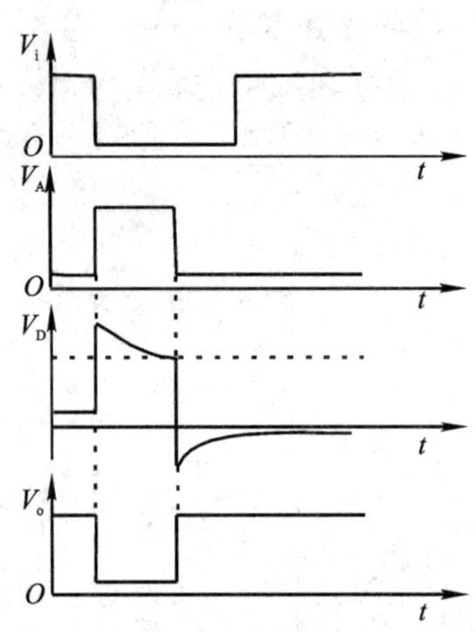

图 14-2 单稳态触发器波形图

3. 时钟发生器

图 14-1 所示的单元Ⅲ为由 555 定时器构成的多谐振荡器,是一种性能较好的时钟源。

调节电位器 R_p,使在输出端 3 获得频率为 50 Hz 的矩形波信号。当基本 RS 触发器的 Q=1 时,门 5 开启,此时 50 Hz 脉冲信号通过门 5 作为计数脉冲加于计数器 74LS90(Ⅰ)的计数输入端 CP_2。

4. 计数及译码显示

二-五-十进制加法计数器 74LS90 构成电子秒表的计数单元,如图 14-1 所示的单元Ⅳ。其中计数器①接成五进制形式,对频率为 50 Hz 的时钟脉冲进行 5 分频,在输出端 Q_D 取得周期为 0.1 s 的矩形脉冲,作为计数器②的时钟输入。计数器②及计数器③接成 8421 码十进制形式,其输出端与实验装置的译码显示单元的相应输入端连接,可显示 0.1~0.9 s 和 1~9.9 s 计时。

74LS90 是异步二-五-十进制加法计数器,它既可以作二进制加法计数器,又可以作五进制和十进制加法计数器。

图 14-3 所示为 74LS90 引脚排列,表 14-1 所列为功能表。

14	13	12	11	10	9	8
CP_1	NC	Q_A	Q_D	GND	Q_B	Q_C
74LS90						
CP_2	$R_0(1)$	$R_0(2)$	NC	V_{CC}	$S_9(1)$	$S_9(2)$
1	2	3	4	5	6	7

图 14-3 74LS90 引脚排列

通过不同的连接方式,74LS90 可以实现 4 种不同的逻辑功能;而且还可以借助 $R_0(1)$、$R_0(2)$ 对计数器清零,借助 $S_9(1)$、$S_9(2)$ 将计数器置 9。其具体功能详述如下:

表 14-1

<table>
<tr><th colspan="3">输　入</th><th>输　出</th><th rowspan="3">功　能</th></tr>
<tr><th>清　0</th><th>置　9</th><th>时　钟</th><th rowspan="2">Q_D　Q_C　Q_B　Q_A</th></tr>
<tr><th>$R_0(1)$、$R_0(2)$</th><th>$S_9(1)$、$S_9(2)$</th><th>CP_1　CP_2</th></tr>
<tr><td>1　1</td><td>0　×
×　0</td><td>×　×</td><td>0　0　0　0</td><td>清　0</td></tr>
<tr><td>0　×
×　0</td><td>1　1</td><td>×　×</td><td>1　0　0　1</td><td>置　9</td></tr>
<tr><td rowspan="5">0　×
×　0</td><td rowspan="5">0　×
×　0</td><td>↓　1</td><td>Q_A 输出</td><td>二进制计数</td></tr>
<tr><td>1　↓</td><td>$Q_DQ_CQ_B$ 输出</td><td>五进制计数</td></tr>
<tr><td>↓　Q_A</td><td>$Q_DQ_CQ_BQ_A$ 输出
8421BCD 码</td><td>十进制计数</td></tr>
<tr><td>Q_D　↓</td><td>$Q_AQ_DQ_CQ_B$ 输出
5421BCD 码</td><td>十进制计数</td></tr>
<tr><td>1　1</td><td>不　变</td><td>保　持</td></tr>
</table>

(1) 当计数脉冲从 CP_1 输入，Q_A 作为输出端，为二进制计数器。

(2) 当计数脉冲从 CP_2 输入，$Q_DQ_CQ_B$ 作为输出端，为异步五进制加法计数器。

(3) 若将 CP_2 和 Q_A 相连，计数脉冲由 CP_1 输入，Q_D、Q_C、Q_B 和 Q_A 作为输出端，则构成异步 8421 码十进制加法计数器。

(4) 若将 CP_1 与 Q_D 相连，计数脉冲由 CP_2 输入，Q_A、Q_D、Q_C 和 Q_B 作为输出端，则构成异步 5421 码十进制加法计数器。

(5) 清零、置 9 功能。

① 异步清零：当 $R_0(1)$、$R_0(2)$ 均为 1，且 $S_9(1)$、$S_9(2)$ 中有 0 时，可实现异步清零功能，即 $Q_DQ_CQ_BQ_A=0000$。

② 置 9 功能：当 $S_9(1)$、$S_9(2)$ 均为 1，且 $R_0(1)$、$R_0(2)$ 中有 0 时，可实现置 9 功能，即 $Q_DQ_CQ_BQ_A=1001$。

三、实验设备及器件

(1) +5 V 直流电源；　(2) 双踪示波器；

(3) 直流数字电压表；　(4) 数字频率计；

(5) 单次脉冲源；　(6) 连续脉冲源；

(7) 逻辑电平开关；　(8) 逻辑电平显示器；

(9) 译码显示器；　(10) 集成芯片 74LS00×2，555×1，74LS90×3；

(11) 电位器、电阻、电容若干只。

四、实验内容

由于实验电路中使用器件较多,实验前必须合理安排各器件在实验装置上的位置,使电路逻辑清楚,接线较短。

实验时,应按照实验任务的次序,将各单元电路逐个进行接线和调试,即分别测试基本 RS 触发器、单稳态触发器、时钟发生器及计数器的逻辑功能,待各单元电路工作正常后,再将有关电路逐级连接起来进行测试,直到测试电子秒表整个电路的功能。

这样的测试方法有利于检查和排除故障,保证实验顺利进行。

1. 基本 RS 触发器的测试

测试方法参考实验七。

2. 单稳态触发器的测试

(1) 静态测试:用直流数字电压表测量 A、B、D、F 各点电位值,并做记录。

(2) 动态测试:输入端接 1 kHz 连续脉冲源,用示波器观察并描绘 D 点(V_D)和 F 点(V_0)波形,如若单稳输出脉冲持续时间太短,难以观察,可适当加大微分电容 C(如改为 0.1 μF)待测试完毕,再恢复 4 700 pF。

3. 时钟发生器的测试

测试方法参考实验十二,用示波器观察输出电压波形并测量其频率,调节 R_p,使输出矩形波频率为 50 Hz。

4. 计数器的测试

(1) 将计数器(Ⅰ)接成五进制形式,R_0(1)、R_0(2)、S_9(1)、S_9(2)接逻辑开关输出插口,CP_2 接单次脉冲源,CP_1 接高电平"1",Q_D～Q_A 接实验设备上译码显示输入端 D、C、B 和 A,按表 14－1 测试其逻辑功能,并做记录。

(2) 将计数器②及计数器③接成 8421 码十进制形式,同步骤(1)进行逻辑功能测试,并做记录。

(3) 将计数器①、②和③级联,进行逻辑功能测试,并做记录。

5. 电子秒表的整体测试

各单元电路测试正常后,按图 14－1 把几个单元电路连接起来,进行电子秒表的总体测试。先按一下按钮开关 K_2,此时电子秒表不工作,再按一下按钮开关 K_1,则计数器清零后便开始计时,观察数码管显示计数情况是否正常,如不需要计时或暂停计时,则按一下开关 K_2,计时立即停止,但数码管保留所计时之值。

6. 电子秒表准确度的测试

利用电子钟或手表的秒计时对电子秒表进行校准。

五、实验报告

(1) 总结电子秒表整个调试过程。

(2) 分析调试中发现的问题及故障排除方法。

六、预习报告

（1）复习数字电路中 RS 触发器、单稳态触发器、时钟发生器及计数器等部分内容。

（2）除了本实验中所采用的时钟源外，选用另外两种不同类型的时钟源，可供本实验用。画出电路图，选取元器件。

（3）列出电子秒表单元电路的测试表格。

（4）列出调试电子秒表的步骤。

实验十五　$3\frac{1}{2}$位直流数字电压表

一、实验目的

(1) 了解双积分式 A/D 转换器的工作原理。

(2) 熟悉 $3\frac{1}{2}$位 A/D 转换器 CC14433 的性能及其引脚功能。

(3) 掌握用 CC14433 构成直流数字电压表的方法。

二、实验原理

直流数字电压表的核心器件是一个间接型 A/D 转换器，它首先将输入的模拟电压信号变换成易于准确测量的时间量，然后在这个时间宽度里用计数器计时，计数结果就是正比于输入模拟电压信号的数字量。

1. V－T 变换型双积分 A/D 转换器

图 15－1 是双积分 ADC 的控制逻辑框图。它由积分电路（包括运算放大器 A_1 和 RC 积分网络）、过零比较器 A_2、N 位二进制计数器、开关控制电路、门控电路、参考电压 V_R 与时钟脉冲源 CP 组成。

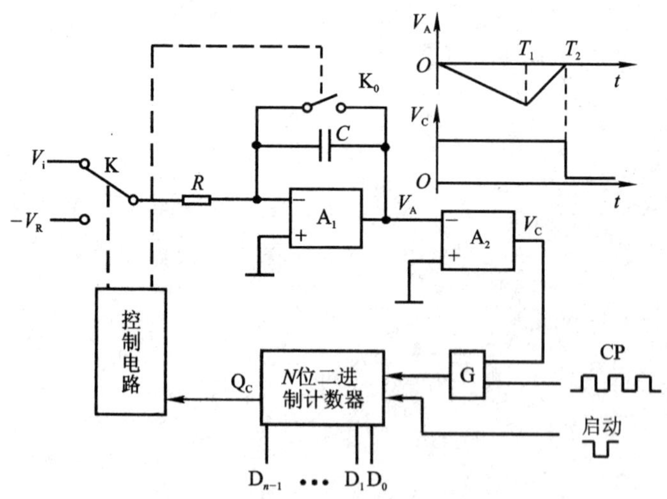

图 15－1　双积分 ADC 原理框图

转换开始前，先将计数器清零，并通过控制电路使开关 K_0 接通，将电容 C 充分放电。由于计数器进位输出 $Q_C=0$，控制电路使开关 K 接通 V_i，模拟电压与积分电路接通，同时，门 G 被封锁，计数器不工作。积分器输出 V_A 线性下降，经零值比较器 A_2 获得一方波 V_C，打开门 G，计数器开始计数，当输入 2^n 个时钟脉冲后 $t=T_1$，各触发器输出端 D_{n-1}～D_0 由 111…1 回到 000…0，其进位输出 $Q_C=1$，作为定时控制信号，通过控制电路将开关 K 转换至基准电压源－

V_R，积分器向相反方向积分，V_A 开始线性上升，计数器重新从 0 开始计数，直到 $t=T_2$，V_A 下降到 0，比较器输出的正方波结束，此时计数器中暂存二进制数字就是 V_i 相对应的二进制数码。

2. $3\frac{1}{2}$位双积分 A/D 转换器 CC14433 的性能特点

CC14433 是 CMOS 双积分式 $3\frac{1}{2}$位 A/D 转换器，是将构成数字和模拟电路的 7 700 多个 MOS 晶体管集成在一个硅芯片上。芯片有 24 只引脚，采用双列直插式，其引脚排列与功能如图 15－2 所示。

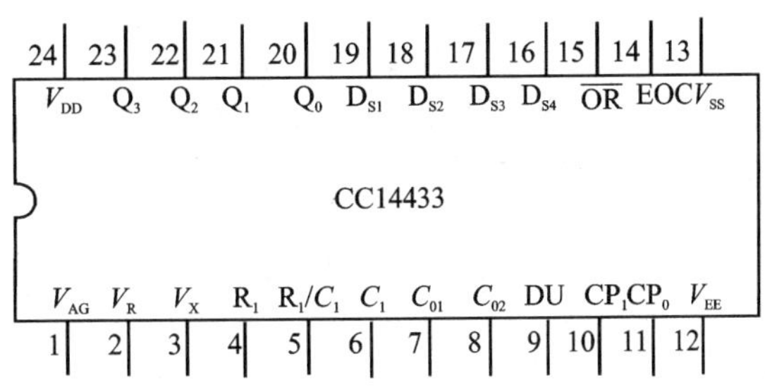

图 15－2　CC14433 引脚排列

引脚功能说明：

V_{AG}(1 脚)：被测电压 V_X 和基准电压 V_R 的参考地；

V_R(2 脚)：外接基准电压(2 V 或 200 mV)输入端；

V_X(3 脚)：被测电压输入端；

R_1(4 脚)、R_1/C_1(5 脚)、C_1(6 脚)：外接积分阻容元件端，$C_1=0.1\ \mu F$(聚酯薄膜电容器)，$R_1=470\ k\Omega$(2 V 量程)，$R_1=27\ k\Omega$(200 mV 量程)。

C_{01}(7 脚)、C_{02}(8 脚)：外接失调补偿电容端，典型值 0.1 μF；

DU(9 脚)：实时显示控制输入端。若与 EOC(14 脚)端连接，则每次 A/D 转换均显示。

CP_1(10 脚)、CP_0(11 脚)：时钟振荡外接电阻端，典型值为 470 kΩ；

V_{EE}(12 脚)：电路的电源最负端，接－5 V；

V_{SS}(13 脚)：除 CP 外所有输入端的低电平基准(通常与 1 脚连接)；

EOC(14 脚)：转换周期结束标记输出端，每一次 A/D 转换周期结束，EOC 输出一个正脉冲，宽度为时钟周期的 1/2；

$\overline{OR}$(15 脚)：过量程标志输出端，当 $|V_X|>V_R$ 时，$\overline{OR}$ 输出为低电平；

DS_4～DS_1(16～19 脚)：多路选通脉冲输入端，DS_1 对应于千位，DS_2 对应于百位，DS_3 对应于十位，DS_4 对应于个位；

Q_0～Q_3(20～23 脚)：BCD 码数据输出端，DS_2、DS_3、DS_4 选通脉冲期间，输出 3 位完整的十进制数，在 DS_1 选通脉冲期间，输出千位 0 或 1 及过量程、欠量程和被测电压极性标志信号。

CC14433 具有自动调零、自动极性转换等功能。可测量正或负的电压值。当 CP_1、CP_0 端接入 470 kΩ 电阻时，时钟频率约为 66 kHz，每秒钟可进行 4 次 A/D 转换。它的使用调试简便，能与微处理机或其他数字系统兼容，广泛用于数字面板表、数字万用表、数字温度计、数字量具及遥测、遥控系统。

3. $3\frac{1}{2}$位直流数字电压表的组成(实验线路)

线路结构如图 15－3 所示。

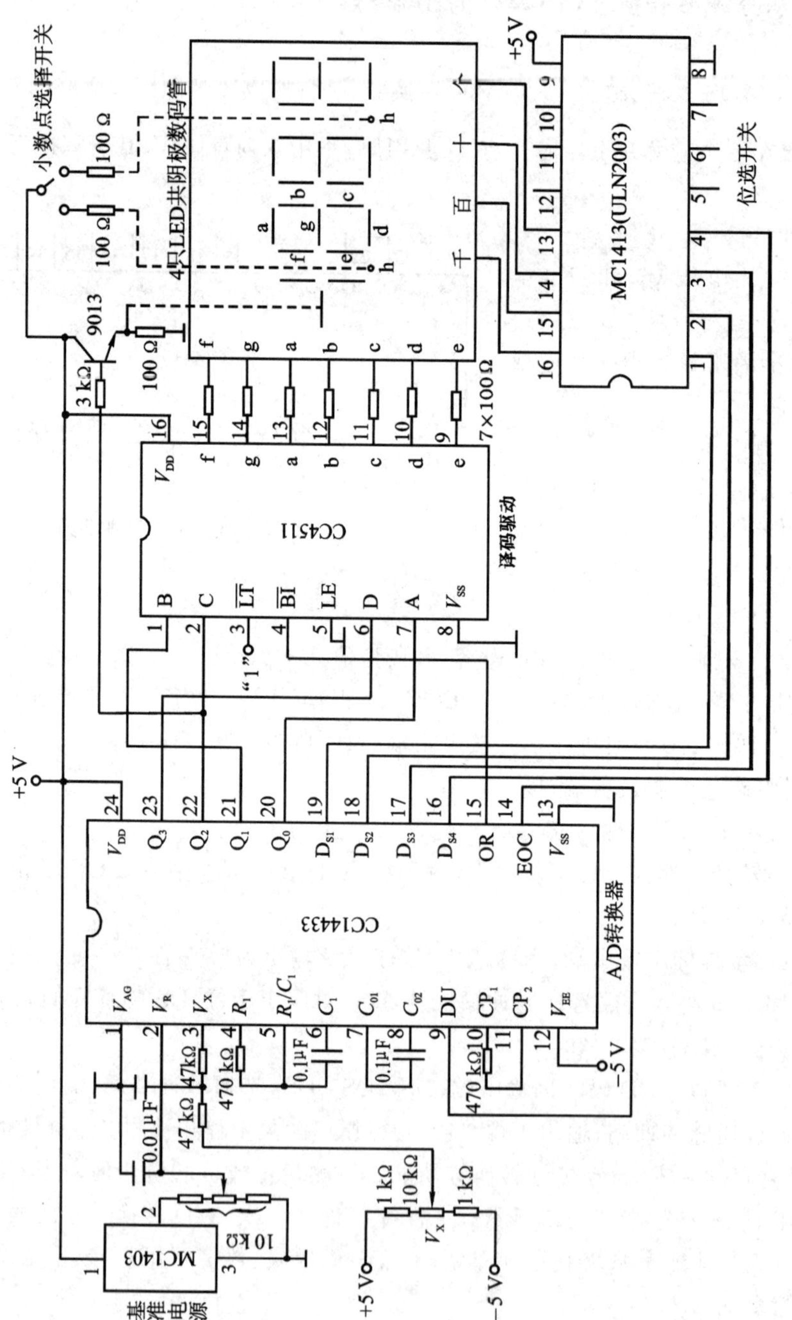

图15-3　三位半直流数字电压表线路图

(1) 被测直流电压 V_X 经 A/D 转换后以动态扫描形式输出，数字量输出端 Q_0 Q_1 Q_2 Q_3 上的数字信号(8421 码)按照时间先后顺序输出。位选信号 DS_1、DS_2、DS_3 和 DS_4 通过位选开关 MC1413 分别控制着千位、百位、十位和个位上的 4 只 LED 数码管的公共阴极。数字信号经七段译码器 CC4511 译码后，驱动 4 只 LED 数码管的各段阳极。这样就把 A/D 转换器按时间顺序输出的数据以扫描形式在 4 只数码管上依次显示出来。由于选通重复频率较高，工作时从高位到低位以每位每次约 300 μs 的速率循环显示，即一个 4 位数的显示周期是 1.2 ms，所以人的肉眼就能清晰地看到 4 位数码管同时显示 $3\frac{1}{2}$位十进制数字量。

(2) 当参考电压 $V_R = 2$ V 时，满量程显示 1.999 V；当 $V_R = 200$ mV 时，满量程为 199.9 mV。可以通过选择开关来控制千位和十位数码管的 h 段经限流电阻实现对相应的小数点显示的控制。

(3) 最高位(千位)显示时只有 b、c 二根线与 LED 数码管的 b、c 脚相接，所以千位只显示 1 或不显示，用千位的 g 段来显示模拟量的负值(正值不显示)，即由 CC14433 的 Q_2 端通过 NPN 晶体管 9013 来控制 g 段。

(4) 精密基准电源 MC1403：A/D 转换需要外接标准电压源作参考电压。标准电压源的精度应当高于 A/D 转换器的精度。本实验采用 MC1403 集成精密稳压源作参考电压，MC1403 的输出电压为 2.5 V。当输入电压在 4.5～15 V 范围内变化时，输出电压的变化不超过 3 mV，一般只有 0.6 mV 左右，输出最大电流为 10 mA。MC1403 引脚排列见图 15-4。

(5) 实验中使用 CMOS BCD 七段译码/驱动器 CC4511，参考实验四有关部分。

(6) 七路达林顿晶体管列阵 MC1413：MC1413 采用 NPN 达林顿复合晶体管的结构，因此有很高的电流增益和很高的输入阻抗，可直接接收 MOS 或 CMOS 集成电路的输出信号，并把电压信号转换成足够大的电流信号驱动各种负载。该电路内含有 7 个集电极开路反相器(也称 OC 门)。MC1413 电路结构和引脚排列如图 15-5 所示，它采用 16 引脚的双列直插式封装。每一驱动器输出端均接有一释放电感负载能量的抑制二极管。

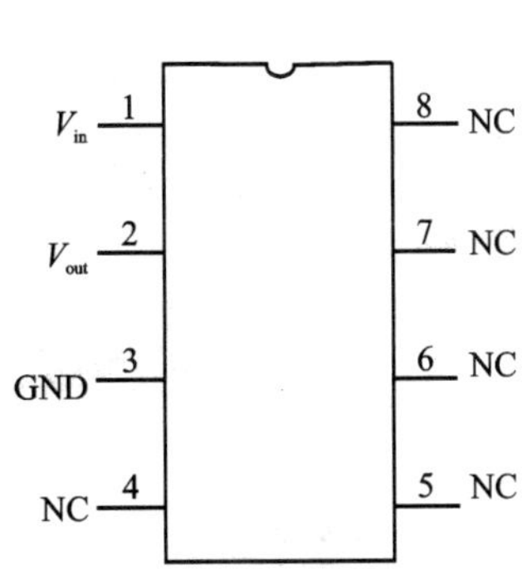

图 15-4　MC1403 引脚排列

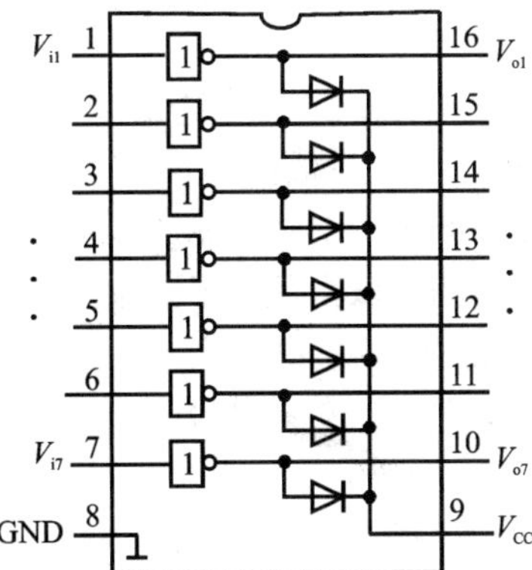

图 15-5　MC1413 引脚排列和电路结构图

三、实验设备及器件

(1) ±5 V 直流电源；　(2) 双踪示波器；

(3) 直流数字电压表；　(4) 按线路图 15-3 要求自拟元、器件清单。

四、实验内容

本实验要求按图 15-3 组装并调试好一台 $3\frac{1}{2}$ 位直流数字电压表,实验时应一步步进行。

1. 数码显示部分的组装与调试

(1) 建议将 4 只数码管插入 40P 集成电路插座上,将 4 个数码管同名笔画段与显示译码的相应输出端连在一起,其中最高位只要将 b、c、g 三段接入电路,按图 15-3 接好连线,但暂不插所有的芯片,待用。

(2) 插好芯片 CC4511 和 MC1413,将 CC4511 的输入端 A、B、C、D 接至拨码开关对应的 A、B、C、D 的 4 个插口处;将 MC1413 的 1、2、3、4 脚接至逻辑开关输出插口上。

(3) 将 MC1413 的 2 脚置 1,1、3、4 脚置 0,接通电源,拨动码盘(按"+"或"−"键)自 0~9 变化,检查数码管是否按码盘的指示值变化。

(4) 按实验原理说明 3 的第(5)项要求,检查译码显示是否正常。

(5) 分别将 MC1413 的 3、4、1 脚单独置 1,重复步骤(3)的内容。

如果所有 4 位数码管显示正常,则去掉数字译码显示部分的电源,备用。

2. 标准电压源的连接和调整

插上 MC1403 基准电源,用标准数字电压表检查输出是否为 2.5 V,然后调整 10 kΩ 电位器,使其输出电压为 2.00 V,调整结束后去掉电源线,供总装时备用。

3. 总装总调

(1) 插好芯片 MC14433,接图 15-3 接好全部线路。

(2) 将输入端接地,接通+5 V 和−5 V 电源(先接好地线),此时显示器将显示 000 值。如果不是,应检测正负电源。用示波器测量、观察 D_{S1}~D_{S4},Q_0~Q_3 波形,判别故障所在位置。

(3) 用电阻、电位器构成一个简单的输入电压 V_X 调节电路,调节电位器,4 位数码将相应变化,然后进入下一步精调。

(4) 用标准数字电压表(或用数字万用表替代)测量输入电压,调节电位器,使 V_X=1.000 V,这时被调电路的电压指示值不一定显示"1.000",应调整基准电压源,使指示值与标准电压表误差个位数在 5 以内。

(5) 改变输入电压 V_X 极性,使 V_i=−1.000 V,检查"−"是否显示,并按步骤(4)方法校准显示值。

(6) 在+1.999 V~0~−1.999 V 量程内再一次仔细调整(调基准电源电压)使全部量程内的误差均不超过个位数且在 5 以内。

至此一个测量范围在±1.999 的 $3\frac{1}{2}$ 位直流数字电压表调试成功。

4. 记录与显示

(1) 记录输入电压为±1.999、±1.500、±1.000、±0.500、0.000 时(标准数字电压表的读数)被调数字电压表的显示值,并列表。

(2) 用自制数字电压表测量正、负电源电压;如何测量,试设计扩程测量电路。

*(3) 若积分电容 C_1、C_{02}(0.1 μF)换用普通金属化纸介电容时,观察测量精度的变化。

五、实验预习要求

(1) 本实验是一个综合性实验,应作好充分准备。
(2) 仔细分析图 15-3 各部分电路的连接及其工作原理。
(3) 若参考电压 V_R上升,则显示值是增大还是减小?
(4) 若要使显示值保持某一时刻的读数,电路应如何改动?

六、实验报告

(1) 绘出 $3\frac{1}{2}$位直流数字电压表的电路接线图。
(2) 阐明组装和调试步骤。
(3) 说明调试过程中遇到的问题和解决的方法。
(4) 总结出组装、调试数字电压表的心得体会。

实验十六　数字频率计

数字频率计是用于测量信号(方波、正弦波或其他脉冲信号)的频率,并用十进制数字显示,具有精度高,测量迅速和读数方便等优点。

一、工作原理

脉冲信号的频率就是在单位时间内所产生的脉冲个数,其表达式为 $f=N/T$,其中 f 为被测信号的频率,N 为计数器所累计的脉冲个数,T 为产生 N 个脉冲所需的时间。计数器所记录的结果,就是被测信号的频率。如在 1 s 内记录 1 000 个脉冲,则被测信号的频率为 1 000 Hz。

本实验课题仅讨论一种简单易制的数字频率计,其原理框图如图 16－1 所示。

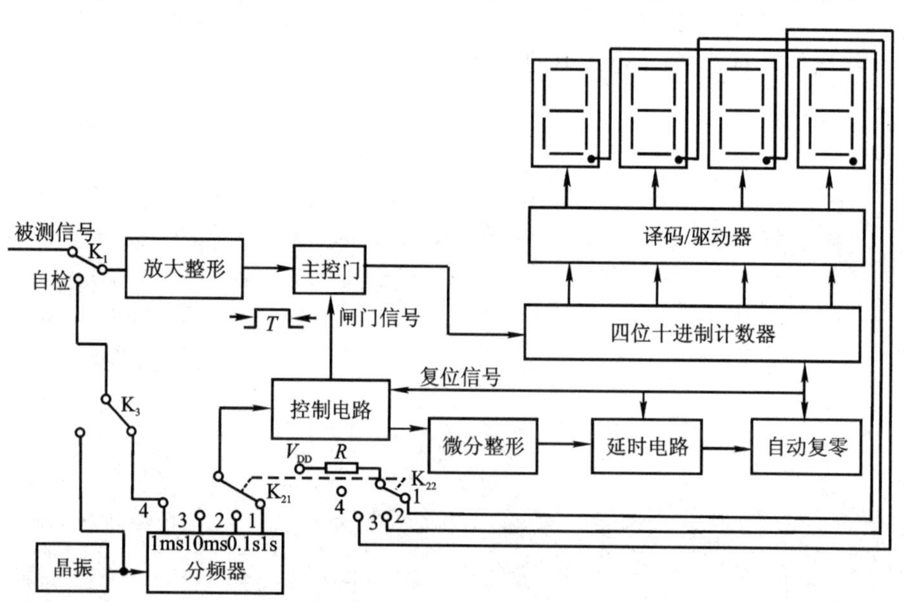

图 16－1　数字频率计原理框图

晶振产生较高的标准频率,经分频器后可获得各种时基脉冲(1 ms、10 ms、0.1 s、1 s 等),时基信号的选择由开关 K_2 控制。被测频率的输入信号经放大整形后变成矩形脉冲加到主控门的输入端,如果被测信号为方波,放大整形可以不要,将被测信号直接加到主控门的输入端。时基信号经控制电路产生闸门信号至主控门,只有在闸门信号采样期间内(时基信号的一个周期),输入信号才能通过主控门。若时基信号的周期为 T,进入计数器的输入脉冲数为 N,则被测信号的频率 $f=N/T$。改变时基信号的周期 T,即可得到不同的测频范围。当主控门关闭时,计数器停止计数,显示器显示记录结果。此时,控制电路输出一个置零信号,经延时、整形电路的延时,当达到所调节的延时时间时,延时电路输出一个复位信号,使计数器和所有的触发器置 0,为后续新的一次取样作好准备,即能锁住一次显示的时间,并保留到接受新的一次取样为止。

当开关 K_2 改变量程时，小数点能自动移位。

若开关 K_1 和 K_3 配合使用时，可将测试状态转为“自检”工作状态(即用时基信号本身作为被测信号输入)。

二、有关单元电路的设计及工作原理

1. 控制电路

控制电路与主控门电路如图 16－2 所示。

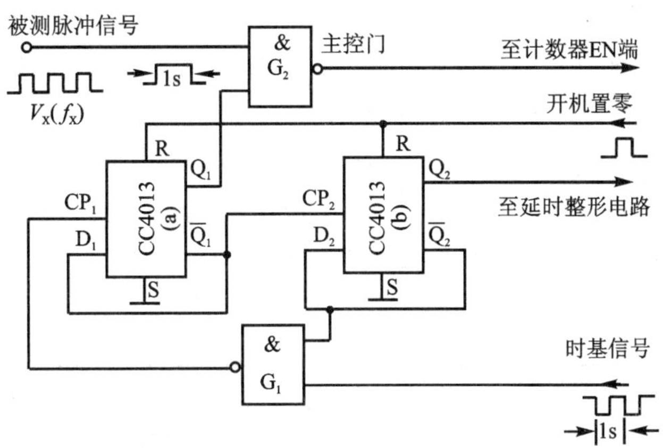

图 16－2　控制电路及主控门电路

主控电路由双 D 触发器 CC4013 及“与非”门 CC4011 构成。CC4013(a)的任务是输出闸门控制信号，以控制主控门(2)的开启与关闭。如果通过开关 K_2 选择一个时基信号，当给“与非”门 G_1 输入一个时基信号的下降沿时，门 1 就输出一个上升沿，则 CC4013(a)的 Q_1 端就由低电平变为高电平，将主控门 G_2 开启。允许被测信号通过该主控门并送至计数器输入端进行计数。相隔 1 s(或 0.1 s、10 ms、1 ms)后，又给“与非”门 G_1 输入一个时基信号的下降沿，“与非”门 G_1 输出端又产生一个上升沿，使 CC4013(a)的 Q_1 端变为低电平，将主控门关闭，使计数器停止计数，同时 $\overline{Q}_1$ 端产生一个上升沿，使 CC4013(b)翻转成 $Q_2=1$，$\overline{Q}_2=0$。由于 $\overline{Q}_2=0$，立即封锁“与非”门 G_1 不再让时基信号进入 CC4013(a)，从而保证在显示读数的时间内 Q_1 端始终保持低电平，使计数器停止计数。

利用 Q_2 端的上升沿送到下一级的延时、整形单元电路。当到达所调节的延时时间后，延时电路输出端立即输出一个正脉冲，将计数器和所有 D 触发器全部置 0。复位后，$Q_1=0$，$\overline{Q}_1=1$，为下一次测量作好准备。当时基信号又产生下降沿时，则重复上述过程。

2. 微分、整形电路

电路如图 16－3 所示。CC4013(b)的 Q_2 端所产生的上升沿经微分电路后，送到由“与非”门 CC4011 组成的斯密特整形电路的输入端，在其输出端可得到一个边沿十分陡峭且具有一定脉冲宽度的负脉冲，然后再送至下一级延时电路。

3. 延时电路

延时电路由 D 触发器 CC4013(c)、积分电路(由电位器 R_{p1} 和电容器 C_2 组成)、“非”门 G_3

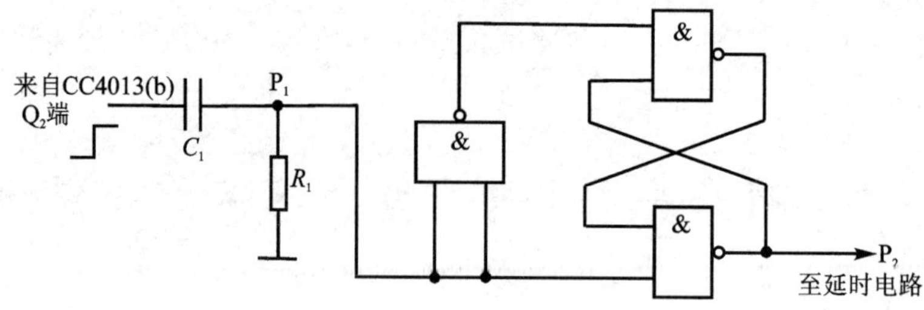

图 16-3 微分、整形电路

以及单稳态电路所组成,如图 16-4 所示。由于 CC4013(c)的 D_3 端接 V_{DD},因此,在 P_2 点所产生的上升沿作用下,CC4013(c)翻转,使 $\overline{Q}_3=0$,由于开机置 0 时"或"门(1)(见图 16-5)输出的正脉冲将 CC4013(c)的 Q_3 端置 0,因此 $\overline{Q}_3=1$,经二极管 2AP9 迅速给电容 C_2 充电,使 C_2 二端的电压达 1 电平,而此时 $\overline{Q}_3=0$,电容器 C_2 经电位器 R_{p1} 缓慢放电。当电容器 C_2 上的电压放电降至"非"门 G_3 的阈值电平 V_T 时,"非"门 G_3 的输出端立即产生一个上升沿,触发下一级单稳态触发电路。此时,P_3 点输出一个正脉冲,该脉冲宽度主要取决于时间常数 R_tC_t 的值,延时时间为上一级电路的延时时间及这一级延时时间之和。

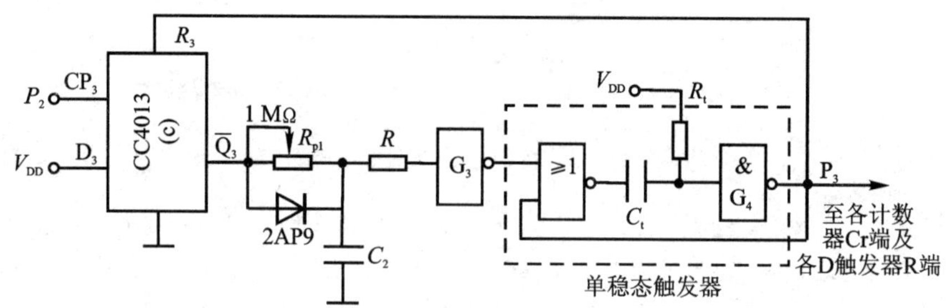

图 16-4 延时电路

由实验可知,如果电位器 R_{p1} 用 510 Ω 的电阻代替,C_2 取 3 μF,则总的延迟时间也就是显示器所显示的时间为 3 s 左右。如果电位器 R_{p1} 用 2 MΩ 的电阻取代,而 C_2 取 22 μF,则显示时间可达 10 s 左右。可见,调节电位器 R_{p1} 可以改变显示时间。

4. 自动清零电路

P_3点产生的正脉冲送到图 16-5 所示的或门组成的自动清零电路,将各计数器及所有的触发器置零。在复位脉冲的作用下,$Q_3=0$,$\overline{Q}_3=1$,于是 $\overline{Q}_3$ 端的高电平经二极管 2AP9 再次对电容 C_2 充电,补上刚才放掉的电荷,使 C_2 两端的电压恢复为高电平,又因为 CC4013(b)复位后使 $\overline{Q}_2$ 再次变为高电平,所以"与非"门 G_1 又被开启,电路重复上述变化过程。

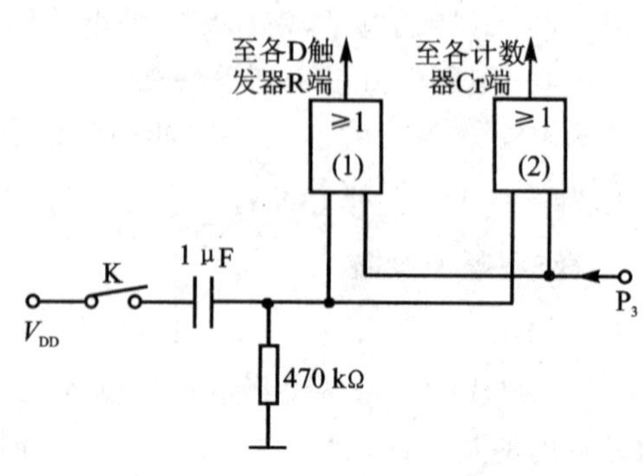

图 16-5 自动清零电路

三、设计任务和要求

使用中、小规模集成电路设计与制作一台简易的数字频率计，应具有下述功能。

1. 位　数

计数位数主要取决于被测信号频率的高低，如果被测信号频率较高，精度又较高，可相应增加显示位数。本设计任务是设计一个 4 位十进制数。

2. 量　程

第一挡：最小量程挡，最大读数是 9.999 kHz，闸门信号的采样时间为 1 s。

第二挡：最大读数为 99.99 kHz，闸门信号的采样时间为 0.1 s。

第三挡：最大读数为 999.9 kHz，闸门信号的采样时间为 10 ms。

第四挡：最大读数为 9 999 kHz，闸门信号的采样时间为 1 ms。

3. 显示方式

(1) 用七段 LED 数码管显示读数，做到显示稳定、不跳变。

(2) 小数点的位置跟随量程的变更而自动移位。

(3) 为了便于读数，要求数据显示的时间在 0.5～5 s 内连续可调。

4. 自检与测定

(1) 具有“自检”功能。

(2) 被测信号为方波信号。

(3) 画出设计的数字频率计的电路总图。

5. 组装和调试

(1) 时基信号通常使用石英晶体振荡器输出的标准频率信号经分频电路获得。为了实验调试方便，可用实验设备上脉冲信号源输出的 1 kHz 方波信号经 3 次 10 分频获得。

(2) 按设计的数字频率计逻辑图在实验装置上布线。

(3) 用 1 kHz 方波信号送入分频器的 CP 端，用数字频率计检查各分频级的工作是否正常。用周期为 1 s 的信号作控制电路的时基信号输入，用周期为 1 ms 的信号作被测信号，用示波器观察和记录控制电路的输入、输出波形，检查控制电路所产生的各控制信号能否按正确的时序要求控制各个子系统。用周期为 1 s 的信号送入各计数器的 CP 端，用发光二极管指示检查各计数器的工作是否正常。用周期为 1 s 的信号作延时、整形单元电路的输入，用两只发光二极管作指示、检查延时、整形单元电路的信号输入，还用于两只发光二极管作指示、检查延时、整形单元电路的工作是否正常。若各个子系统的工作都正常了，再将各子系统连起来统调。

最后，调试合格后，写出综合实验报告。

四、实验设备与器件

(1) ＋5 V 直流电源；　　(2) 双踪示波器；

(3) 连续脉冲源；　　(4) 逻辑电平显示器；

(5) 直流数字电压表；　　(6) 数字频率计；

(7) 主要集成芯片及元、器件(供参考)：

CC4518(二—十进制同步计数器)　　4片，

CC4553(三位十进制计数器)　　2片，

CC4013(双D型触发器)　　2片，

CC4011(四2输入“与非”门)　　2片，

CC4069(六反相器)　　1片，

CC4001(四2输入“或非”门)　　1片，

CC4071(四2输入“或”门)　　1片，

2AP9(二极管)　　1只，

电位器(1 MΩ)　　1只，

电阻、电容　　若干只。

附　注：

(1) CC4553三位十进制计数器引脚排列及功能见图16-6。

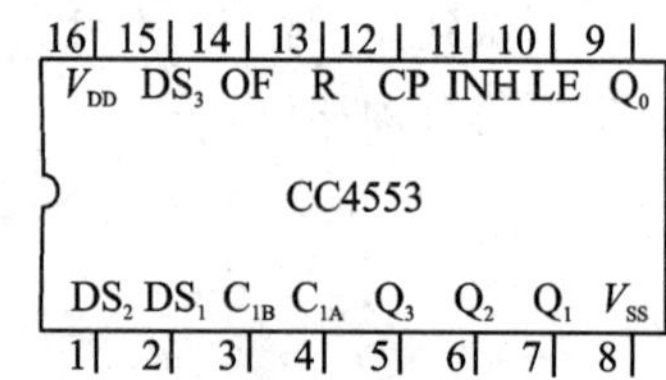

CP—时钟输入端；INH—时钟禁止端；
LE—锁存允许端；R—清除端；
DS_1~DS_3—数据选择输出端；
OF—溢出输出端；
C_{1A}、C_{1B}—振荡器外接电容端；
Q_0~Q_3—BCD码输出端

输　入				输　出
R	CP	INH	LE	
0	↑	0	0	不变
0	↓	0	0	计数
0	×	1	×	不变
0	1	↑	0	计数
0	1	↓	0	不变
0	0	×	×	不变
0	×	×	↑	锁存
0	×	×	1	锁存
1	×	×	0	Q_0~Q_3=0

图16-6　CC4553计数器引脚排列

(2) 若测量的频率范围低于1 MHz，分辨率为1 Hz，建议采用如图16-7所示的电路，只要选择参数正确，连线无误，通电后即能正常工作，无须调试。有关它的工作原理留给同学们自行研究分析。

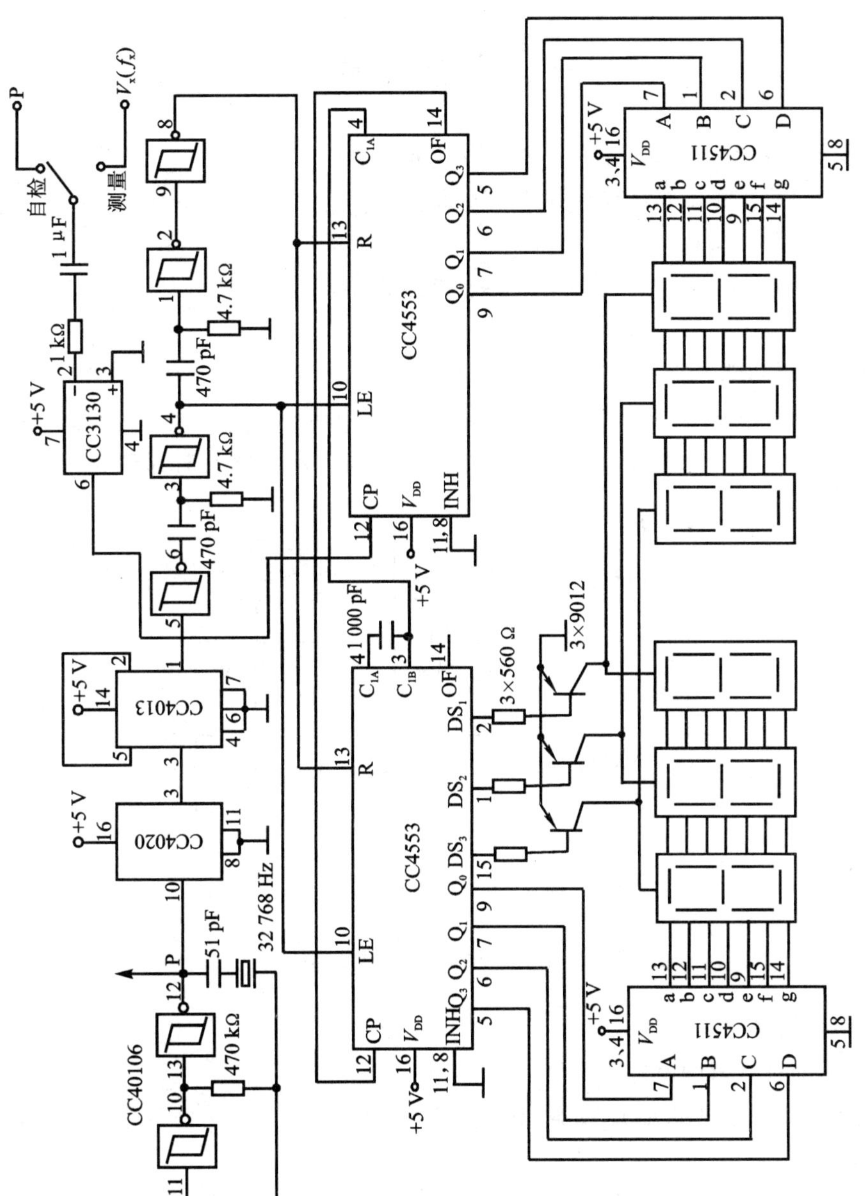

图16-7　0～999 999 Hz数字频率计线路图

实验十七　数字电子钟电路

一、实验目的

(1) 培养学生灵活运用数字器件实现应用电路的能力。

(2) 掌握数字电子钟电路的设计和调试方法。

二、实验原理

1. 系统的逻辑功能分析

数字电子钟的原理框图如图17-1所示,其由校准电路、六十进制秒计数器、六十进制分计数器、二十四进制时计数器、秒译码显示电路、分译码显示电路及时译码显示电路等部分组成。

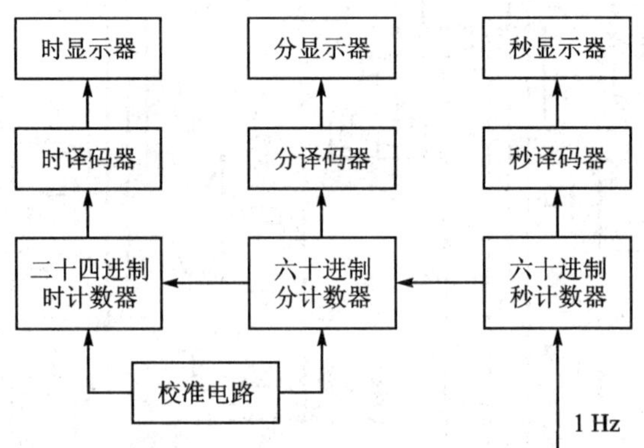

图17-1　数字电子钟的原理框图

2. 参考设计方案

(1) 秒、分、时计数器的设计

秒、分计数器都是六十进制计数器,其计数范围为00～59,选用两片集成十进制计数器74LS192级联构成,如图17-2所示。

时计数器是二十四进制计数器,其计数范围为00～23,选用两片集成十进制计数器74LS192级联构成,如图17-3所示。

(2) 秒、分、时译码显示电路的设计

译码显示均选用4线-7段译码器/驱动器74LS248,采用共阴极LED数码码显示器。

(3) 校准电路的设计

当数字电子钟接通电源或计时出现误差时,需要校准。为简化电路,只进行分和时的校准。常用的校准方法为快速校准法,即校准时,使分、时计数器对1 Hz的秒脉冲信号进行计数。

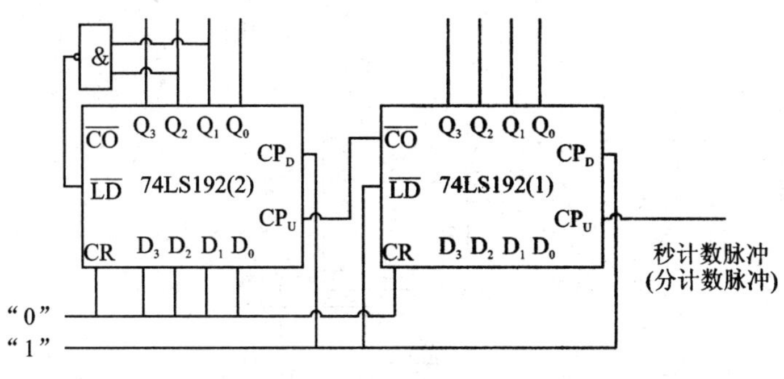

图 17－2　秒、分计数器

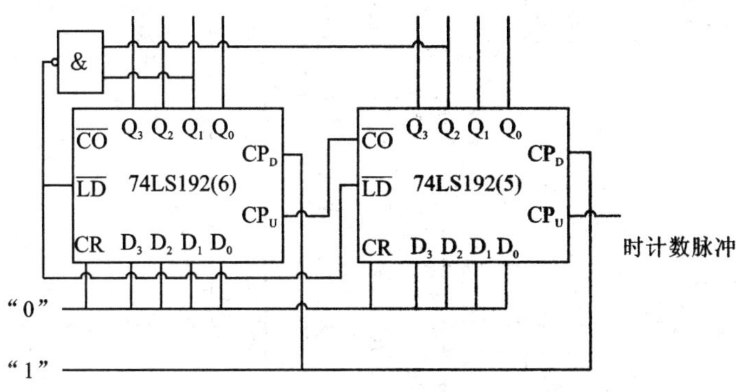

图 17－3　时计数器

校准电路的逻辑电路图如图 17－4 所示。需要校准时，将手动按键输入的上升沿脉冲信号送至时或分计数器的 CP_U 端，使分或时计数器在上升沿脉冲信号的作用下快速校准计数。

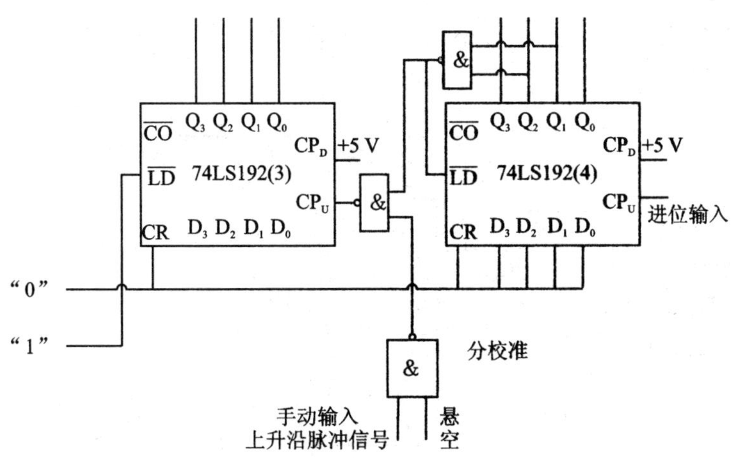

图 17－4　校准电路

(4) 数字电子钟整体电路

数字电子钟整体电路如图 17－5 所示。

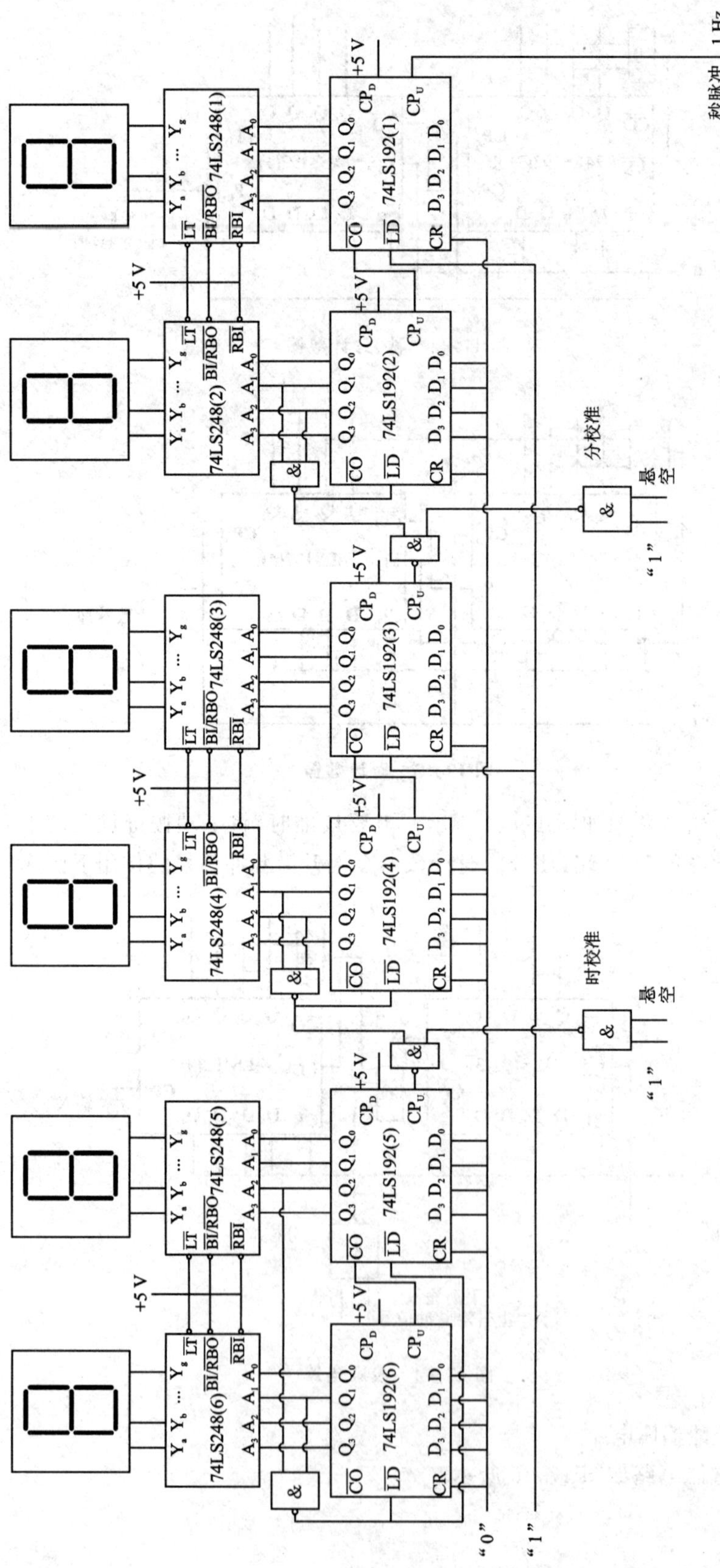

图17-5 数字电子钟整体电路

三、实验设备及器件

(1) 74LS192 十进制计数器 6 片；
(2) 74LS00 四 2 输入“与非”门 4 片；
(3) 74LS248 4 线—7 段译码器/驱动器 6 片；
(4) 共阴极数码管若干；
(5) +5 V 直流电源；
(6) 直流数字电压表；
(7) 单次脉冲源；
(8) 连续脉冲源；
(9) 逻辑电平开关。

四、实验内容

1. 秒、分、时计数器的实验测试

按图 17－2 和图 17－3 接线，验证各计数器的进制。

2. 校准电路的实验测试

按图 17－4 接线，验证校准电路。

3. 数字电子钟的联调实验测试

将各个单元电路连接为完整电路，测试其功能。

五、实验报告要求

(1) 简述设计及实验原理，画出实验电路图。
(2) 设计记录表格，整理实验数据，分析实验结果与设计要求是否相符合。

六、实验器件的逻辑功能

74LS192 引脚图如图 17－6 所示。

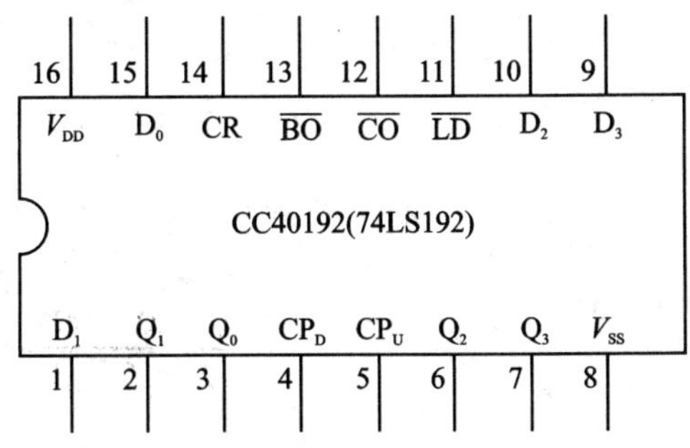

图 17－6　74LS192 引脚图

74LS192 功能表如表 17-1 所列。

表 17-1

输入								输出			
CR	$\overline{LD}$	CP_U	CP_D	D_3	D_2	D_1	D_0	Q_3	Q_2	Q_1	Q_0
1	X	X	X	X	X	X	X	0	0	0	0
0	0	X	X	d	c	b	a	d	c	b	a
0	1	↑	1	X	X	X	X	加计数			
0	1	1	↑	X	X	X	X	减计数			

第三部分

学科竞赛方案选编

一　中国“互联网+”大学生创新创业大赛

中国“互联网+”大学生创新创业大赛商业计划书

郑州飞铄电子科技有限公司

1　公司简介

企业名称：郑州飞铄电子科技有限公司

公司类型：有限责任公司（自然人独资）

注册地址：***********

官网地址：http://www.zzfset.com

注册时间：****年**月**日

注册资金：**万圆整

社会信用代码：*********

创业团队：飞铄创业团队

郑州飞铄电子科技有限公司是一家主要从事嵌入式系统集成开发的科技型企业，2017年5月被确定为河南省科技型中小企业。“自主创新，求真务实”是本公司的核心竞争力。本公司带动就业人数7人，营业执照、税务登记证、社保登记证等各类手续齐全，拥有完善的管理机制和专业的测试实验室、加工车间，能满足各类工业级和消费级产品的设计和生产。

目前，我公司的主营业务是电力、电子产品的研发和生产。我公司产品科技含量高，创新性强，市场需求大，产品主要应用于工厂仓库、大型商场、电力设备生产厂家。依靠科技求发展，不断为用户提供满意的高科技产品，是我们始终不变的追求。在充分引进吸收国内外先进技术的基础上，已成功开发出高压断路器、互联网智能楼宇控制系统、智能楼宇节水器、圆织机计米器、智能花盆、模拟触电控制器、PLC控制器等产品，并已广泛应用于造纸厂、变压器厂、建筑业、智能家居、机械设备等众多领域，并以一流的产品质量和精湛的技术服务受到了用户的一致好评。我公司已为几十家企事业单位提供过技术服务和产品销售。

在创立公司后，我公司的创新团队在“创青春”大学生创新创业大赛中获得河南省特等奖，在2016年的“全国大学生机器人创新创业大赛中”和清华、哈工大、北航等名校强队的博士生和硕士生的对决中，我们获得了全国二等奖，实践组第六名，同时我们还获得了2016年河南省十佳创业示范项目。公司在发展的过程中，不断与国内多个科研机构交流合作，设计生产、维修调试和工程改造等能力迅速提高，规模不断扩大。公司已由初建时的纯技术外包公司转变为综合型的技术实体，下辖贸易、工程和系统集成三个发展部门。

国家对大学生创业的关注与支持，学校给予的平台与扶持，都对本公司的成立发挥着举足轻重的作用。我们公司虽然是一个刚刚诞生不久的公司，但其孕育过程，却经过了数年的积累，几届师生的技术积淀。今天飞铄员工奉行“进取 求实 严谨 团结”的方针，不断开拓创新，以技术为核心，视质量为生命，奉用户为上帝，竭诚为客户提供质优价廉的产品及无微不至的售后服务，致力于打造一个行业内具有青春和活力的优良品牌，回报社会、回报祖国。

2 项目背景

2008年国际金融危机爆发后,世界制造业分工格局面临新的调整,为进一步增强制造业对经济发展的主导作用,德国、美国、日本、法国等世界工业发达国家相继提出了工业4.0、工业物联网、再兴战略和新工业法国,在此背景下中国政府也提出了中国制造工业未来发展方向的"中国制造2025",即中国版工业4.0。明确指出,中国制造业升级的方向,以工业生产自动化、信息化为主线,提高工艺水平和产品质量,推进智能制造、绿色制造。

随着人口红利的消失,我国的体力劳动者适龄人口数量呈现持续减少的趋势,与此对应的是,我国的制造业平均工资持续快速增长,2009—2014年的年复合增长率为13.9%;与之相反,自动化设备的价格却在逐年下降。工业智能化设备行业在2013年、2014年呈现出了爆发式的增长态势,预计到2025年我国制造业重点领域将全面实现智能化。随着劳动力成本上升的趋势,以及智能装备的价格下降、性能提升、应用领域逐渐扩大,工业智能装备行业仍将保持高速增长的势头。

但是编织厂、纺织厂等传统行业,其自动化水平一直处于较低阶段,导致目前生产制造还是主要以人工生产为主。针对这种情况,我们公司开发了一款全新的智能计米器产品,替代了传统的纯人工或半人工的机器操作,有效提高了自动化水平和生产能力,大大降低了生产风险,减少了企业的安全事故,为企业的发展提供了技术保障。

3 产品及服务

3.1 产品设计

智能计米器主要分为硬件主体和软件系统两大部分。硬件主体部分除必需的电源模块、电机控制、显示屏、操作面板、信号采集等部分外,还搭载了CAN总线、GPRS、GPS等多种数据上传接口,保证在完成设备基本控制外,还可进行设备定位和数据上传。软件系统主要包括手机APP、微信小程序、PC上位机等系统管理软件。用户可以通过Web端浏览器或者移动APP对工厂设备进行设置,每个智能计米器的处理器都将采集到的数据与参考的数值进行比较,判断是否有异常,并通过网络将数据上传至互联网服务器。通过同一单元设备不同时刻、同一时刻不同设备单元进行数据对比,同时参考标准数据来判断设备的运转情况。

3.2 产品介绍

智能计米器系统结构框图如图1-1所示。

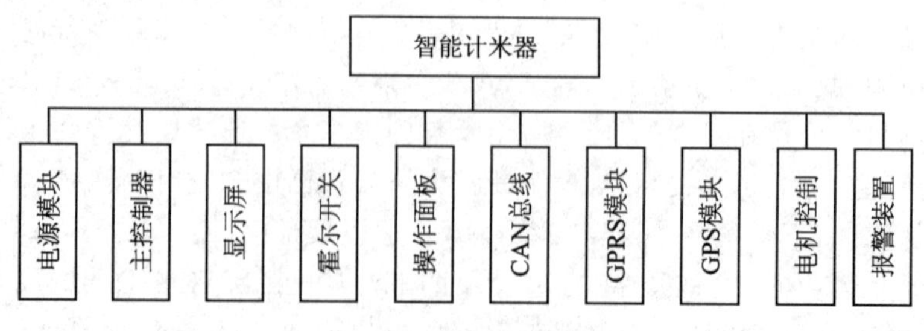

图1-1 智能计米器结构框图

智能计米器依托物联网技术进行研发,应用12864显示屏作为人机交互界面,同时有自控、定时、上位机控制等多种控制方式;运用CAN总线,将所有智能计米器单元连接起来,将数据实时上传至控制中心;升级版智能计米器加装了 GPRS 和 GPS,实时将数据上传至互联网服务器,用户可以通过因特网 Web 浏览器、移动端 APP 对工厂设备进行远程监测和控制。被监控的编织设备可以在无人为干预的情况下自动控制,完成自动计长、自动统计、自动报警、自动开启或制动电机等,也可以人为地进行远程控制。

(1) 硬件部分

在编织厂生产中,我们开发的智能计米器替代了传统的人工计长、计数等工作,大大提高了设备的生产能力和操控能力。

这款智能计米器配备 1 个 12864 显示屏,可准确显示设备生产情况;配备工业级霍尔开关,精准地测量圆织机的运转圈数;人性化的操作界面,可以方便快捷地对设备进行操作设置;内置呼叫和报警装置,可以及时进行故障检修,减少生产损失。通过 CAN 现场总线实时将数据上传至后台管理软件;升级版的智能计米器,加装了 GPRS 和 GPS 模块,可完成设备数据上传至互联网、设备的远程操作和日志查询等功能。

智能计米器实物面板如图 1-2 所示,智能计米器实地工作环境如图 1-3 所示。

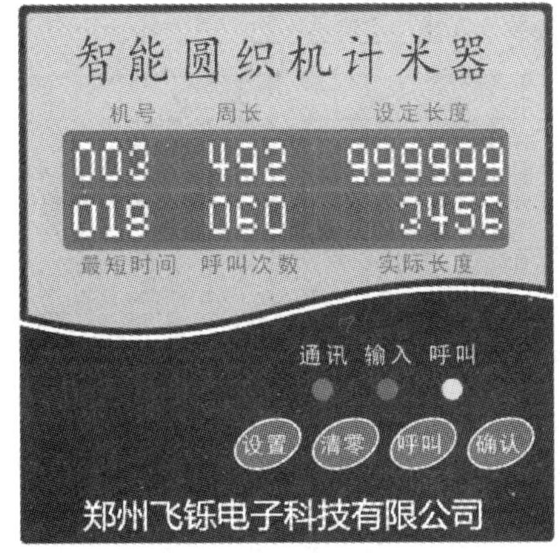

图 1-2 智能计米器实物面板

图 1-3 智能计米器工作环境

(2) 软件系统

软件部分由云端服务器、Web 端监控网站、手机 APP、局域网主机软件组成,主要提供远程控制和数据管理等服务。

在此系统中,后台上位机管理软件是整个系统的核心,用户可任意设置设备的运行情况,同时软件具有自动保存数据、自动状态切换、自动数据刷新、自动报警等功能。

3.3 创新技术

① 控制器采用LED显示屏幕,可以实时显示设备机号、长度、数量等参数。

② 设备控制器与上位机通信采用CAN总线通信方式,实时将设备运行信息和状态准确上传至PC上位机。

③ 上位机设置灵活,可随意设定设备机号、周长、定长等参数,并加入数据回读和设备呼叫等功能,实时将所有数据保存为TXT文件,方便数据统计和回查设备运行状态。

④ 升级版加装GPRS模块,完成数据实时上传互联网服务器,方便设备远程操作和日志查询。

3.4 产品功能

智能计米器系统主要功能为用户注册、项目注册、实时状态监测、数据采集、控制模式设置、统计分析和信息报警等。其功能示意图如图1-4所示。

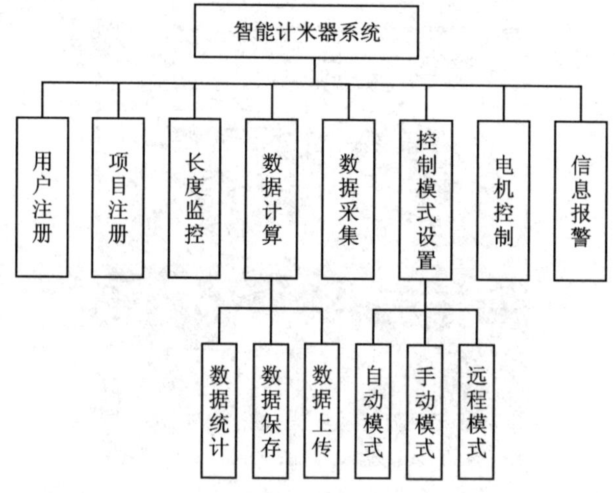

图1-4 智能计米器功能示意图

① 用户注册功能。用户可在网站注册智能计米器系统账号。该账号是用户登录监控系统的唯一凭证,账号密码采用主流的MD5算法加密,安全可靠。

② 项目注册功能。用户使用已注册的账号登录监控系统,同一账户下可以注册多个计米器项目进行管理,提高管理效率,降低成本。

③ 测量对象的长度计算、状态显示,以及数据的保存、回查及上传。

④ 实时状态监测功能。主要是监测现场设备运转情况,并自动报警和呼叫。

3.5 产品优势

① 可维护性强。系统模块化、层次化设计,以提高效率,增加可维护性,便于扩展。

② 系统升级简便。灵活的硬件配置,用户可以任意升级、更换被控硬件设备,而不需要更换软件。

③ 操作快捷。人机界面友好,实现设备工作过程无人值守,减轻人员的工作强度和减少安全事故,提高工作效率。

④ 采用CAN总线协议,相比传统单体计米器和RS485通信协议的计米器,具有统一管

理和快速巡检等优点。

⑤ 实现高精度的长度测量，控制电机完成精准开启和制动，大大节约了原材料，降低了生产成本和产品的次品率。

4　市场调查和分析

4.1　目标客户

我们这款高精度智能计米器的主要客户是各大包装厂、印刷厂、编织厂、造纸厂等需要精确测量和精确切割的企业。公司可以提供设计、安装、培训等全套解决方案，帮助客户规避风险，提高效率，减少人员损伤，实现精确计量和异常报警功能。

4.2　市场前景调查

进入市场前，我们对市场做了充足的调研，同时在网上做了大量的资料调查。虽然我国印刷、食品、纺织、造纸等行业起步较晚，但是发展迅速，市场基数和增量巨大。由于近年来机械和电控技术飞速发展，现有的计量技术已不能满足精确计量要求，急需一款产品用来更新换代，满足计量要求。

21 世纪以来，尤其是近十年来，企业生产进入了一个新阶段，现代化生产将成为企业的主导模式。我公司生产的智能计米器产品很好地迎合了市场需求和企业的发展需要，兼容性好、实用性强、可靠性高，可为印刷、食品、纺织、造纸等行业提供强有力的计量支撑。

4.3　市场容量

随着国民经济的发展，包装、印刷、食品、纺织、造纸及化工等行业生产的薄膜、布、纸及线材等成为人们生活中不可或缺的必需品。保守计算，上述这些行业的产值已达到万亿数量级，并将在未来的 5～10 年保持较高的增长速度。

截至 2017 年 6 月底，按照规模以上工厂每年改造高精度智能计米器 10 000 家，每家购置 1 000 台设备保守计算，共需要 1 000 万个，每套设备售价 300 元，就是每年 30 亿元的市场容量。

4.4　市场占有率

目前国内各厂家生产的高精度智能计米器产品鱼龙混杂，性能良莠不齐。我公司开发的智能计米器抗干扰能力强，计数精度高，可靠性高，使用方便，读数清晰，性价比高，优势明显，市场占有率一路飙升。

预计该高精度智能计米器 2018 年的市场占有率为 0.09%，此后继续维持稳定增长，5 年后预计可达 4%以上，之后研发多功能型号的产品，确定产品在市场的主导地位，继而向其他智能计量领域发展，最终成为国内、国际智能计量领域的领先者。

4.5　市场竞争分析

目前国内外用于高精度计量主要是以单体采集数据方式为主，国内无知名品牌产品，且国内产品单一，功能简单，性能一般。

我公司目前的产品，与国内同类产品相比，具有技术优势；与国外同类产品相比，具有性价比较高、服务及时高效的优势。另外，我公司自主开发的高精度智能计米器是目前市场的空白产品，依据此优势产品，可大幅度提高我公司产品的市场竞争力。此外，该计米系统在服务器上位机支持下运行，出现异常情况会自动向服务器进行反馈与报警，以便客户及时做出反应，有效地避免质量和安全事故。

4.6 企业综合评价(SWOT 分析)

对企业的利弊分析和所处环境评价,一般是通过 SWOT 模型来进行,它包括企业优势(strength)、劣势(weakness)、机会(opportunity)、威胁(threats)四个方面的因素。

通过 SWOT 分析,将对本企业内部和外部条件进行综合和概括,进而分析现存的优势和劣势,以及面临的机会和威胁。

5 公司战略

5.1 公司总体战略

公司成立初期,树立了"建设环境友好型,资源节约型社会"的理念,在扬长避短的同时发挥产品优势。在维持企业规模相对稳定的情况下,通过创新和研发,提高产品的技术含量和优质服务,争取获得稳定的市场占有率,保持较高的利润率。企业发展阶段,在收回投资及成本的同时,进一步提高产品质量,从而进一步提高品牌形象。企业成长期,在以精确、优化生产技术为原则的基础上稳定发展。

生产方面,公司前期产品生产主要以 OEM 委托加工为主,避免承担生产线投入造成的风险。产品从下单到成品出货周期为 30 个工作日。

5.2 发展战略

(1) 初期(1~3 年)

主要产品是智能计米器控制器、智能网关和手机 APP、PC 客户端软件,市场策略为替代传统计量设备,抢占智能计量、智能生产市场份额;建立自己的品牌,积累无形资产;收回初期投资,准备扩大生产规模,开始准备研制开发衍生产品。

第 1、2 年:

① 产品导入市场,提高产品知名度,树立品牌形象;

② 逐步建立健全销售网络;

③ 打开大型编织厂、造纸厂等市场;

④ 丰富产品系列,研发其他工厂智能化设备;

⑤ 年产量约达到 3 000 套,销售收入约 90 万元,实现收支平衡;

⑥ 市场占有率为 0.09%。

第 3 年:

① 提升品牌形象,增加无形资产,注重信息数据积累;

② 增加设备,扩大生产规模;

③ 年产量达到 50 000 套,销售额约达到 1 500 万元;

④ 市场占有率提升到 0.5%左右;

⑤ 研制新产品,利用现有的销售网络,开拓整个智能工厂市场;

⑥ 产品基本成熟,重点挖掘用户群信息数据,开发衍生产品,拓展市场。

(2) 中期(4~6 年)

① 进一步完善和健全销售网络;

② 重点研制相关产品,进一步拓展产品线,实行多元化经营战略;

③ 组建自己的生产线,降低成本,提高产品竞争力;

④ 市场占有率达到5%以上；

⑤ 巩固、扩展智能工厂市场。

(3) 长期(6～10年)

利用公司物联网智能计米器研制方面的技术优势，开发研制物联网相关产品，实现产品多元化，拓展市场空间，继续扩大国内市场占有率，成为物联网、人工智能、智能计量领域的领先者。

纵向延伸：立足智能计量领域，进一步优化智能工厂解决方案；研发涉及智慧城市建设领域相关产品等。

横向延伸：利用储备的信息数据，开发智能工厂类互联网产品；开发人工智能产品；软件技术服务外包等。

5.3 市场战略

(1) 市场渗透战略

公司成立初期前三年，基于主要产品的销售，扩大生产，拓展市场，扩大市场占有率；中期在产品原有市场销售量的基础上，通过采取提高产品质量、加强广告宣传、增加销售渠道等措施，来保持老用户，争取新用户，在逐步扩大产品销售量的同时，提高原有产品的市场占有率，做智能计量行业的领先者。

(2) 市场开拓战略

一方面是将产品重新定位，为产品寻找新的细分市场；另一方面在原产品的基础上做研发，寻找新的用途，在传统市场上寻找、吸引新的消费者，扩大产品的销售量。

(3) 未来市场战略

系统设计科学，安装方便，能根据不同的计量需求，制定不同的计量方案。在产品方面，公司计划未来加入工厂环境监测、人员流动检测、天气预报等功能；同时，由于积累了大量用户数据，拥有良好品牌口碑，利用互联网思维，研发相关或跨界产品，如工厂节能产品、智能家居产品、智能电力产品等。

5.4 营销战略

致力于为用户提供人性化产品是飞铄科技营销的核心理念，从产品的设计生产到售后服务的创新，均以消费者为中心，为消费者提供最完善的人性服务和品质保证。公司目前有如下的营销方式。

(1) 品牌营销

公司以产品的独特优势作为品牌核心竞争力，创建品牌效应，从而形成上游原材料厂公司产业链，下游加工厂客户群；通过前期产品设计确立品牌形象，在编织企业聚集地区展开营销活动，举办产品展览会和技术研讨会，与大型编织企业合作等，提高公司的知名度和品牌影响力。其他地区则主要进行报刊广告等常规营销活动，提高公司品牌知名度。

(2) 互联网营销

基于互联网平台，公司利用新媒体如微信、微博等新平台对产品进行推广宣传。建立交流反馈客户群，锁定客户源。通过反馈信息技术与软件工具，促进公司与客户之间进行产品信息交流和产品推广，通过宣传、传递产品信息，对客户关系进行管理，以开拓市场，进行产品创新，运用互联网技术把公司产品更快更高效地打入国内外各大市场。

(3) 事件营销

公司借助社会媒体的力量，通过媒体报道宣传，扩大公司知名度；借助智能工厂交流平台，与大客户建立起合作关系,如淮阳南湖编织厂、原阳纺织厂等;通过提供产品质量担保、订单折扣、产品捆绑等,主动与客户建立长期的合作关系。

(4) 体验式营销

智能工厂系统产品种类多,系统庞大,价格昂贵,直接销售可能不被客户认可。基于此,公司推出产品租赁形式,对生产效益进行评估,若提高生产能力或规避风险成功,则收取服务费。

6 风险与对策

6.1 市场风险

目前,我国已形成基本齐全的物联网产业体系,但真正与物联网相关的设备和服务尚在起步阶段,特别是在低端轻工业领域的应用,国内还没有形成较大的规模。未来几年,国内外物联网企业也将会进入这一领域。因此,公司将面对更加激烈的竞争。

对策:

① 加快产品研发进度,进一步优化产品结构,提高服务质量,通过扩大主导产品的规模,不断完善其功能与设计,提高市场占有率;

② 利用已有技术优势,采用自主开发与联合开发相结合的方式,进一步降低研发生产成本,发展成套技术集成业务,扩展跨行业市场;

③ 加强营销创新,完善营销网络,实施品牌塑造工程,进行专利申请,知识产权保护,不断提高品牌的市场知名度与美誉度,提高市场影响力与占有率。

6.2 技术风险

目前,公司对软、硬件开发通信等技术已掌握得非常成熟,但是,由于已有的部分技术为通用技术,易于被仿制,尤其是关键技术人才的群体流失,更会造成重大不利影响;而正在开发的产品,其技术的大规模应用仍需要一个随着实践不断成熟的过程。

对策:

① 紧密跟踪与探索物联网技术的开发与应用,不断加大研发投入,进一步加强产品的创新性,保持技术领先地位;

② 完善以市场为导向的技术创新体系,加强研发与市场的沟通,同时保持创新技术的商业化转化能力,充分发挥技术集成业务对产品制造与系统服务的拉动作用;

③ 坚持"以宏大事业感召人,优厚待遇吸引人,优秀文化凝聚人,创造条件成就人"的用人文化,提高核心技术人才的薪酬和福利待遇,同时提供更宽广的事业舞台;

④ 未来计划采用股票期权等长期激励形式,通过签署技术保密协议、建立知识管理系统等方式,在持续提高技术创新能力的同时,有效降低人才流失所导致的技术风险。

6.3 经营管理风险

(1) 对其他行业的依赖所带来的风险

由于目前产品使用的外协加工辅件较多,因此对于部分供应商具有一定程度的依赖;而且,部分关键部件的原材料如 GPRS 模块、各种传感器等价格上涨,导致生产成本增加,从而对投资收益产生影响。

对策:

① 进一步加强竞争情报收集与客户关系管理,及时了解客户的业务发展动态,通过提供更加高效、方便、快捷的产品和服务来稳固老客户,通过不断开发新客户来扩大服务范围,减少

行业依赖；

② 所需原材料将通过两方面措施加以保障：一方面，继续坚持择优采购，随时掌握国内外原材料及外协辅件的价格信息，稳固与主要供应商的战略伙伴关系，以保证供应的稳定性；另一方面，加强企业内部管理，集中管理采购，在有效控制采购成本的同时，使库存保持在合理的水平。

(2) 产品与业务多样化所带来的风险

随着新产品、新业务的开发与扩展，产品与业务将走向多元化，这给公司的产品研发、生产组织、营销管理、售后服务等方面增加了难度，未来公司将面临改变现存生产、经营的格局与管理模式，实现经营思路的成功转变。

对策：

① 公司前期将专注于包装、印刷、食品、纺织、造纸等行业，其战略方向是围绕规模以上企业，形成多系列、多品种、相互支撑的产品组合，以满足不同用户的需要，扩大用户群；

② 公司还将在物资采购方面进一步丰富现有物流管理系统的功能，实行集中统筹管理，以降低采购成本；

③ 在市场营销方面将结合不同产品和业务的差异性与内在关联性，设计组合式策略营销方案，以充分发挥协同效应。

此外，后期公司还将进一步强化软件系统的管理，以更合理的资源配置来实现产品和业务的多元化。

7　投资分析

7.1　股本结构与规模

公司注册资本为**万元。股本结构中，资金入股总额**万元，占总股本的**%；风险投资方面，公司打算引入一家风险投资商作为战略伙伴，以便迅速建立市场通路，降低经营风险。

7.2　资金来源与运用

资金筹集：引入风险投资商，拟筹资金**万元，个人技术入股**万元，自筹**万元，银行借贷**万元。以上共计实筹资金**万元。

资金用途：公司股东实际出资主要用于基础建设投资**万元，研发投入**万元，生产投入**万元，余下**万元用做前期流动资金。

7.3　投资可行性分析

公司的设备、供应商的信誉足够好，设备到货、安装、调试在3～6个月内完成，研究制造中能够保证产品质量；总公司选址在交通设施完善、投资环境很好的郑州金水区，在政策上享受前三年免税的税收优惠政策。

根据本公司现实各项基础、能力、潜力和业务发展的计划以及投资项目的可行性，经过分析研究采用正确的计算方法，本着求实、稳健的原则，并遵循我国现行法律、法规和制度，在各主要方面与财政部颁布的企业会计制度和修订过的企业会计准则相一致。投资可行性分析包括以下内容：

① 投资净现值；

② 投资回收期；

③ 盈亏平衡分析；

④ 投资回报。

7.4 风险投资的撤出

风险投资撤出成功与否的关键是公司的业绩和发展前景。

(1) 撤出方式

风险投资的撤出方式一般为三种:首次公开上市、收购和清算。首次公开上市收益最高。许多运作成功的风险投资都追求以此种方式撤出。公司设计了三种方案:

1) A股市场上市

在适当的时候,公司可以和产业方向相近的公司进行资产重组,达到在国内A股市场上市的条件;或者与上市公司进行资产重组,借壳上市。

2) 海外二板市场上市

公司属于有发展前景和增长潜力的中小型高新技术企业,可争取到香港二板市场上市。

3) 国内二板市场上市

《中共中央国务院关于加强技术创新发展高科技实现产业化的决定》提出:"在做好准备的基础上,适当时候在现有的上海、深圳证券交易所专门设立高新技术企业板块。"如果国内设立了二板市场,公司也可争取在国内上市。

目前,收购方式比较适合本公司。

在公司逐步推出一系列产品的多元化经营模式后,会对投资家和企业更有吸引力。另外,随着公司规模的扩大,若被有实力和管理经验的大公司收购,将能更好地完善管理体系,促进公司的发展。

另外,通过协议方式,风险投资方转让部分股份也是一种可操作性较强的撤出方案。

(2) 撤出时间

如果在二板市场上市,最好争取在2~3年之间上市,因为二板市场一般对管理层抛售股票时间、份额有严格的规定。风险投资在3~5年撤出较合适。

一般来说,当公司未来投资的收益现值高于公司的市场价值时,是风险投资撤出的最佳时期。所以,在公司经过了导入期和成长期后,已完成一部分相关产品的开发,发展趋势很好;同时,公司在国内的轻工行业树立了良好的形象,产品将有相当的知名度,此时撤出可获得丰厚的回报。

8 财务分析

公司设在交通设施完善、投资环境很好的郑州金水区,被有关部门认定为高新技术企业,享受前三年免税的税收优惠政策,即从公司赢利年度开始计算,第一、二、三年免征所得税,自第四年起所得税率为15%。

根据本公司现实基础、能力、潜力和业务发展的各项计划以及投资项目可行性,经过分析研究采用正确计算方法,本着求实、稳健的原则,并遵循我国现行法律、法规和制度,在各主要方面与财政部颁布的企业会计制度和修订过的企业会计准则相一致。

公司第一年不分红,第二年起按净利润的30%分红。

成本费用中的主营业务成本、营业费用均与销售收入密切相关,呈同向变化,假定其与销售收入成一定比例变化。主营业务税金及附加、财务费用和管理费用等与企业的销售收入关系不大。财务分析包括以下内容:

① 公司五年销售预测;

② 公司成本费用核算；

③ 公司五年利润表；

④ 会计报表分析。

9　公司管理

9.1　组织性质

公司性质为有限责任公司，前期拟定为直线制组织形式。

9.2　管理机构

对于创业团队来说，由于初期人员较少，可直接按照职能划分部门，直接由主管一人管理，具体部门设立如下：

技术部门主要负责产品项目的研发和技术工作；**生产部门**负责与 OEM 企业的沟通以及技术工作的实施；**营销部门**负责成型产品的推广、销售、寻找客户和市场；**财务部门**负责公司产品生产开销、公司日常开销和公司员工工资开支。组织结构图如图 1－5 所示。

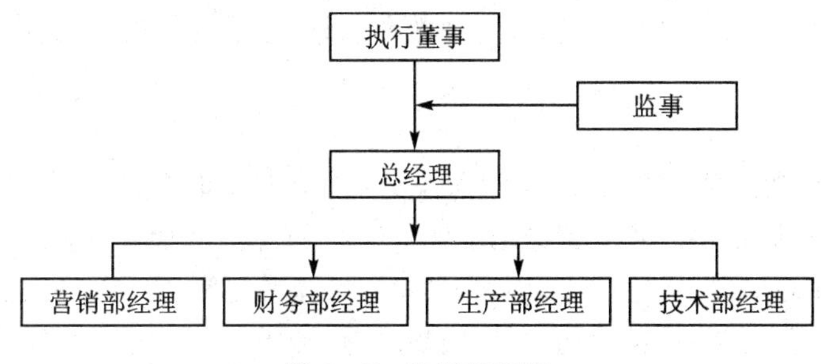

图 1－5　组织结构图

后期随着生产规模的扩大，可以合理地增加一些部门，比如人事部门等，也可以适当增加管理层次，以加强管理体系。同时，也会加强权利的分配方式，确保打造一个合理的管理体系来确保组织的正常运营。

9.3　团队介绍

我们公司的创业创新团队组建于 2013 年 9 月，共 7 人。团队成员在校期间均参加过全国电子设计大赛、全国"飞思卡尔"智能车竞赛等多项全国大学生电类竞赛，并在比赛中多次取得全国一等奖、全国二等奖等优异成绩。我们的研发创新团队具有很高的专业技术水平，所设计的产品符合国家标准和行业标准。创业期间，积极参加 SYB 创业培训和讲座，拥有掌握专业财务知识的咨询人员，拥有富有创业经验和政策分析经验的咨询团队。

(1) 核心成员

白宗飞，男，中共党员，郑州轻工业学院电子信息工程专业 2016 届毕业生。现任公司总经理，做事严谨，工作踏实。

在校期间，多次参加全国电类大型比赛，并多次取得全国一等奖、省一等奖等优异成绩，具有很高的电子设计水平和较强的管理能力。以下是获得的部分荣誉：

2014 年全国信息技术应用水平大赛全国一等奖；

2015 年第九届"飞思卡尔"杯全国大学生智能汽车竞赛全国二等奖；

2015 年全国大学生电子设计竞赛(本科组)河南省一等奖；

2016 年河南省大学生机器人竞赛一等奖;

2016 年“创青春”大学生创业大赛河南省特等奖、全国铜奖;

2016 年第十五届全国大学生机器人大赛全国二等奖;

2016 年河南省大学生创新创业示范项目;

2017 年参加郑州市金水区创业培训(SYB)班,并任班长。

韩振帅,1990 年出生,郑州轻工业学院毕业生,嵌入式工程师,曾在意昂神州(北京)科技有限公司担任电子工程师。在校期间获得全国大学生电子设计大赛全国一等奖、优秀毕业生、国家奖学金、国家励志奖学金等多项荣誉,现任公司技术总监兼副总经理。

总经理和副总经理对公司的一切重大经营运作事项进行决策,包括对财务、经营方向、业务的增减等;主持公司的日常业务活动;对外签订合同或处理业务;任免公司的高层管理人员。

生产部成员负责公司新产品的开发战略,负责现有产品的定位和市场推广战略,包括产品定位和价格策略,要给市场明确的信息。负责新老产品的具体活动,如广告、促销、产品介绍等,作用是激发市场需求,与市场有效地沟通,工作重点是宣传手段和方法。

售后服务部成员在公司的日常营销工作中,收集客户资料,通过回访了解不同客户的需求、市场咨询,发现自身工作中的不足,及时补救和调整,满足客户需求,提高客户满意度。

(2) 团队优势

1) 高校专家团队

团队技术指导老师为郑州轻工业学院学术带头人,学校知名教授、副教授,同时与社会相关机构联系紧密。高校专家团队能更好地了解大学生的想法和成长历程,为大学生提供良好的、切实可行的建议和指导,通过讲座、咨询、一对一交流等多种方式帮助广大有创业想法的学生。同时,可为学生在校期间指导职业生涯的规划、创业计划书的写作,为毕业后的创业之路打下坚实的基础。

2) 高校学生团队

郑州轻工业学院属河南省重点建设高校序列,是河南省人民政府与国家烟草专卖局共建高校,卓越工程师教育培养计划建设高校,河南省博士学位授予权立项建设高校。在创业方面,受国家鼓励创业政策的影响,学校十分重视大学生创业,学生创业兴趣浓厚、创业想法新颖,是培育一些有竞争优势创业项目苗子的沃土。学生专业知识扎实,有创新精神,综合素质强。

(3) 成员优势

我们公司的创业成员在校期间均参加过全国大学生电子设计大赛、“飞思卡尔”杯全国大学生智能汽车竞赛等多项电类竞赛,并在比赛中多次取得全国一等奖、全国二等奖等优异成绩。我们的研发创新团队具有很高的专业技术水平,能独立开发嵌入式和物联网相关电类产品。

(以下内容本书未附)

附录 1 公司营业执照

附录 2 智能计米器专利证书

附录 3 团队所获部分证书

二　全国大学生电子设计竞赛

增益可控射频放大器技术报告

韩振帅　杨振江　丁光涛

摘要:以宽带压控增益放大器 AD8367 为核心,采用超宽带低噪声放大器 THS3201,设计了 40～200 MHz 超宽带、0～52 dB 的增益调节范围射频宽带放大器。本系统由低噪声固定增益放大电路、可控增益放大电路、末级功率放大电路、K60FX512 型单片机控制模块四部分组成,其中 AD8367 增益控制端电压由单片机内部集成的高精度数/模转换器产生。

关键词:射频;宽带;低噪声;增益可控

1　系统方案论证

1.1　固定宽带增益方案选择

方案一:分立元件。

高频三极管等分立元件可以实现较大输出电压有效值,但是电路设计复杂,稳定性差,容易产生自激,调试困难,在有限时间内难以实现。

方案二:高性能集成宽带放大器。

集成运放增益较高,稳定性好,电路调试简单。由于运放具备高开环增益、高输入阻抗和低输出阻抗,所以由运放构成的放大器电路具有更好的线性度。

经综合考虑,本设计选用方案二。

1.2　可控带宽增益方案选择

方案一:采用固定增益放大器,切换衰减网络的方法。

首先由放大器级联实现固定增益放大,再由继电器切换衰减网络(如 π 形或 T 形)实现增益控制。该方案中衰减网络由纯电阻搭建,虽然噪声小、成本低,但增益调节精度受限于电阻值精度;并且引入继电器,将影响高频特性,挡位切换也无法实现增益连续可调。

方案二:采用集成可控增益放大器。

选用宽带低噪声、线性压控增益放大器 AD8367 等作为增益控制核心器件。其控制电压由单片机控制 DAC 产生,其增益控制精度取决于 DAC 位数。此方案增益与控制呈线性关系,控制精度高,稳定性优良,可实现增益连续可调。

经综合考虑,本设计选用方案二。

1.3　总体方案设计

系统主要由 4 个模块组成:低噪声固定增益放大电路、带宽压控增益放大电路、末级功率放大电路、单片机控制电路及显示模块。系统总体框图如图 2-1 所示。

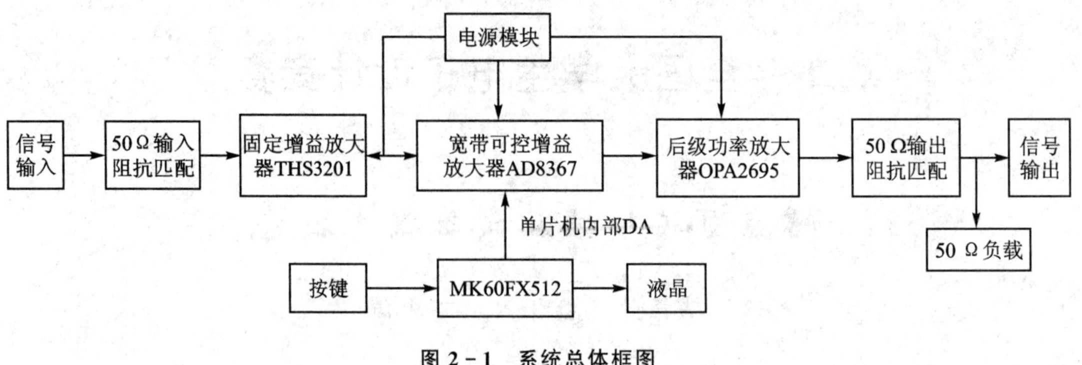

图 2-1　系统总体框图

2　理论分析与计算

2.1　射频放大器设计

为满足题目要求,设计核心应围绕带宽增益积、压摆率、增益分配、通频带计算、高低频滤波等几个重点。在芯片的选型上,本方案全部选择宽带低噪声放大器以实现题目要求的带宽≥200 MHz;选用1.8 GHz单位增益带宽、低噪声运放THS3201搭建前置低噪声固定增益放大电路;500 MHz带宽、−2.5～+42.5 dB增益调节范围放大器AD8367搭建可控增益放大电路;900 MHz带宽电流反馈型运放OPA2695搭建后级功率放大电路。为实现增益大于52 dB,每级在保证带宽足够的情况下,应合理分配增益,并进行阻抗匹配。

2.2　频带内增益起伏控制

由于受到各运放带宽增益积的限制、幅频特性不平坦、噪声干扰等诸多因素的影响,系统通频带内增益会出现起伏现象。为解决此问题,本方案在芯片的选取上,均选择带宽大于200 MHz,通频带内尽量平坦的芯片。

2.3　射频放大器的稳定性

放大器工作是否稳定直接决定系统的稳定性。要达到绝对的稳定,放大器不仅不能同时接近自激振荡条件,而且要有适当裕量。不良接地、不充分供电、输入杂散噪声以及高频段噪声都可能造成放大器工作不稳定。本系统工作频率高,末级输出幅值较高,放大级数较多,必须采取多种措施提高系统稳定性。

① 电路板布线时应充分考虑寄生电容和寄生电感的影响,同时所有电源线和信号线均采取磁珠隔离和电容滤波,磁珠可以滤除高频干扰,电容则滤除低频杂波,相互配合消除电路上的干扰。

② 信号的输入、输出均使用SMA接头使传输阻抗匹配,减少外部空间的电磁干扰,同时减小放大器自激的概率,增强系统的稳定性。

③ 数/模隔离。数字部分与模拟部分之间的地进行隔离,还将各控制信号用磁珠隔离。

2.4　增益调整

本射频宽带放大器系统输入级采用低噪声固定增益放大器,在保证通频带内平坦的条件下,增益尽量提高,设置为22 dB,以减少噪声对信号的影响。程控增益电路模块选取压控增益放大器AD8367作为增益控制核心,增益调节范围为−2.5～42.5 dB。其控制电压由K60FX512单片机的高精度DAC模块产生,增益调整与控制电压呈线性关系:20 MV/dB;后级放大电路 OPA2695 增益设置为 13.97 dB,总增益调节范围为 22－11.5－2.5－6＋13.97－6＝9.97(dB)至 22－11.5＋42.5－6＋13.97－6＝54.97(dB),完全满足题目中增益 12～40 dB 的要求。

3 电路与程序设计

3.1 低噪声固定宽带增益放大电路的设计

前级固定增益放大电路是系统信号链设计的重点和难点,主要要求前置放大器具有低噪声、高带宽、低失真性能。本方案采用电流反馈型运算放大器 THS3201,要求噪声输入电压低至 1.65 $nV/\sqrt{Hz}$,电路设计信号同相输入,实现 50 Ω 输入匹配阻抗。前置放大电路放大倍数及反馈电阻均依据数据手册设计:R_F＝464 Ω,A_u＝1＋464/51.1≈10 倍,即 A_u＝20 dB。具体电路如图 2-2 所示。

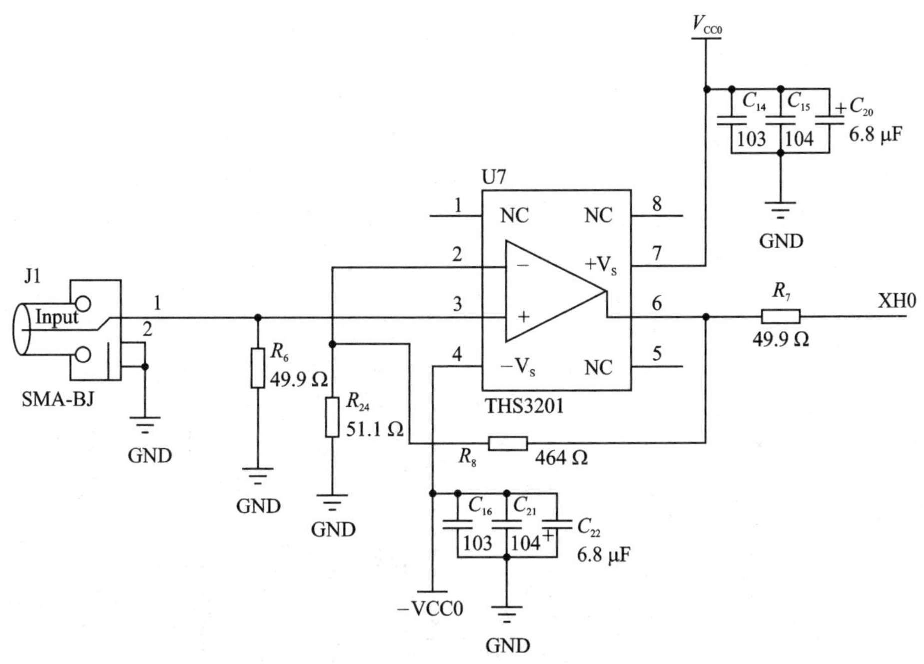

图 2-2 低噪声固定宽带增益放大电路

3.2 可控增益电路的设计

程控增益电路模块采用 500 MHz 带宽、线性压控增益运算放大器 AD8367 作为程控核心器件。依据数据手册,AD8367 增益可调范围为－2.5～＋42.5 dB,输入阻抗为 Z_i＝200 Ω,通过对其输入端进行阻抗匹配,将其可控增益范围调整为－14～＋31 dB,其控制电压由 Freescale 公司的 K60FX512 单片机控制产生,增益与 DA 输出控制电压值呈线性关系,即为 20 mV/dB;增益控制理论精度为 0.001 dB。具体电路如图 2-3 所示。

3.3 后级功率放大电路的设计

题目要求输出正弦波电压有效值 U_o≥2 V,本方案设计的后级功率放大电路有电流反馈型运放 OPA2695,其电压摆率为 2 900 V/μs,非常适合用做功率放大,OPA2695 的单位增益为 450 MHz,只要选择合适的反馈电阻,就可以达到基本要求的上限频率,也可以保证放大器

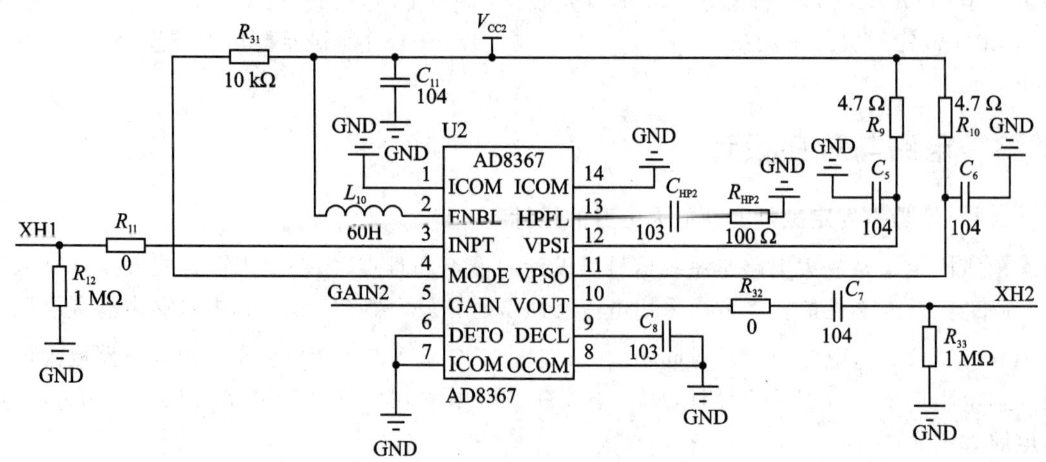

图 2-3　可控增益电路

输出波形的稳定。在负载 50 Ω 的条件下，最大输出正弦波电压有效值 $U_o \geqslant 2$ V，为了使输出波形无明显失真，后级在提高电路总体增益的同时，还要保证有足够的带负载能力。采用一片电流反馈型运放 OPA2695 并联起来作为后级输出，该运放的最大输出电流为 100 mA，足以在满足要求的输出波形下驱动 50 Ω 的负载，选择反馈电阻以保证提高放大倍数和后级输出的稳定性。后级功率放大电路如图 2-4 所示。

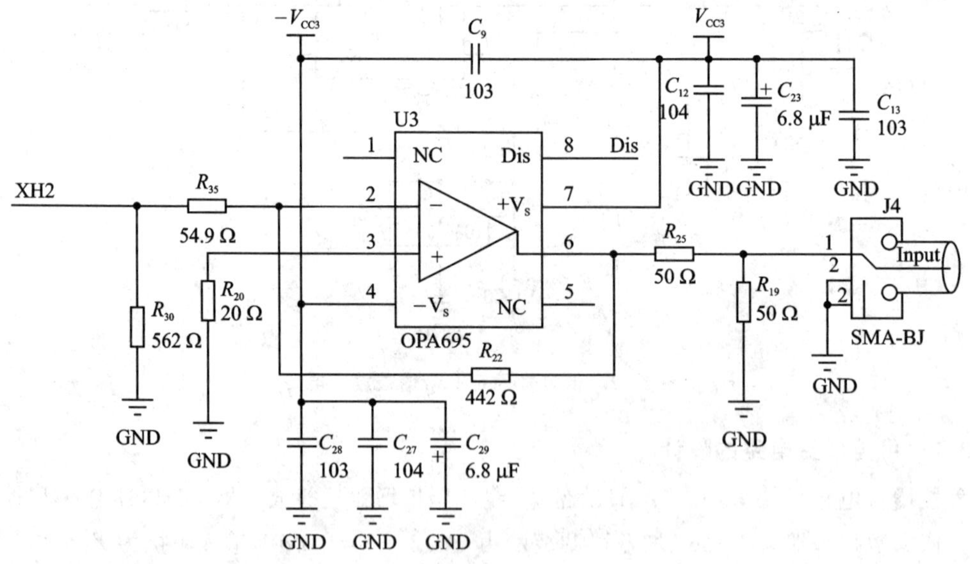

图 2-4　后级功率放大电路

3.4　软件设计与流程图

系统软件设计依靠按键控制单片机自带的数/模转换器，输出精度较高的增益控制电压，增益控制采用非线性补偿的方法实现增益误差校正，控制单片机的 DAC 输出可控增益放大器所需的控制电压，单片机数控实现增益任意可设，具有液晶屏显示等功能。软件流程图如图 2-5 所示。

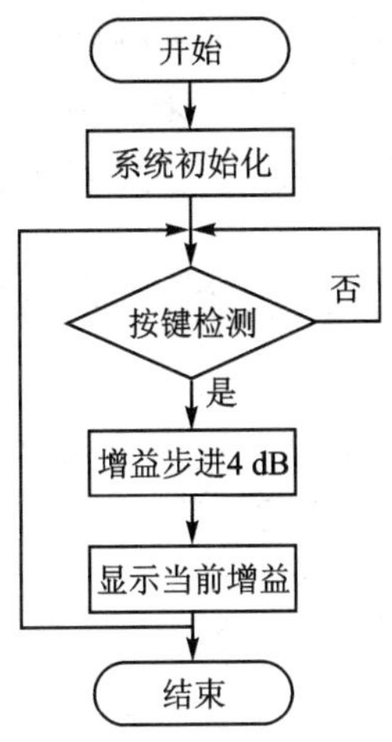

图 2-5　软件流程图

4　测试方案与测试结果

4.1　测试仪器清单

测试仪器清单如表 2-1 所列。

表 2-1　测试仪器清单

序　号	仪器名称	型　号	指　标	生产厂家	数　量
1	数字示波器	MDO3032	350 MHz	Tektronix	1
2	函数信号发生器	TXG4106A	DC-6 GHz	Tektronix	1
3	函数信号发生器	AFG3252C	240 MHz	Tektronix	1
4	数字万用表	2110	$5\frac{1}{2}$	KEITHLEY	1

4.2　测试方案及结果

(1) 输入阻抗与输出阻抗

电路的设计保证输入与输出阻抗等于 50 Ω，满足题目要求。

(2) 放大器增益调节范围测试

测试方案：用函数信号发生器产生固定频点 100 MHz 的正弦波信号；k60 单片机设置放大器增益为 0～52 dB 渐变，记录输出电压有效值。

测试条件：信号源输出频率为 100 MHz 正弦波，单片机程控设置增益，记录输入与输出电压有效值。测试结果如表 2-2 所列。

表 2-2　放大器增益测试

预设增益/dB	12	16	20	24	28	32	36	40	44	48	52
输入电压/mV	5	5	5	5	5	5	5	5	5	5	5
输出电压/mV	21	32	51	80	127	203	318	510	808	1 232	2 005
输出增益/dB	12.4	16.2	20.1	24.1	28.1	32.2	36.1	40.2	44.2	47.8	52.0
增益误差/%	3	1.25	0.5	0.4	0.3	0.6	0.3	0.5	0.5	0.4	0

结果分析:放大器增益0～52 dB可通过单片机设置,增益误差不大于3%。

误差分析:增益设置是由单片机控制DAC来控制压控增益放大器AD8367实现的。单片机DAC输出电压基准的漂移,增益计算误差均会导致增益部分的偏移。

(3) 放大器带宽测试

测试方案:输入有效值为5 mV的正弦波信号,预置放大器增益为52 dB,输出电压有效值U_{out}=2 V,测试结果如表2-3所列。

表2-3 放大器带宽测试

输入频率/MHz	70	80	90	100	110	120	130	140	150	160	170
输出电压/mV	1.87	1.92	1.97	2.03	2.08	2.05	2.01	1.95	1.89	1.86	1.83
实际增益/dB	51.4	51.7	51.9	52.1	52.4	52.2	52.1	51.8	51.5	51.4	51.2

结果分析:放大器-3 dB通频带为50～200 MHz,70～170 MHz,增益起伏小于1.2 dB。

误差分析:由于放大器带宽增益积的限制,加上PCB板信号线间的寄生电容、电感均会导致射频宽带放大器频带的波动。

5 总 结

本系统基本达到了题目的要求,但放大器的整体噪声特性并不是很理想,放大器的实际增益和噪声与理论分析结果有一定的差距。为进一步提高增益和减小噪声,应尽量使电路板布局合理,各级之间更加匹配,提高电阻和电容器件的精度。同时,采用多种抗干扰措施来处理各级放大,合理安排各级的增益,末级选用高压摆率的功放,能达到很好的效果。

参考文献

[1] ADI公司. ADI放大器应用笔记[M]. 北京:北京航空航天大学出版社,2011.

[2] 康华光. 电子技术基础:模拟部分[M]. 北京:高等教育出版社,2012.

[3] 全国大学生电子设计竞赛组委会. 第十一届全国大学生电子设计竞赛获奖作品选编[G]. 北京:北京理工大学出版社,2015.

[4] 黄争,李琰. 运算放大器应用手册[M]. 北京:电子工业出版社,2010.

[5] 高吉祥. 模拟电子线路设计[M]. 北京:电子工业出版社,2007.

双向 DC - DC 变换器技术报告

吴颜鹏 宋金亮 娄 霄

摘要:采用双向半桥变换器作为电路主拓扑,实现对电池的充放电功能。该变换器以STM32单片机为控制核心,由Buck驱动电路、Boost驱动电路、电压/电流采样电路等部分构成。利用PWM波控制功率MOSFET管,通过PWM波的占空比来控制充电过程。通过PI调节实时调整PWM波的输出,实现稳压稳流。为了提高效率,辅助电源采用隔离电源与电源芯片。系统的充电效率达到93.4%,放电效率达到96.3%。此外,还具有过充保护功能,超过阈值电压时停止充电。

关键词:双向半桥;PWM;PI

1 方案设计与论证

1.1 双向 DC - DC 拓扑结构的选择

方案一:双向 cuk 变换器。

此方案电路如图 2 - 6 所示,采用两个磁环,增加了质量,题目中要求双向 DC - DC 变换器、测控电路与辅助电源三部分的总质量不大于 500 g,所以要减轻质量,并且此方案控制复杂,不方便。

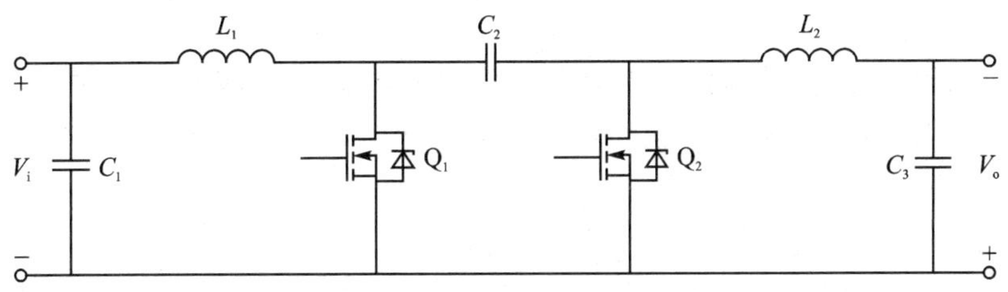

图 2 - 6 双向 cuk 变换器

方案二:双向 Buck/Boost 变换器。

此方案如图 2 - 7 所示,为升降压变换器,其输入与输出极性相反,同时需要使用较大的电感进行储能,这意味着需要更大的磁芯与绕线,在增加了质量的同时还会引入更大的铜损。

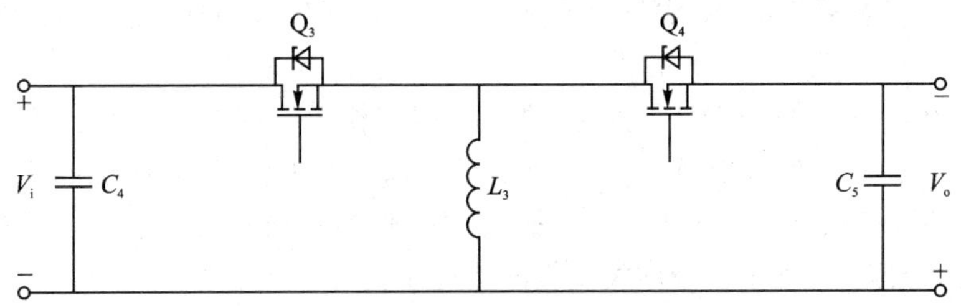

图 2 - 7 双向 Buck/Boost 变换器

方案三:双向半桥变换器。

双向半桥变换器的输入端与输出端为同相,利用单个电感来储能和释能,与 Buck/Boost

变换器不同的是双向半桥变换器对电感的要求相对较小,电路如图 2-8 所示。故选方案三。

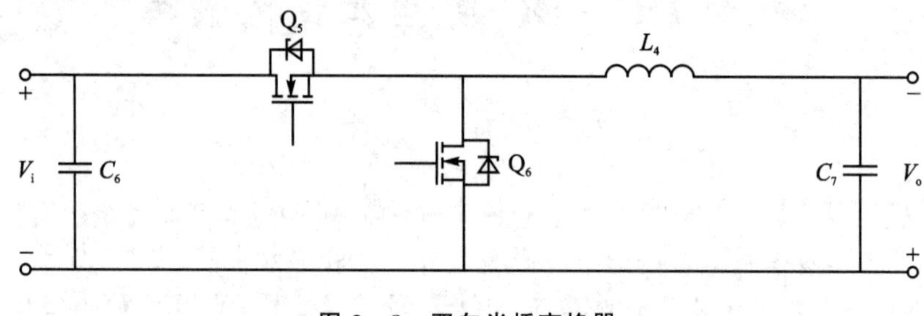

图 2-8　双向半桥变换器

1.2　电流采样

方案一:霍尔传感器。

使用霍尔传感器可以采集双向电流,但其线性度不高,对小电流的采样能力有限,同时输出变化幅值较小,不符合本设计的需求。

方案二:直接电阻采样法。

采用康铜丝作为采样电阻,用电流采样芯片 INA283 进行高边电流采样,将 INA283 输出的值送入单片机内部 12 位 AD 进行采集。康铜丝以铜镍为主要成分,电阻温度系数较小,使用的温度范围较宽,阻值稳定,工作性能良好。

根据实验室现有条件综合考虑,选用方案二。

1.3　电压采样

方案一:电阻分压法。

此方案可以将需要测量的电压分压成幅值相对较小的电压,从而方便进行 AD 采集。但是当所需测量的电压较高且幅值变化幅度较小时,体现在电阻分压后的电压变化很小,由此会导致采集精度降低。

方案二:电阻分压+差分放大法。

此方案有效地弥补了方案一的缺陷,其原理是先将电阻分压后的电压变化量进行放大,再送至单片机进行 AD 采集,由此可以提高采集精度。通过比较,选择方案二。

2　系统总方案

系统由辅助电源、测控电路和双向 DC-DC 交换电路组成,如图 2-9 所示。采用的处理器是 ST 公司的 STM32F103 系列的 32 位单片机,其内部集成多通道的 12 位 AD,以及多路 PWM 输出,完全可以满足本设计的要求。

采用两路单向 DC-DC 变换器来达到能量双向传输,其控制简单,易于实现,但系统体积庞大,质量较重,实际上相当于两台装置,并且任何时候只有一组投入工作,系统资源浪费较大。若把以上两个变换器的功能用一个变换器来实现,将单向开关改为双向开关,则所有的单向拓扑均变为双向拓扑,加上合理的控制就能实现能量的双向流动。

与传统的采用两路单向 DC-DC 变换器来达到能量双向传输的方案相比,双向 DC-DC 变换器应用同一变换器来控制能量的双向传输,使总的器件数少,而且可以更加快速地进行两个方向功率的切换,使双向 DC-DC 变换器具有效率高、体积小、动态性能好和成本低等优势。

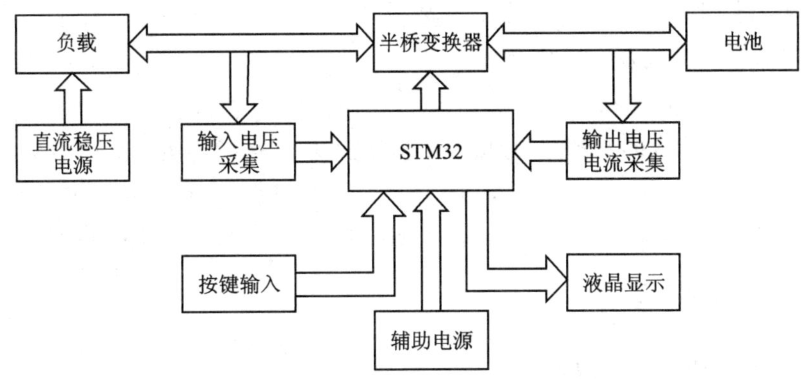

图 2-9　系统总设计框图

3　系统理论分析与计算

3.1　DC-DC 回路参数选择及计算

(1) Boost 拓扑的电感计算

$$V_{\text{imin}} = 5 \times 3.7 = 18.5\ \text{V},\quad V_{\text{o}} = 30\ \text{V}$$

占空比为 $D = \dfrac{V_{\text{o}} - V_{\text{imin}}}{V_{\text{o}}} \approx 0.383$。

本设计设置开关频率为 $T_{\text{on}} = D \times T = 19.167\ \mu\text{s}$。

由伏秒积可以得到：

$$Et = V_{\text{imin}} \times T_{\text{on}} = 353.538\ \text{V} \cdot \mu\text{s}$$

$$I_L = \frac{I_{\text{o}}}{1-D} = \frac{1}{1-0.383} \approx 1.621\ \text{A}$$

$$L = \frac{Et}{r \times I_L} = \frac{353.538}{0.4 \times 1.621} \approx 545.247\ \mu\text{H}$$

式中：r 为电流纹波率，在这里取值为 0.4。

(2) Buck 拓扑电感计算

输入电压最大值为 $V_{\text{imax}} = 36$ V，输出电压最大值为 $V_{\text{on}} = 24$ V。

占空比为 $D = \dfrac{V_{\text{o}}}{V_{\text{imax}}} \approx 0.667$。

开关频率为 $f = 20$ kHz，周期为 $T = \dfrac{1}{f} = 50\ \mu\text{s}$。

关断时间为 $t_{\text{off}} = (1-D) \times T = (1-0.667) \times 50 = 16.65\ \mu\text{s}$。

伏秒积为 $Et = V_{\text{off}} \times t_{\text{off}} = 24 \times 16.65 = 399.6\ \text{V} \cdot \mu\text{s}$。

电感值为 $L = \dfrac{Et}{r \times I_L} = \dfrac{Et}{r \times I_{\text{o}}} = \dfrac{399.6}{0.4 \times 2} = 499.5\ \mu\text{H}$。

电感值取二者中较大的值 $L = 545.247\ \mu\text{H}$，所以电感取值为 $L = 550\ \mu\text{H}$，考虑到电感最大载流达到 2.4 A 左右，在这里选取线径为 1 mm 的漆包线来绕制电感。

3.2　稳压控制方法

通过按键可对恒流/恒压模式进行切换。当切换到恒压模式时，STM32 通过 AD 采集电

压 U_2 的大小，进行 PI 调节，实时调整输出 PWM 的占空比，以收到对 U_2 稳压的效果。

3.3 提高效率的方法及实现方案

选择导通内阻较小的 MOS 管，本设计采用导通内阻为 8 mΩ 的 IRF3205 作为开关管。采用 IR2109 作为 MOS 管的驱动，其输出端是推挽式结构，能够提供较大的驱动电流，从而加快 MOS 栅源间等效电容的充放电，使 MOS 管开关速度加快，由此可以缩短开关的上升沿和下降沿，减小开关损耗。选择线径较粗的漆包线绕制电感，母线尽量加粗，同时减小开关频率。

4 电路与程序设计

4.1 双向 DC-DC 变换电路

如图 2-10 所示，当配置为恒流模式时，PWM 波通过半桥驱动器 IR2109、驱动场效应管 IRF3205，在 IRF3205 两端并联一个肖特基二极管 SS36，实现电流的双向传输。电路输出电压通过采样电阻分压，双运算放大器 LM358 放大后送至单片机进行 ADC 采样，单片机利用 PID 算法调整两路稳流后的输出电压。因为地线必须共用，所以无法使用低边采样，故进行高边电流采样。高边采样要求放大器必须具有大动态的输入范围以及高共模抑制比，因此采用 TI 公司专用高边电流采样芯片 INA283。

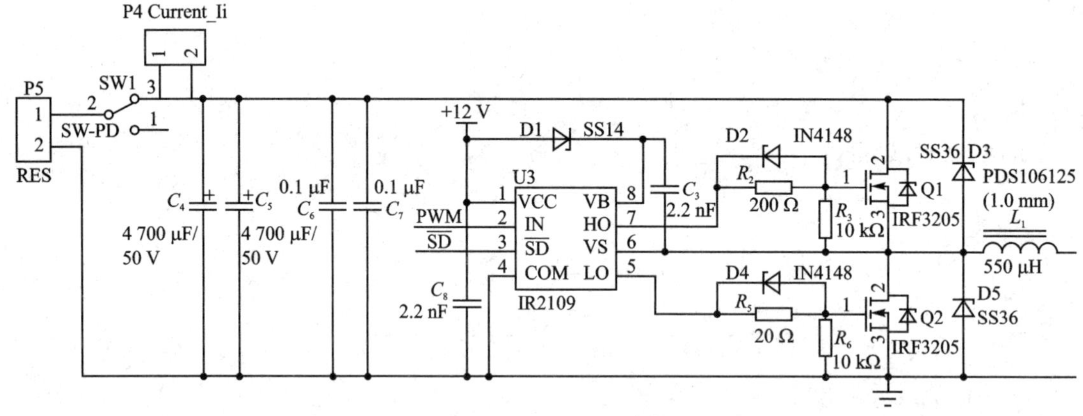

图 2-10 双向 DC-DC 变换主回路

4.2 程序设计

软件部分主要实现信号采样、PID 控制算法、键盘控制和输出显示等几个功能，流程图如图 2-11 所示。系统采用 STM32 单片机进行控制、数据采集处理，模/数转换采用微控制器自带的 12 位高速 ADC。系统采集输出电压和电流送到单片机，在微控制器内实现闭环控制算法，计算得到输出 PWM 波的占空比，控制输出电压及输出电流的比例，从而实现电压环与电流环的数字闭环控制。

5 测试方案与测试结果

5.1 充电模式

(1) U_2=30 V，电流控制精度的测试。

测试方法：在 U_2=30 V 条件下，实现对电池恒流充电，充电电流 I_1 在 1～2 A 范围内步进，步进值为 100 mA，测得实际电流值如表 2-4 所列。

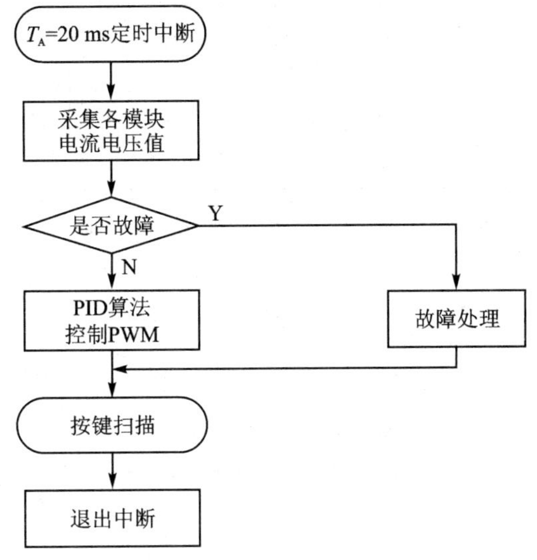

图 2-11　软件流程图

表 2-4　电流精度测试

设定值/A	1.0	1.1	1.2	1.3	1.4	1.5	1.6	1.7	1.8	1.9	2.0
测量值/A	1.012	1.108	1.204	1.289	1.398	1.512	1.605	1.712	1.805	1.909	2.007
误差/%	1.2	0.8	0.4	1.1	0.2	1.2	0.5	1.2	0.5	0.9	0.7

(2) I_1=2 A,电流变化率的测试。

测试方法:设定 I_1=2 A,调整直流稳压电源输出电压,使 U_2 在 24～36 V 范围内变化,测得输出充电电流值如表 2-5 所列。

表 2-5　电流变化率测试

U_2/V	24	30	36
I_1/A	2.012	1.991	2.008

由公式计算得到电流变化率为 0.2%,符合题目的要求。

(3) 变换器充电效率的测试。

测试方法:在 I_1=2 A,U_2=30 V 条件下,测试 I_2、U_1,并由此求得变换器效率,结果如表 2-6 所列。

表 2-6　充电效率测试

I_1/A	I_2/A	U_1/V	U_2/V	效率/%
2.011	1.495	20.817	29.971	93.4

变换器充电效率为 93.4%,符合题目要求。

(4) 充电电流 I_1 的测试。

测试方法:在 I_1=1～2 A 范围内测量电流值,测试结果如表 2-7 所列。

表 2-7 充电电流测试

设定值/A	1.0	1.1	1.2	1.3	1.4	1.5	1.6	1.7	1.8	1.9	2.0
实测值/A	1.003	1.008	1.201	1.296	1.412	1.504	1.597	1.711	1.802	1.891	2.007
误差/%	0.3	0.8	0.1	0.4	1.2	0.4	0.3	1.1	0.2	0.9	0.7

(5) 测得当电压超过阈值 $U_{1th}=24$ V 时,停止充电,符合题目要求。

5.2 放电模式

(1) 放电效率的测试。

测试方法:保持 $U_2=(30\pm0.5)$V,测得 I_1、I_2、U_1,测试结果如表 2-8 所列。

表 2-8 放电效率测试

I_1/A	I_2/A	U_1/V	U_2/V	效率/%
1.826	1.132	19.332	30.032	96.3

变换器放电效率为 96.3%,符合要求。

(2) 输出电压的稳压测试。

测试方法:调整直流稳压电源的输出电压,使 U_S 在 32~38 V 范围内变化,测量 U_2 的值,测试结果如表 2-9 所列。

表 2-9 U_2 稳压测试

U_S/V	32	33	34	35	36	37	38
U_2/V	30.001	29.998	30.001	30.002	29.998	30.003	30.002

电压稳定在 0.5 V 以内,符合要求。

(3) 测得双向 DC-DC 变换器、测控电路及辅助电源三部分总质量为 325 g,符合题目要求。

6 总 结

本系统以 STM32 为控制核心,设计并制作了双向 DC-DC 变换器,采用双向半桥拓扑结构,结构简洁、高效可靠、易于实现、方便扩展,并且采用模块化方法开发,可以重复使用,具有很高的实用价值。系统对电池充电时,当电压超过阈值 $U_{1th}=(24\pm0.5)$V 时,停止充电,即具有过充保护功能。实验结果证明,该变换器可以实现电池充电、放电功能,控制精度,具有良好的稳定性和较高的效率,较好地完成了题目中的基本部分和发挥部分的各项任务。

参考文献

[1] 袁精. 双向全桥 DC-DC 变换器控制技术研究[D]. 秦皇岛:燕山大学, 2014.
[2] 长谷川彰,何希才. 开关稳压电源的设计与应用[M]. 北京:科学出版社,2014.
[3] 张勋. 双向隔离式 DC/DC 变换器[D]. 济南:山东大学,2015.
[4] 邹一照. 一种基于同步整流技术的降压 DC-DC 转换器设计[D]. 南京:东南大学,2006.

[5] 朱宏，周慧龙，任亮亮，等. 一种移相控制的三相双向 DC－DC 变换器[J]. 电工技术学报，2015，(13)：39-46.

[6] 肖华锋. 基于电流源型半桥拓扑的双向直流变换器技术研究[D]. 南京：南京航空航天大学. 2007.

[7] Abraham I pressman，等. 开关电源设计. 3 版. 王志强，等译. 北京：电子工业出版社，2010.

滚球控制系统技术报告

胡在志 熊嘉鑫 彭 雄

摘要:滚球控制系统采用K60单片机作为主控MCU,结合S D5舵机、图像采集模块山外公司的OV7725等构成。系统使用摄像头采集图像信息后进行图像预处理(二值化处理、滤波、边缘检测等),然后传送给MCU,单片机运用腐蚀算法获取小球中心点的位置,利用PID算法计算出小球当前位置与目标位置之间的偏差,计算下一次行进路线。经测试该滚球系统完成题目所要求的全部功能。

关键词:K60;腐蚀算法;PID控制;视觉识别

1 系统方案

本系统主要由单片机控制模块、图像采集模块、舵机控制模块、电源模块组成,下面分别论证这几个模块的选择。

1.1 主控制器件的论证与选择

(1) 控制器选型

方案一:采用K60芯片。

M4内核的K60单片机系列MCU具有IEEE1588以太网、全速和高速USB2.0 OTG、硬件解码能力和干预发现能力。芯片从带有256 KB Flash的100引脚的LQFP封装到1 MB Flash的256引脚的MAPBGA封装,具有丰富的电路、通信、定时器和控制外围电路。高容量的K60系列带有可选择的单精度浮点处理单元、NAND控制单元和DRAM控制器,其最高工作频率可达200 MHz以上。

方案二:STM32F103ZE。

STM32F103ZE具有ARM公司的高性能Cortex-M3内核,不但拥有一流的外设,而且功耗低、集成度大,最高工作频率为72 MHz。

STM32系列单片机应用范围很广,但由于此次比赛题目对单片机运算速度要求较高,考虑到STM32F103ZE和STM32F407的运算速度比不上K60,要想实时精准地捕捉到运动小球的位置,必须采用更高速的单片机。

综合以上两种方案,选择方案一。

(2) 基本结构选择

方案一:白球黑板。以黑色木板为背景,白色小球为控制对象。

方案二:黑球白板。以白色木板为背景,黑色小球为控制对象。

由于时间紧迫,实验室资源有限,短时间难以找到黑色木板,而白色KD板较为常见。

综合以上两种方案,选择方案二。

1.2 控制舵机的论证与选择

方案一:AX-12数字舵机。

AX-12数字舵机是一种智能化、模块化动力装置,由齿轮减速箱、一个精确的直流电机以及具备通信功能的控制芯片打包而成;能产生大扭矩,材料坚固,保证承受极大外力必需的强度和韧性；工作时可反馈内部状况，例如内部温度或输入电压。

方案二：S－D5 数码舵机。

S－D5 数码舵机是特制的品种，工作电压只能在 5.5 V 以下，有自我保护功能，舵机在堵转 3 s 后开始保护，以降低电流，保护电动机以及电板，正常工作电流为 200 mA，堵转电流为 800 mA，频率是 300 Hz。

相比 AX－12 舵机，S－D5 舵机拥有更高的频率，在小球运动时能够及时根据小球的位置做出相应的反应，AX－12 舵机与单片机之间采用串口协议通信，在通信过程中容易丢失数据，笔者参加过 2018 年的飞思卡尔智能车光电组，对 S－D5 舵机有深刻的认知。

综合以上两种方案，选择方案二。

1.3　控制系统的论证与选择

方案一：将摄像头与木板相连接。

摄像头与木板相连接，理论上可以保证摄像头能够始终在木板中心，不会丢点。

方案二：将摄像头与木板分开。

将摄像头抬高，与木板的垂直距离为摄像头与木板分开 100 cm，能够全面观察木板上的小球。

在实际中摄像头与木板相连接，剧烈的抖动会严重影响摄像头与木板中心的相对位置，从而导致小球难以控制。

综合考虑采用方案二。

2　系统理论分析计算与系统机械结构

2.1　滚球系统机械结构

(1) 摄像头固定支架

通过反复试验，最终将两根碳素杆垂直固定在系统底板上，第三根碳素杆连接于两根杆的上端，在第三根碳素杆中间固定摄像头，摄像头距水平面的垂直距离为 100 cm。

(2) 系统材料的选用

考虑到比赛时间为白天，因为采集的是二值化图像，为了减少光照的影响，采用白色 KD 板，小球则使用黑色钢球。

(3) 背景平面有无凹陷

经过多次试验发现，木板上如有凹陷，小球虽然会稳定停滞于凹陷区域，但是接下来小球离开凹陷区域的瞬间舵机会有不规则的抖动，从而增加了系统的不稳定性；倘若没有凹陷，小球很难稳定地停留于要求区域，但是通过日以继夜地调试程序参数，最终实现了小球稳定地停留在指定区域。因此制作的此系统木板平面光滑无凹陷。

2.2　PWM 与坐标之间转化的计算

(1) 舵机转动角度与 PWM 之间的关系

单片机将通过 TIME 产生 SPWM 的信号传送给 S－D5 舵机，不同的 PWM 占空比所驱动舵机转动的角度不同，要想小球按照规定的轨迹滚动，必须计算出小球在每个位置应该对应的舵机转动角。

(2) 舵机转动角度与小球所在坐标之间的关系

与上述类似，小球所在坐标不同，对应的舵机转动角度不同，要想小球沿着规定轨迹滚动，必须计算出小球在每个坐标应该对应的舵机转动角。

(3) PWM 波与小球所在坐标之间关系的计算

通过反复调试,得出坐标与 PWM 波之间的关系,在调试板上通过设定目的地坐标而控制舵机的转动角度,将 PWM 波封装成坐标形式使代码执行效率更高,同时也提高了代码的可读性。

2.3 小球运动过程中参数的计算

(1) 小球当前所在位置

使用腐蚀算法计算出小球中点坐标,摄像头硬件二值化将小球所在位置在液晶屏上显示出来,白色为木板背景,黑色为目标小球。

(2) 小球当前位置与目标位置之间的偏差

获取小球当前位置后,利用 PID 算法计算出当前位置与目标位置之间的偏差,从而确定小球下一刻应该到达的坐标。反复试验后,得到了一组合适的位置矢量 PID,能够使小球稳定地按照规定轨迹行驶。

(3) 小球所在规定区域对应的坐标

本题要求小球能够按照规定的轨迹运动及暂停,通过反复调试,得出了 1～9 所有区域所对应的坐标,将这 9 个二维数组导入程序,可使小球稳定在任意一个区域。

3 电路与程序设计

3.1 电路设计

(1) 图像采集电路原理图

图像采集部分采用山外公司的 OV7725 摄像头模块,这部分电源供电采用 TPS7333 低压差稳压芯片,将 5 V 电压转换成 3.3 V 为摄像头提供电源,这部分的电路如图 2-12 所示。

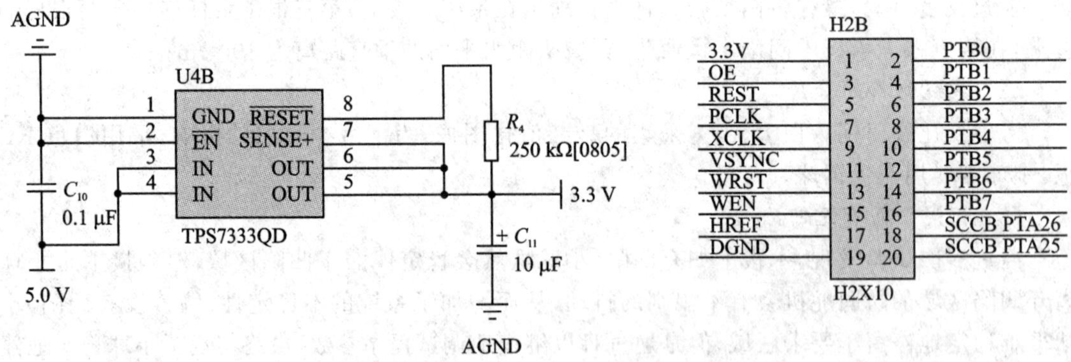

图 2-12 图像采集电路原理图

(2) 控制舵机电路原理图

舵机电路采用 ISO7420 低功耗双通道数字隔离芯片,将核心控制电路与舵机电路隔离开,提高系统的稳定性,采用 TPS7A4501 低噪声快速瞬态响应低压降稳压芯片,将 7.2 V 电压稳定到 6 V 为舵机转动提供电源,这部分的电路如图 2-13 所示。

(3) 电 源

系统供电采用 7.2 V 锂电池,使用 TPS7A4501 将 7.2 V 转成 6 V 给 S-D5 舵机供电,TPS76733Q 将 7.2 V 转成 3.3 V 驱动摄像头,TPS7350Q 将 7.2 V 转成 5 V 给单片机供电。

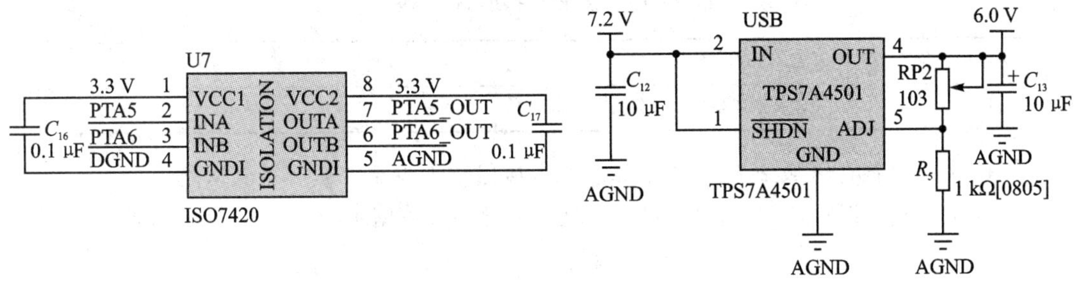

图 2-13 控制舵机电路原理图

3.2 程序设计

根据题目要求，软件部分要控制小球按照指定的轨迹运动，主要分为图像采集和舵机的控制。图像采集部分获取小球当前位置，舵机控制是根据小球的当前位置，控制小球运动的轨迹。程序设计思路利用腐蚀算法计算出小球的中心点位置，摄像头将捕捉到的小球位置转化成二值化图像信息传输给 K60 单片机，单片机利用 PID 算法根据当前位置计算出与目标位置之间的关系，从而控制舵机的转动，使小球到达下一个预定位置。程序的流程图如图 2-14 所示。

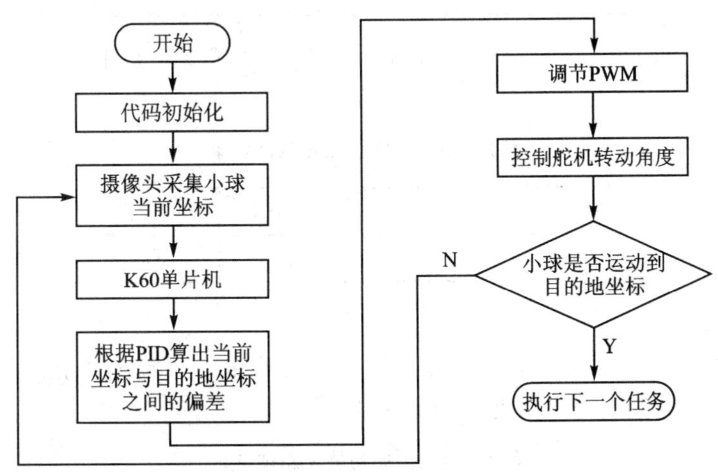

图 2-14 主程序流程图

4 测试方案与测试结果

4.1 测试条件与仪器

测试条件：确保搭建硬件的精准性，在调试板上调节 PID 坐标使得小球在 1～9 个规定区域内稳定下来，记录下每个区域对应的坐标值。

测试仪器：高精度的数字毫伏表、模拟示波器、数字示波器、数字万用表、秒表。

4.2 测试结果及分析

(1) 基本部分

滚球所在位置对应的 PID 调试坐标如表 2-10 所列。

表 2-10　滚球所在初始位置坐标

滚球所在位置	1号	2号	3号	4号	5号	6号	7号	8号	9号
坐标(X,Y)	42,23	78,22	116,22	40,61	74,61	113,57	36,97	73,95	113,97

① 将小球放置在区域2,控制使小球在此区域停留不少于5 s,测试3次均成功。

② 在15 s内,控制小球从区域1进入区域5,在区域5停留不少于2 s。测试结果如表2-11所列。

表 2-11　基本功能2测试结果

测试次数	第一次	第二次	第三次
时间/s	14.4	14.3	14.8

③ 控制小球从区域1进入区域4,在区域4停留不少于2 s;然后再进入区域5,小球在区域5停留不少于2 s。完成以上两个动作总时间不超过20 s。测试结果如表2-12所列。

表 2-12　基本功能3测试结果

测试次数	第一次	第二次	第三次
时间/s	17.6	19.2	18.3

④ 在30 s内,控制小球从区域1进入区域9,且在区域9停留不少于2 s。测试结果如表2-13所列。

表 2-13　基本功能4测试结果

测试次数	第一次	第二次	第三次
时间/s	26.5	28.5	25.1

(2) 扩展部分

① 在40 s内,控制小球从区域1出发,先后进入区域2、区域6,停止于区域9,在区域9停留时间不少于2 s。测试结果如表2-14所列。

表 2-14　扩展功能1测试结果

测试次数	第一次	第二次	第三次
时间/s	36.2	35.5	33.6

② 在40 s内,控制小球从区域A出发,先后进入区域B、区域C,停止于区域D;测试现场用键盘依次设置区域编号A、B、C、D,控制小球完成动作。测试结果如表2-15所列。

表 2-15　扩展功能2测试结果

测试次数	第一次	第二次	第三次
时间/s	26.1	30.3	38.6

③ 小球从区域4出发,做环绕区域5的运动(不进入),运动不少于3周后停止于区域9,且保持时间不少于2 s。测试结果如表2-16所列。

表 2-16　扩展功能 3 测试结果

测试次数	第一次	第二次	第三次
时间/s	成功	成功	成功

(3) 测试结果分析

从以上表格数据可知，该系统能完全满足电子设计竞赛组委会提出的各项指标要求。

参考文献

[1] 童诗白.模拟电子技术基础[M].4版.北京：高等教育出版社，2007.

[2] 郭天祥.新概念51单片机C语言教程：入门、提高、开发[M].北京：电子工业出版社，2009.

[3] 刘火良，杨森.STM32库开发实战指南[M].北京：机械工业出版社，2013.

三　全国大学生智能汽车竞赛

基于线性CCD寻线智能车的技术创新报告

方乐运　龚　明　刘立业

摘要:以“飞思卡尔”杯全国大学生智能汽车竞赛为背景,以MK60DN512VLQ10单片机为主控制器,利用经典PID控制算法,提出了一种根据CCD判断赛道类型引导小车循迹行驶的方案。本文从机械改装、图像处理、辅助工具三个方面阐述这一方案的有效性和可行性。

关键词:智能车;CCD;摇头舵机;OLED;按键

1　引　言

根据第九届“飞思卡尔”杯全国大学生智能汽车竞赛光电组比赛规则,车模需在CCD传感器引导下以最快速度在赛道上行驶一周。由于本届比赛又特意加入了障碍和较陡的坡道,这对单一CCD识别较为困难,对四轮车高速行驶是一个挑战。本文主要介绍一套双CCD加摇头舵机的设计方案。

2　设计简介

本小组从实际需求出发,首先对原始车模进行必要的机械改装,合理分配重心,提高直道的稳定性和转弯的灵活性;同时自行设计智能车所需硬件电路的PCB板,包括最小系统板、主控板、驱动板、按键调试等模块;对于寻线的方式,我们刚开始尝试了摇头舵机,取得了不错的效果,但由于坡道和人字道的冲突,我们在摇头舵机的基础上又加了一个CCD,这样不仅有很远的前瞻而且寻线效果较好。软件方面,我们按照一次函数图像的思想对采集回来的图像进行了缩放处理。最后,本方案还给出了调试过程中本组成员自行设计的基于Flash的按键调试模块的相关介绍。

3　机械改装

B车车模结构较为简单,但里面依然蕴含着丰富的机械学知识,在调试的过程中发现,一辆车机械结构的稳定程度直接决定着它所能达到的极限速度,而原有车模机械相对简单,所以对车模机械的改装至关重要。

首先,车模的整体布局要合理,重心尽量居中并降低。从图3-1可以看出:车模拆除了原车模的减震装置,底板采用电路板硬连接;电池紧贴后轮放置,使重心后移,而CCD支架部分则比较靠前,来平衡整车重心;为降低重心,车模底板加了点垫片来降低重心,同时电路板安装时尽量放低。

由于CCD只能寻找一条平行线,因此为了提高CCD寻线的可靠性,我们使用了摇头舵机,鉴于CCD质量较轻,所以直接在舵机转轴上固定了圆盘来带动一根碳素杆,使碳素杆可以随着舵机的旋转而转动。之后我们又把 CCD 安装在了碳素杆的顶端,但发现这样在车跑动时 CCD 左右摇摆很厉害,导致车的路径很差。既要把碳素杆固定,又要保证 CCD 可以旋转,于是我们设计了一个三脚架,并在其上固定了一个圆筒,从而使碳素杆可以在圆筒内随意旋转,这样在很大程度上提高了 CCD 安装的稳定性。之所以用两个 CCD,主要是为检测人字弯和坡道服务,使各种元素检测更加可靠。双 CCD 加摇头舵机的实际效果如图 3－2 所示。

图 3－1　整车布局图

图 3－2　双 CCD 加摇头舵机

4　图像处理

鉴于线性 CCD 在同一曝光时间内采集回来的数据中,黑白的 AD 值差别不明显,在光线不均匀的情况下不便于区分黑白,同时在一个固定寻线的阈值内,寻线的适应性不强。为了解决这个问题,我们对图像进行了缩放处理。实际证明经过处理后的图像,黑白区分明显,即使在同一阈值内也能适应不同的光线,这样在实际比赛场地的体育馆中就有了很强的适应性,而不会因为场地光线的不均出现寻线出错的问题。

CCD 图像处理的设计方案流程如图 3－3 所示。

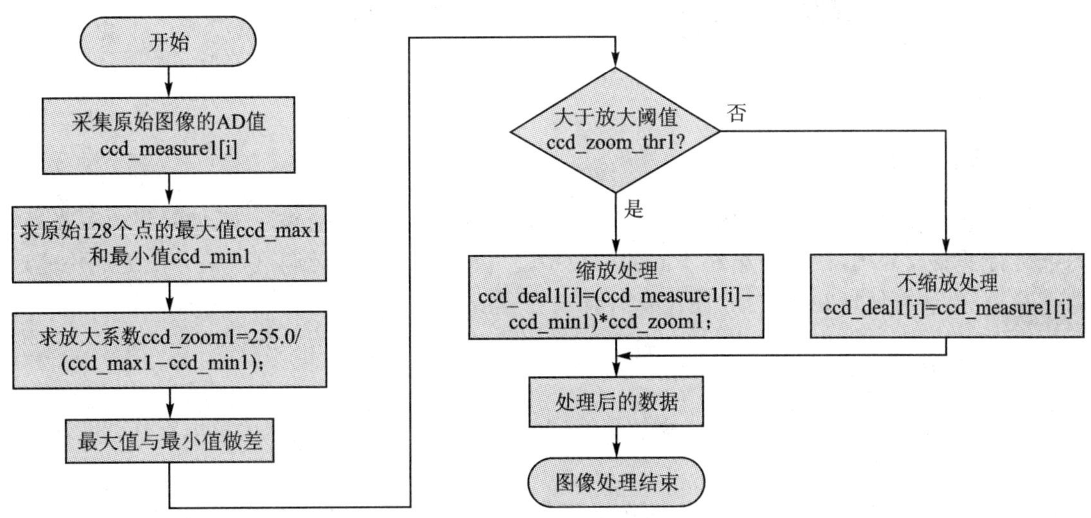

图 3－3　设计方案流程图

在采集回来的 128 个点的 AD 值中,先求最大值 ccd_max1 和最小值 ccd_min1,然后按一次函数图像的思想求缩放系数 ccd_zoom1＝255.0/(ccd_max1－ccd_min1)。同时,在十字道的全白或者全部蓝色不进行放大,只在正常的弯直道上进行放大。在对最大值与最小值作差后看其是否满足缩放条件,若满足则处理为 ccd_deal1[i]＝(ccd_measure1[i]－ccd_min1)* ccd_zoom1,若不满足则不进行缩放处理。经过缩放处理后,大的值被放得更大,小的被缩得更小,这样就实现了拉大图像的目的,使得寻线时的阈值适应性大大增强。经过缩放处理前后的图像分别如图 3-4 和图 3-5 所示。

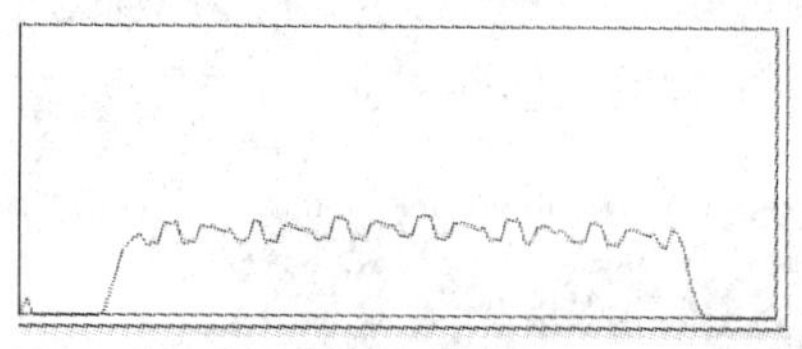

图 3-4 CCD 采集的原始图像

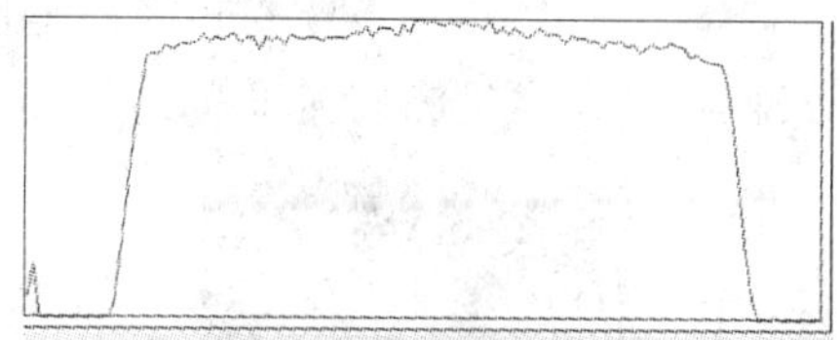

图 3-5 CCD 经过缩放后的图像

5 辅助调试工具

在智能车的调试和比赛中,拥有一个实时显示和调试参数的工具显得尤为重要。我们使用了 OLED 显示屏和按键结合,做出了实时的 HMI 工具,使用方便快捷。HMI 实时调试工具如图 3-6 所示。将重要的参数显示在 OLED 上,并写入单片机的 Flash,可以临时修改、保存,并且掉电不丢失;还可以通过按键选择,显示 CCD 的波形。

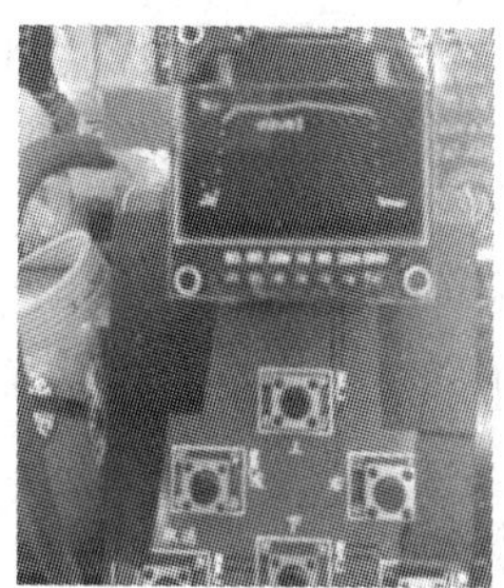

图 3-6 按键调试模块

6 结 论

综合以上设计说明,可以得出结论:我们的智能车由于采用了摇头舵机,使寻线更可靠;对图像进行了缩放处理,使得小车在不同的环境中适应能力更强;按键调试模块方便更加快速地调试参数,更加方便地观察波形,使比赛时调试更灵活。

参考文献

[1] 卓晴, 黄开胜, 邵贝贝. 学做智能车[M]. 北京:北京航空航天大学出版社,2007.

[2] 谭浩强. C 程序设计[M]. 北京:清华大学出版社,2005.

[3] 邵贝贝. 单片机嵌入式应用的在线开发方法[M]. 北京:清华大学出版社,2004.

[4] 余灿键,程东成,李伟强. PID 算法在智能汽车设计上的应用[M]. 北京:北京航空航天大学出版社,2007.

信标组智能车技术报告

尹　想　陈　璐　何帅彪

摘要:本文设计的智能车系统以 C 型车模为平台,以 MK60FN512VLQ15 微控制器为核心控制单元,通过 CMOS 摄像头 OV7725 加上红外滤光片来检测信标发出的红外光图像信息;通过编码器检测模型车的实时速度,使用 PID 控制算法调节驱动电机的转速和转向以及摇头舵机的角度,实现了对模型车运动速度和运动方向的闭环控制。应用 JLINK 在线调试,采用 IAR 软件、蓝牙、上位机等作为调试工具进行调试,进行了大量硬件与软件测试。实验结果表明,本系统设计方案确实可行。

关键字:MK60FN512VLQ15;OV7725;PID

1　引　言

随着科学技术的日新月异,智能控制的应用越来越广泛。智能车技术依托于智能控制,前景广阔且发展迅速。全国大学生“恩智浦”杯智能汽车竞赛现已增加到了七个组别,其中包括三个原始组别:光电组、摄像头组和电磁组;增加了信标越野组、双车追逐组、电轨组、及创新组。其中信标越野组的智能车突破以前的赛道规则限制,真正实现自主识别,优化选择路径,其主要考察我们对宏观把握及优化问题的思考。

本文设计的智能车系统以飞思卡尔公司生产的 MK60FN1M0VLQ15 微控制器为核心控制单元,利用 CMOS 摄像头采集信息,采用山外公司的鹰眼 OV7725 摄像头,通过特殊的结构硬件二值化加上红外滤光片,提取得到信标灯发出的红外信息,用于信标识别和控制;利用编码器反馈模型车的实际速度,使用 PID 算法调节驱动电机的转速;根据前方红外信息,提取实际信标灯的中心位置,然后与理想中线做差即可得到偏差,再利用这个偏差通过 PID 控制舵机来实现小车的转弯和速度控制。为了提高模型车的速度和稳定性,使用上位机、无线模块、液晶模块等调试工具,进行了大量硬件与软件测试。实验结果表明,该系统的设计和方案可行。

在准备比赛的过程中,我们小组成员涉猎 PID 控制、传感器技术、汽车电子、电气、计算机、机械等多个学科,几个月来的经历,培养了我们电路设计、软件编程、机械结构搭建、系统调试等方面的能力,锻炼了我们知识融合、实践动手的能力,积累了丰富的实践经验,为以后的学习和工作打下了坚实的基础。

2　系统总体设计

智能车系统主要包括三大部分,分别为车模总体机械结构、硬件电路系统、软件算法。智能车系统的总体工作模式为:由 CMOS 摄像头 OV7725 加上红外滤光片,可以检测到信标系统发出的红外光图像信息,输出硬件二值化后的黑白图像,将图像信息输入到 MK60FN512VLQ15 微控制器,进一步对主要的信标位置信息进行判断,从而确定最优路径;通过编码器来检测车速,并采用 MK60FN512VLQ15 的输入捕捉功能进行脉冲计算获得速度和路程;舵机、电机均采用 PID 控制,通过 PWM 控制驱动电路调整电机的功率;而车速的目标值由默认值、运行安全方案和基于图像处理的优化策略进行综合控制。

3　机械系统设计

机械系统的合理设计是智能车能够流畅运行的关键。信标组 2016 年可以采用任意车模，由于 C 车模可以利用电机差速灵活转弯，所以此次采用 C 车模，后轮驱动前轮转向，结合 C 车模的特点，将智能车的机械部分设计如下。

车模的整体设计主要以降低车模重心，保证摄像头的稳定及盲区与前瞻的较好匹配为机械设计的目标。为了保证摄像头的稳定，我们采用了碳素杆作为固定支架，并利用三根细的碳素杆起三角支撑作用，在实际调试比赛中取得了良好的效果。为了避开赛道上的障碍，我们利用 GP2Y0A02YK0F 红外测距传感器及机械结构上的改装来达到其目的。车体重心的位置对赛车加减速性能、转向性能和稳定性都有较大影响，为了使小车具有较好的稳定性，我们尽量降低小车的重心。重心的调整主要包括重心高度和前后位置的调整。按照车辆运动学理论，车身重心前移会增加转向，但会降低转向的灵敏度，同时减小后轮的抓地力；重心后移会减少转向，但会提高转向灵敏度，后轮的抓地力也会增大。经过反复试验，我们选择将车辆的重心偏后放置，设计完成后的车模如图 3－7 所示。

图 3－7　车模整体图

4　硬件系统设计

4.1　电源部分

整车由一块 7.2 V、2 000 mA 的 Ni－Cd 电池供电，而单片机、摄像头、显示屏的供电为 3.3 V，蓝牙和红外测距传感器则需要 5 V 供电。我们通过电流比较大的 TPS5430 产生 5 V 电压供给外设及 3.3 V 电源芯片；3.3 V 的供电芯片采用线性电源 TPS7333；采用分立式供电方法，单片机单独供电，摄像头和液晶显示屏一起供电。TPS 低功耗线性电源稳压输出波形波纹较小。经过长时间的使用，电路十分稳定。摇头舵机和转向舵机参考以前学长的资料，采用两个 TPS4501 可调电源芯片，分别产生 5.5 V 和 6 V 电压给转向和摇头舵机供电。

4.2　电机驱动部分

主流驱动电路主要有两种：一种为英飞凌公司的 BTN7971，另一种为由 MOS 管构成的 H 桥驱动电路。由于本次赛规要求摄像头组采用 C 车双电机。考虑到驱动性能、电路的稳定性，我们选取英飞凌公司集成 MOS 驱动 BTN7971 的驱动电路。

4.3　CMOS 摄像头传感器部分

我们权衡考虑了处理速度、光线适应能力及动态性能后选取了山外公司的鹰眼摄像头。其图像传感器采用超低感光度的 OV7725，在低光照环境下，图像仍清晰可见，表现很好。硬件二值化输出黑白图像，数据量小，采集时间短。1 次输出 1 个 8 bit 数据，1 bit 数据对应图像上的 1 个像素点，无需再次进行软件二值化，大幅减小了单片机的运算量，释放更多资源用于算法控制。在实际使用中，通过配合红外滤光镜来滤除一些杂光干扰，进而显示出红外图像信息。

4.4 单片机部分

单片机模块在小车控制系统中扮演核心的角色，好比人的大脑。从硬件设计的角度来说，首先保证其供电稳定，其次对其部分功能模块如 PWM 通道、定时器通道进行编程，写入驱动程序，使其工作良好。单片机选取飞思卡尔公司的 MK60FN512VLQ15，可超频到 250 MHz，支持硬件浮点计算，具有 DMA 功能，处理性能在可选单片机中较为强悍。

4.5 人机交互模块部分

在智能车的调试中，方便的人机交互界面，能够极大地提高调试效率，同时也提高了小车在参赛时的灵活性。显然，单纯的拨码开关不能满足调试的要求，因此我们选用了带有按键的 OLED 显示屏，通过编写程序来实现左右上下按键输入进行调参。同时还加了四位拨码开关用于应急备用，并外加了蜂鸣器来实时获取当前车子的程序运行状态。

4.6 存储部分

调试到后期，小车上的参数非常多，例如打角系数、差速系数、舵机中值、摄像头对比度等。利用单片机级掉电不擦除存储器部分，配合单片机编写的系统，可以在不重新烧录程序的情况下，进行系数的修改调试，程序调试效率得到极大的提高，如果本次设定的参数较好，就将其存入单片机中的存储器中，否则直接断电。最优的参数仍然保存在存储器中，而且切换方便，只需在程序中修改一下模式即可。

4.7 上位机部分

为了便于调试，我们利用山外论坛提供的智能车助手，通过蓝牙将需要观察的数据传送到上位机里显示，这样方便观察实时变化曲线，并根据曲线的变化趋势，观察数据变化，进而修改程序，使之尽量趋近理想的曲线，并以波形的形式显示出来，支持回显功能。所谓的回显，是指发送的数据都在接收端进行显示。

5 软件系统设计

高效的软件程序是智能车高速平稳自动寻找信标的基础。我们设计的智能车系统采用 CMOS 摄像头对信标发出的红外光进行处理；在智能车的转向和速度控制方面，使用了增量式 PID 控制算法，配合使用理论计算和实际参数补偿的办法，使智能车能够稳定快速寻找目标，并能根据灯亮的顺序来规划路线，实现优化路径，更好更快地跑完全程。主程序流程图如图 3-8 所示。

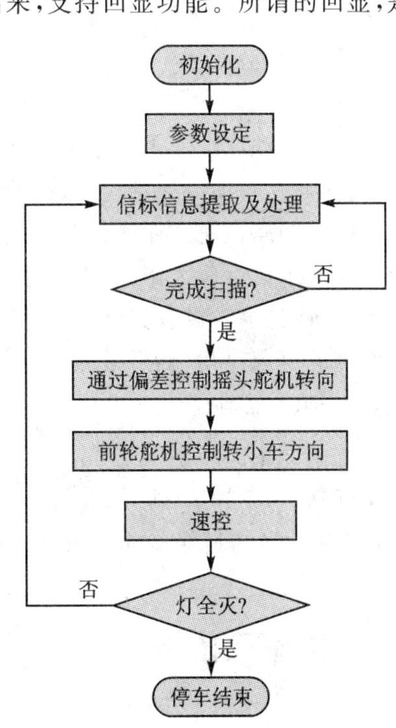

图 3-8　主程序流程图

5.1 信标识别

信标识别的关键是有效地提取出信标灯发出红外光的位置，我们在黑白跳变沿搜索的基础上做了改良优化。首先采用上下扫描的方式（列扫描方式）来尽快寻找目标，找到亮点开始计数，记下亮点的个数及其所在列数；然后从左往右按列扫描，直到找到右边界,继而找到左右边缘,从而计算出中心位置。

5.2 转弯处理

我们在寻找信标灯时,采用的是 PID 控制,根据 PID 算式、PID 参数和对应的输入,计算出舵机所需要的打角。摇头舵机随着信标位置的变化而变化,转向舵机跟随着摇头舵机转动而转动,实时保持着跟随状态,当智能车过去灯熄灭时,摄像头有可能看不到下一个亮的信标灯,我们均采用让舵机左右打死的策略,使其更快地转弯。

5.3 障碍处理

我们采用三种方式来进行避障处理:第一种采用红外测距模块,来检测前方是否有障碍,如果出现障碍,则转入障碍处理程序,让其避过;第二种采用机械避障方式,在车前安装导轮,当红外测距模块未检测到障碍,而小车前方左边或右边有障碍时,导轮便可以从边上平稳划过,而不影响其正常速度;第三种采用程序避障方式,根据灯亮的顺序优化路径,选择一个较好路径来避开障碍物。

5.4 速度闭环控制

PID 控制策略结构简单,稳定性好,可靠性高,并且易于实现。在本方案中,使用试凑法来确定控制器的比例、积分和微分参数。试凑法是通过闭环试验,观察系统响应曲线,根据各控制参数对系统响应的大致影响,反复试凑参数,以达到满意的响应,最后确定 PID 控制参数。试凑不是盲目的,而是在控制理论指导下进行的。在控制理论中已获得以下定性知识:

① 比例调节(P)作用:按比例反应系统的偏差。系统一旦出现了偏差,比例调节立即产生调节作用以减小偏差。比例作用大,可以加快调节,减小误差,但是过大的比例,会使系统的稳定性下降,甚至造成系统的不稳定。

② 积分调节(I)作用:使系统消除稳态误差,提高无差度。因为有误差,积分调节就进行,直至无差,积分调节停止,积分调节输出一常值。积分调节作用的强弱取决于积分时间常数 T_1,T_1 越小,积分调节作用就越强。反之,T_1 大则积分调节作用弱,加入积分调节可使系统稳定性下降,动态响应变慢。积分调节作用常与另两种调节规律结合,组成 PI 或 PID 调节器。

③ 微分调节(D)作用:反映系统偏差信号的变化率。具有预见性,能预见偏差变化的趋势,因此能产生超前的控制作用,在偏差还没有形成之前,已被微分调节作用消除。因此,可以改善系统的动态性能。在微分时间选择合适情况下,可以减小超调,缩短调节时间。微分调节作用对噪声干扰有放大作用,因此过强的加微分调节,对系统抗干扰不利。此外,微分反应的是变化率,而当输入没有变化时,微分调节作用输出为零。微分调节作用不能单独使用,需要与另两种调节规律相结合,组成 PD 或 PID 控制器。

5.5 发车问题

信标组发车区域是一个 50 cm×50 cm 的方形发车区域,并要求人先离开,当灯亮时,车子便可开动,当不知道哪一个是第一个灯亮时,起初我们采用摇头舵机左右扫瞄的方式来寻找发光的信标;当知道第一个灯亮时,我们可以调节参数,把摇头舵机设为定值,来适应不同场景。

6 结论及感受

本次参加“飞思卡尔”杯全国大学生智能汽车竞赛,基本上达到了预定的目标。我们小组成员团结协作,从查找资料、选择使用哪种传感器及驱动电机方案,车模选取、编写程序,从简单到复杂一步一步地实现，最后终于得到了较好的设计方案。

此技术报告主要介绍了准备比赛时的基本方案，包括机械系统、硬件系统以及核心的控制算法的主要思路。在机械系统方面，我们在摄像头和单片机的选取、稳压电路和驱动电路的设计等各个方面都尽量采取稳定的方案。在辅助调试方面，我们采用带有按键的液晶屏来观察图像及调整参数，其特点是小巧方便，易于调节，采用蓝牙来辅助速度调试和观察参数变化，采用 MKK60FN1M0VLQ15 核心板内部储存来帮助后期调试过程中存储各类调试参数，采用山外公司的多功能调试助手上位机来辅助读图。在核心的控制方面，我们更是想尽各种办法来更好地实现路径的选择、对于障碍元素的处理以及控制速度等，最终实现了赛车较为平稳快速地运行。

下面来谈谈制作智能车的感受。刚开始时，我们对信标组抱着很大兴趣，在寒假时选了一款不熟悉的摄像头，由于经验较少，又没有学长的经验可参考，调了一个寒假也没把它调好，看到实验室别的组的车都慢慢地跑起来了，而我们还没有把车的眼睛（摄像头）调好，当时我们都产生了放弃信标组而选择光电组的想法，但我们的指导老师曹老师给了我们很大的鼓励，后来我们咨询了一些刚好也在做信标的小伙伴，才恍然大悟，原来信标检测与摄像头种类没有太大关系，加一片滤光镜即可。之后我们选择了两套方案：一是采用岱默全套单片机液晶屏（当时年后感觉时间很少了，因为很快就要校内赛了），二是采用一套野火的 LCD 开发板，由于野火的例程丰富，同时学长也留下了一些经验和资料，所以选择了这个方案。虽然摄像头可以驱动起来了，但是前路依然模糊，还有许多问题需要解决：如何处理信标红外闪烁的影响，使之变成稳定的图像；摄像头看近处清楚，但远处看不到的问题；以及车子的路径如何走等。经过很长时间的编写程序、试验、调试，我们的车子也慢慢地跑起来了，路径也慢慢地得到优化，由内部利用红外发射管避障绕圈到沿着旁边绕圈，这样就可以减速很少来提高速度，同时也降低了撞灯的概率。

再到赛区赛，实现了优化路径的跑法，也是因为这样的跑法，我们的车跑的时间大大缩短了。尽管赛区赛时有些遗憾没有发挥我们的最好水平，但我们已经很满足了，因为在赛区赛时我们发现了很多以前没有发现的问题。那时候我们都有点恐慌，因为摄像头看不远的原因，有可能使我们完成不了比赛。我们三人争取各种各样的机会来调试摄像头的焦距，使它能看远，同时也有好心人帮助我们，可以在燕大他们自己的调试场地调试我们的摄像头。正所谓天道酬勤，最终我们还是把一个摄像头调试完成，所以才有幸进入国赛。

同时在此也要感谢很多人。不管是帮助过我们的人，还是曾经是对手的人，我们都要感谢他们，因为有了他们，我们团队才成长得更快，才有了前进的动力。在过去几个月紧张激烈的备战中，场地和经费方面都得到了学校和学院的大力支持，在此特别感谢一直支持和关注智能车比赛的学校和学院领导以及各位指导老师、指导的学长学姐，同时也感谢比赛组委会能给我们这样一个机会来实现自己的梦想。

现在，面对即将到来的大赛，在历时几个月的充分准备以及华北赛的考验之后，我们有信心在全国比赛中取得优异成绩，这将会是我们青春岁月永远的铭记。

参考文献

[1] 卓晴，黄开胜，邵贝贝. 学做智能车：挑战“飞思卡尔”杯[M]. 北京：北京航空航天大学出版社，2007.

[2] 张文春. 汽车理论[M]. 北京：机械工业出版社，2005.

[3] 谭浩强. C 程序设计[M]. 北京:清华大学出版社,2005.

[4] 臧杰,阎岩. 汽车构造[M]. 北京:机械工业出版社,2005.

[5] 阎石. 数字电子技术基础 [M]. 北京: 高等教育出版社,2000.

[6] 仲志丹,张洛平,张青霞. PID 调节器参数自寻优控制在运动伺服中的应用[J]. 洛阳工学院学报,2000,21(1):57-60.

[7] 张男,张迪洲,李永科. 智能车路径识别系统对虚线的预测拟合处理[J]. 科技风,2012(6):6-6.

[8] 尹怡欣,陶永华. 新型 PID 控制及其应用[M]. 北京:机械工业出版社,1998.

[9] (美) Thomas H Cormen Charles E,Leiserson Ronald L,Rivest Clifford Stein. 算法导论[M]. 潘金贵,顾铁成,李成法,等译. 北京:机械工业出版社,2006.

电磁双车智能车技术报告

吴　麒　王　新　王文龙　屠俊岭

摘要：本文介绍了郑州轻工业学院为参加第十二届全国大学生“恩智浦”杯智能汽车竞赛而设计的电磁双车智能车的设计原理及制作、调试过程。该系统以32位单片机MK60为核心控制器，使用IAR6.3程序编译器，采用LC选频电路作为赛道路径检测装置检测赛道导线激发的电磁波来引导小车行驶，通过增量式编码器检测模型车的实时速度，配合控制器运行PID等控制算法调节驱动电机的转速和转向舵机的角度，实现对模型车运动速度和运动方向的闭环控制。同时，使用集成运放对LC选频信号进行放大，通过单片机内置的AD采样模块获得当前传感器在赛道上的位置信息。通过配合Visual Scope，Matlab等上位机软件最终确定了现有的系统结构和各项控制参数。实验结果表明，该系统设计方案可使智能车稳定可靠运行。

关键词：智能车；电磁感应；谐振回路；PID控制；超声波测距

1　设计背景

全国大学生智能汽车竞赛是教育部为了加强大学生实践、创新能力和团队精神的培养而设立的。该竞赛与已举办的全国数学建模、电子设计、机械设计、结构设计等4大专业竞赛不同，是以迅猛发展的汽车电子为背景，涵盖了控制、模式识别、传感技术、电子、电气、计算机、机械等多个学科交叉的科技创意性比赛。

竞赛分为光电、电磁、创意三个组别，车模采用组委会统一提供的竞赛车模，本项目单片机选用MK60作为核心控制单元，选用10 mH电感与6.3 nF电容构成谐振回路检测赛道20 kHz交变电磁场的方式作为赛道检测的主要方式，并针对本届比赛规则，设计传感器排布方式、方向控制、速度控制等，最终实现一套能够自主识别路线的智能车控制硬件、软件系统。竞赛以准确和速度为主要评判标准，因此，设计主要以准确稳定提取赛道信息及快速控制方向和速度为标准。

设计主要针对竞赛规则及赛题要求进行。首先，要求能准确检测主要赛道路径；其次，根据规则中的特殊赛道类型，如十字交叉、直角弯、坡道、圆环及终点线检测等进行针对性设计；最后，根据以上两方面提出的要求，对智能车整体系统进行设计，包括机械、各硬件电路模块及软件程序的设计。

2　智能车系统整体设计方案

智能车作为一个整体系统，包括机械、硬件电路及软件三个主要部分，各部分互相联系，相互影响。智能车系统框图见图3-9。

针对这三个部分的统筹设计是贯穿始终的原则。机械部分设计将决定智能车能力的最终极限；硬件电路设计将为智能车提供实现机械潜能所必需的能源、检测手段及控制能力；软件设计针对输入进行处理，最终实现对智能车机械和电路部分的控制。

2.1　智能车机械结构整体设计方案

我们对机械设计部分总体的设计原则定位在：结构紧凑、连接稳固、减轻质量、合理调整重

图 3-9　智能车系统框图

心四个方面。另外,根据经典的机械原理,对智能车的传动结构、轮胎、车轮等进行规则允许范围内的调校。具体内容主要有电路板安装排布、支架固定、舵机改装、四轮定位等,最终整体车模见图 3-10。

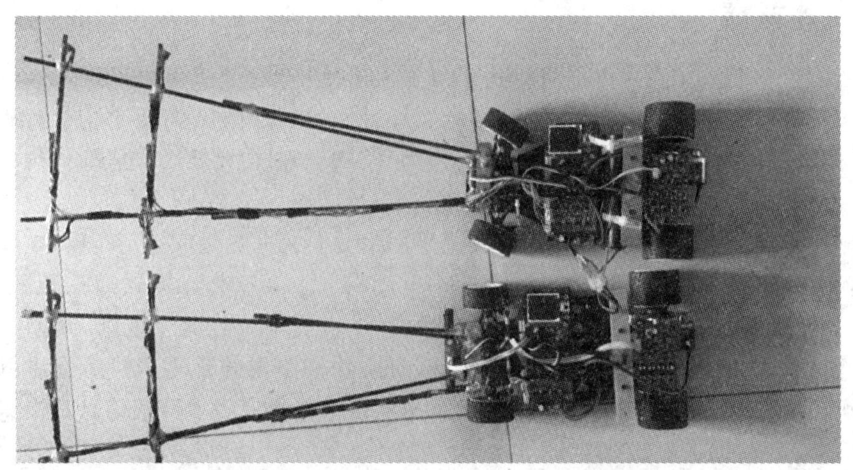

图 3-10　智能车整体外观

2.2　智能车硬件电路整体设计方案

智能车中的电路包括:微处理器最小系统、电源、传感器电路、电机驱动电路、测速器以及其他周边电路。主要设计原则是简单、实用、可靠和模块化。因为电路复杂就增加了故障概率,只要符合要求,提供足够的应用功能即可;而智能车最容易出现故障的环节往往是硬件电路部分,这部分出现问题的后果也比较致命,所以可靠的电路设计是重要原则之一。另外,模块化设计便于整个系统的修改、升级、更替。

2.3　智能车软件整体设计方案

软件部分的设计主要是对微处理器 MK60 的程序编写,通过计算对其各个端口进行读/写控制,即将传感器获取的电信号通过单片机端口读入,并经过处理,执行控制算法,然后通过单片机端口输出给硬件电路,对车速、方向等硬件电路进行控制,最终实现对车辆机械部分的控制。

软件的设计原则主要是：效率高、结构规范化、易读。因为软件部分涉及端口输入/输出数据的处理，要对车辆硬件进行控制，因此要提高软件处理的效率以达到控制的及时性。软件结构的合理和规范化的设计有助于调理逻辑关系，便于修改、调试、扩展，并拥有较强的适应能力。

3　机械设计制作及调整

智能车机械部分设计主要包括制作和调整两部分内容。制作部分的内容主要是对车模没有的部分进行设计，包括传感器支架、电路板固定、防撞、编码器齿轮安装等。调整部分则主要是针对智能车车模本身已有的机械部分，在规则允许范围内进行调整、改装，提高其运动性能，以适应高速行驶和快速控制。这部分主要包括舵机改装、底盘调整、避震调整、四轮定位等。本小节主要对电路板的安装、传感器支架及机械调校部分进行介绍。

3.1　机械结构制作部分设计

由于竞赛提供的车模本身是运动型模型车通用车模，并没有提供专门为智能车安装电路、传感器等电路部分的部件，因此这部分机械结构需要自行设计、制作并安装。制作部分主要原则为轻、牢、简。

电磁支架的安装不仅要考虑到有足够的长度、质量要轻，同时更重要的是支架的稳定性，另外在调试过程中免不了各种碰撞，所以支架要方便更换。因此，我们采用碳纤维杆作为支架的材料，用三通和热熔胶配合作为连接支架的材料，利用三角形的稳定结构，对支架的方案进行了多次尝试和比较，最终确定了较为稳定的支架布局。另一个传感器是测速传感器，码盘测速方式。对于超声波模块的安装，我们选择了发射模块在前，接收模块在后的策略，将两模块在同一水平面上正对着安放，保证了超声波信号不被碳纤维杆挡住。

3.2　车模机械结构的调整与改装

车模本身的机械结构是通用结构，并不符合智能车竞赛的要求，因此要对这些部分进行改装。另外，为了提高车模的运动性能，对一些机械结构还需要调整，比如车轮前束等。下面着重介绍舵机、底盘等部分的调整和改装。

为了提高舵机反应速度，在相同转角下，有尽可能大的线行程，因此需要延长舵机臂。另一方面，由于舵机扭矩和转角精度的限制，不能无限制延长舵机臂，这样就确定了舵机臂的长度，并使用铝合金片加工成形，四个螺丝将舵机牢固安装在支架上。

底盘越低，车辆的重心越低，后轮抓地力越好，前轮转向越敏感，所以我们使用垫片将两辆车的重心放到较低的位置。考虑到在整个赛道中并无崎岖路面，我们拆除了两辆小车的减震系统并用 PCB 加固了小车的底板，使控制电路板能低放置，降低小车中心，并减小小车行驶过程中的晃动。

B 型车模前轮可以调整的角度有主销前倾、内倾、前束等，这些角度的调整根据每个车的机械性能不同而进行不同的调整，我们的智能车由于重心位置在中心偏后，因此前轮压力较小，转向负担不大，为了增加抓地力和稳定性，选择了主销内倾和负前束的调整。另外，由于车模本身的精度限制，这部分角度的调整并不是主要的，仅仅是避免负面影响以及修正车模本身的不对称和不平衡。

为了达到较远前瞻，必须把电感架到较远的位置，但这样会使车的重心特别靠前，后轮正压力不足而导致甩尾。为使重心后移，我们尝试了很多传感器支架的搭建方式，在保证结构稳定的前提下尽量减轻质量;同时,我们把舵机和电池均往后移,从而达到了预期的效果。

另外,在模型车的机械结构方面还有很多可以改进的地方,比如说车轮、悬架、底盘、车身高度等。

模型车在高速条件下(2.3 m/s,3.5 m/s),由于快速变化的加减速过程,使模型车的轮胎与轮辋之间很容易发生相对位移,可能导致在加速时会损失部分驱动力。在实验中调试表明,赛车在高速下每跑完一圈,轮胎与轮辋之间通常会产生几毫米的相对位移,严重影响了赛车的加速过程。为了解决这个问题,我们在实际调试过程中对车轮进行了粘胎处理,从而有效地避免了由于轮胎与轮辋错位而引起的驱动力损失。

4 电路系统设计

智能车电路部分主要的模块包括:单片机最小系统、电源模块、传感器模块、驱动模块以及其他周边调试模块。各模块的总体设计原则是:紧凑、易于拆换、稳定可靠。但根据各模块的不同,又有不同的设计要求,下面对各个模块的设计进行详细描述。

4.1 单片机最小系统

本设计选用的单片机是MK60。这款单片机的运算速度、存储容量以及端口(ATD, I/O, PWM, SCI等)足以满足智能车设计要求。为了使电路板紧凑,车重较轻,系统板仅对所用到的必要引脚引出,适当留有备用端口,包括PWM接口、FTM、普通I/O口、JTAG接口、SCI接口等。

4.2 电源模块设计

电源是为智能车各个模块提供动力的能量来源,周边转接电路是将最小系统板各个引脚引出的重要模块,将两者划分到一块不但可以更安全地让所设计的电路工作,还可以减少设备中不必要的跳线。稳定的电压和合适的电流是电源的首要指标,它是整个硬件系统的心脏。电源模块的布线应该尤为讲究,7.2 V大电流应用足够宽的线且还应正反布线;相应5 V线可略微细些,最细的是信号线。电源的不稳定会带来很多问题,比如电池没有必要的损耗、单片机复位、舵机反应迟钝、比较电压的不稳定等,因此即使和周边硬件电路做在一起,也必须优先考虑。智能车所需的电源电压有5 V和7.2 V。这部分的电源分配方案如图3-11所示。

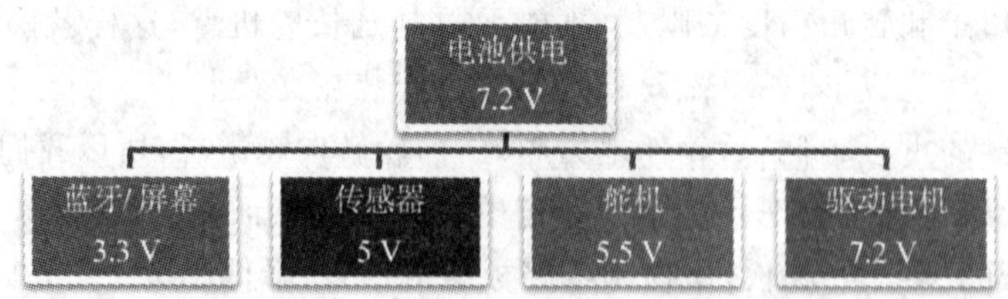

图3-11 电源分配示意图

我们使用的5 V稳压芯片是TPS76850,其最显著的特点就是低压差稳压,稳压压差可以小于500 mV,这样的设计可以使我们的智能车在低电压情况下仍正常工作,避免了因为未及时检测电压,使得小车不稳定从而发生复位、碰撞等危险。为了防止因电池接反而导致烧坏电路板的情况发生,我们将电池原带的田宫头换成了T型接口,从而减少了接触不良的情况发生。同时在电路板的设计上也做了考虑,在电池电源输入端反向并联了二极管,这样在接反时会起到保护作用。

4.3　传感器电路设计与实现

本设计中，传感器分为四部分：电磁传感器、起跑线传感器、速度传感器和鸳鸯超声波模块。根据竞赛组委会的相关规定，我们选用了传感器。磁传感器的应用首先在于选型，为了找出适合的磁传感器，我们查阅了许多产品资料，进行了大量的电感测试，发现只有在 10 mH 电感中，得到感应电动势曲线是较为规整的正弦波，频率与赛道电源频率一致，为 20 kHz，幅值较其他型号的大，且随导线距离变化，规律为近大远小。其他电感得到的信号不好，频率幅值变化杂乱，不宜采用。

根据电磁学，我们知道在导线中通入变化的电流(如按正弦规律变化的电流)，导线周围会产生变化的磁场，且磁场与电流的变化规律具有一致性。如果在此磁场中置一由线圈组成的电感，则该电感上会产生感应电动势，且该感应电动势的大小与通过线圈回路的磁通量的变化率成正比。由于在导线周围不同位置，磁感应强度的大小和方向不同，所以不同位置上的电感产生的感应电动势也应该是不同的。据此，可以确定电感的大致位置。

确定使用电感作为检测导线的传感器，但其感应信号较微弱，且混有杂波，所以要进行信号处理。通过以下三个步骤才能得到较为理想的信号：滤波、放大、检波。这部分的设计可以参考组委会给出的设计方案。

(1) 磁传感器的布局原理及改进

对于直导线，当在中轴线对称位置上装有两个线圈的小车沿直线行驶，即当两个线圈的位置关于导线对称时，两个线圈中所感应出的电动势大小应相同且方向亦相同。若小车偏离直导线，即当两个线圈关于导线不对称时，则通过两个线圈的磁通量是不一样的。这时，距离导线较近的线圈中感应出的电动势应大于距离导线较远的线圈中的电动势。根据这两个不对称信号的差值，即可调整小车的方向，引导其沿直线行驶。

对于弧形导线，即路径的转弯处，由于弧线两侧的磁力线密度不同，当载有线圈的小车行驶至此处时，两边的线圈感应出的电动势是不同的。具体的就是，弧线内侧线圈的感应电动势大于弧线外侧线圈，据此信号可以引导小车拐弯。

另外，当小车驶离导线较远致使两个线圈都处于导线的一侧时，两个线圈中感应出的电动势也是不平衡的。距离导线较近的线圈中感应出的电动势大于距离导线较远的线圈。由此，可以引导小车重新回到导线上。

由于磁感线的闭合性和方向性，通过两线圈的磁通量的变化方向具有一致性，即产生的感应电动势方向相同。由以上分析，比较两个线圈中产生的感应电动势大小即可判断小车相对于导线的位置，进而做出调整，引导小车大致循线行驶。

(2) 起跑线检测传感器的设计

按照竞赛规则要求，跑完一圈后赛车需要自动停止在起始线之后 3 米之内的赛道内。起始线是导引线两边的长度为 10 cm 的黑色线，起始线中间安装有永久磁铁，每边各 3 只。磁铁参数：直径为 7.5～15 mm，高度为 1～3 mm，表面磁场强度为 3 000～5 000 Gs。

针对上述要求，利用霍尔元件设计起始线检测。霍尔元件是磁机械效应的磁场传感器，其内部是一个常开触点开关，在磁场强度超过其阈值时，开关闭合。不管车子以什么样的姿态过起跑线，为了保证准确率，我们使用了 6 个干霍尔元件并联为“线或”关系，任何一个霍尔元件检测到磁铁，程序检测到上升沿后都可使赛车停车。

(3) 距离检测传感器的设计

这部分采用鸳鸯超声波模块，都采用 5 V 供电，前车尾部放发射模块，后车前部放接收模块。发射端会自动同时发射周期性的红外信号和超声波信号，根据两信号相差的时间计算两车距离。

4.4　驱动电路设计

驱动电路为智能车驱动电机提供控制和驱动。这部分电路的设计要求以能够通过大电流为主要指标。驱动电路的基本原理是 H 桥驱动原理。经过选择比较，最终我们选择了 MOS 管搭建的 H 桥电路。该电路可以通过较人电流，外围元件少且外围电路简单。电路原理图如图 3－12 所示。

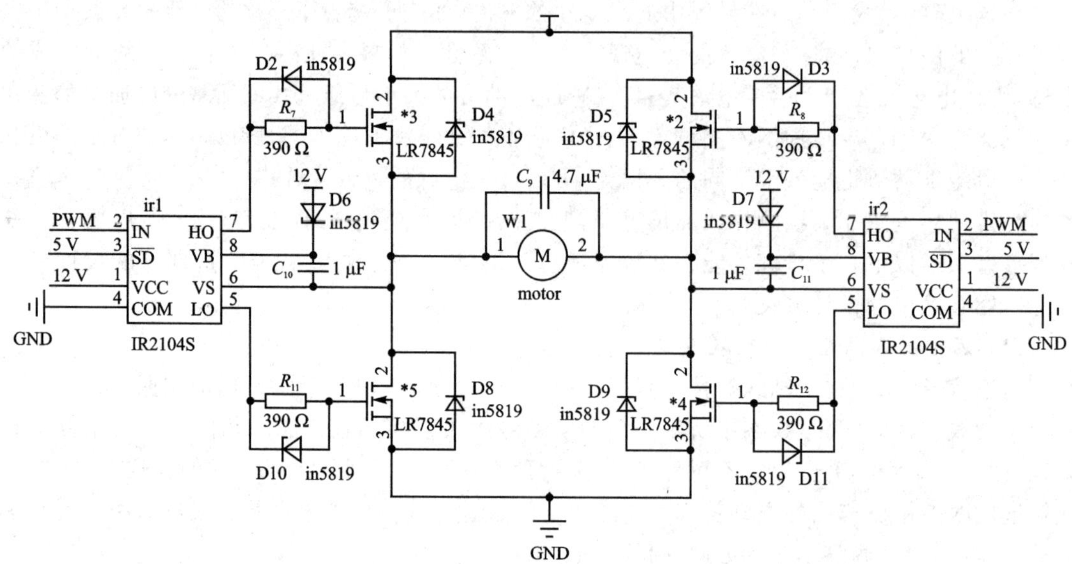

图 3－12　H 桥电路原理图

5　智能车软件算法设计

控制程序是人的思想在车模上的体现，程序要体系化、模块化、稳定化，目标是将硬件电路和机械性能发挥到最大，让车模用最快的速度完成比赛。软件主要流程图如图 3－13 所示。

5.1　赛道信息和两车距离提取

赛道信息提取部分是最基础的程序，之后的控制程序都源于赛道信息的正确提取，这部分程序主要包括硬件端口读取、数据处理及分析归类三部分。

传感器获取当前扫描数据后，就要对数据进行处理，提取赛道信息，以便对赛道分类，判断特殊赛道类型。根据传感器测值和计算，Position 的值和两端传感器电压的比值(LvR)成正比关系。丢线处理：尽管我们尽量让它紧跟着中线，但是还是无法避免会出现丢线的情况，在两个电感采集回来的值都很小的情况下，我们是这样处理的：程序里左右两个电感都有其最小值，这是我们实际测回来的值。在两个电感丢线，即两电感值都很小之前，总有一个电感是先比另一个电感小于其最小值的，如赛道从左边丢了，那么肯定是右边电感先小于其最小值，知道这个情况则可以作标志位。这样我们就可以获得准确的信息。

两车距离获取：超声波发射模块会周期性地发出同时的红外信号和超声波，信号接收模块在检测到红外信号后输出高电平，检测到超声波信号后输出低电平，高电平时间长度即是二者信号相差时间，时间与距离呈正比通过检测接收模块输出的脉冲宽度，即可得到两车距离。

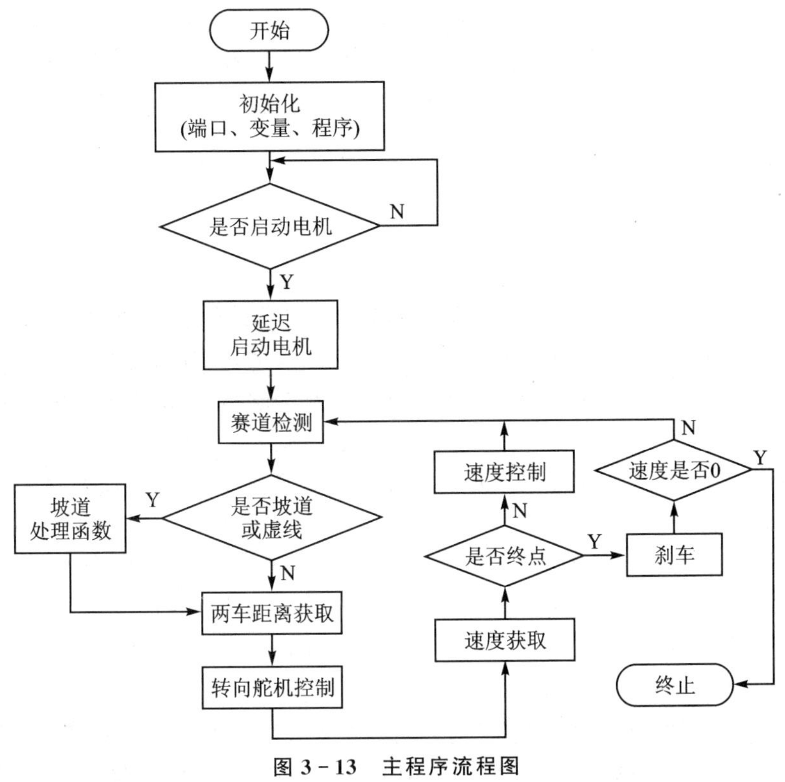

图 3-13　主程序流程图

5.2　转向舵机控制

转向舵机的控制通过简单的 PD 控制方法可以很好地实现最佳路径,并不需要过多的处理。但是对 PD 参数的调节很重要,代码部分如下:

```
void Direct_Ctrl()
{
float DirectionPWM_Buffer = 0.0;
DirectionPWM = -(P_en * gfX[0] + gidKD * (gfX[0] - gfX[1]));
if (DirectionPWM< = LLIMIT) DirectionPWM = LLIMIT;
if (DirectionPWM> = RLIMIT) DirectionPWM = RLIMIT;
FTM2_C0V = DirectionPWM + CENTER;
}
```

5.3　速度控制

速度控制并不像方向控制那样精确,只要在短时间内达到目标速度即可,而误差是允许的。对于智能车这个惯性系统来说,速度不会陡增骤减(与控制周期比较),因此我们使用了 P 控制,经过调试,选择合适的 P 系数后,加速可以很快也不会过冲,控制效果很好。

5.4　特殊赛道类型判断

根据赛道参数规定,特殊赛道类型主要有坡道和终点线。由于终点线靠干簧管通过上升沿中断来检测,比较简单。下面我们对坡道类型判断的原理进行介绍。

因为坡道对于第五轮测速的车以及电磁传感器来说,有一定影响,因此要进行特殊处理。在临近坡道的一段时间内,由于传感器先是靠近赛道,在一定范围内会增加磁力线的通过,且两边电感值同时变大,继续接近坡道时,由于传感器更贴近赛道,导致磁力线几乎与电感正交,两边传感器值又会同时变小。在这个过程中,传感器将出现同时变大再变小的现象,这在赛道别的部分基本不会发生。我们就靠这样的规律来检测坡道。下坡其实也是这样的一个过程,我们根据出现过一次后又出现一次这样的现象来判断坡道结束。当判断坡道到来时,程序控制车身摆正,控制智能车前进方向,直到通过坡道。

6 总结与展望

自从决定参加"恩智浦"杯智能汽车竞赛以来,我们小组成员查找资料,设计机构,组装车模,编写程序,分析问题,智能车终于达到了稳定、快速、简单的性能目标,最终确定了我们的作品。在此份技术报告中,我们主要介绍了准备竞赛的基本思路,包括机械、电路,以及智能车的控制算法。

在传感器布局方面,我们分析了前几届竞赛中出现的电感排布方法,综合考虑到程序的稳定性、简便性,最后敲定了现在的电感排布,并通过反复实践决定了传感器的数量和位置;在软件上,不断完善控制算法,最终使智能车在跑道上能稳定地完成自主循迹行驶。

在电路方面,我们以模块形式分类,对电源管理、电机驱动、接口、控制、信号采集和传感器这六个模块分别设计,在查阅资料的基础上各准备了几套方案;然后分别实验,最后以报告中所提到的形式确定了我们最终的电路图。

在算法方面,我们使用C语言编程,利用竞赛组委会推荐的开发工具调试程序,经过小组成员不断讨论、改进,终于设计出一套比较通用的、稳定的程序。在这套算法中,我们结合路况调整车速,做到直线加速,弯道减速,保证在最短时间内跑完全程。

在之前的备战过程中,场地和经费方面都得到了学校和系的大力支持,在此特别感谢一直支持和关注智能车竞赛的学校和系领导以及各位指导老师、指导学长,同时也感谢竞赛组委会能组织这样一项有意义的比赛。

现在,面对即将到来的大赛,在历时近一年的充分准备以及华北赛区的考验之后,我们有信心在全国比赛中取得优异成绩。也许我们的知识还不够丰富,考虑问题也不够全面,但是这份技术报告作为我们小组辛勤劳动的结晶,凝聚着我们小组每个人的心血和智慧,随着它的诞生,这份经验将伴我们一生,成为我们最珍贵的回忆。

参考文献

[1] 卓晴,黄开胜,邵贝贝.学做智能车[M].北京:北京航空航天大学出版社,2007.

[2] 褚志刚,邓兆祥,等.汽车前轮定位参数优化设计[J].重庆大学学报,2003,26(2):86-89.

[3] 黄开胜,李立国,等.基于光电传感和路径记忆的车辆导航系统[J].电子产品世界,2007(2):50-50.

[4] 周斌,李立国,黄开胜.智能车光电传感器布局对路径识别的影响研究[J],电子产品世界,2006(15):160-166.

[5] 黄开胜,金华民,蒋荻南.韩国智能模型车技术方案分析[J].电子产品世界,2006(5):150-152.

[6] 张昊飏,马旭,卓晴.基于电磁场检测的寻线智能车设计[J].电子产品世界,2009,16(1):48-50.

四　全国大学生节能减排社会实践与科技竞赛

无叶风扇控制系统设计说明书

黄柯清　雷志伟　张祥林　宋　迪

摘要:针对当前存在有叶风扇能耗高、安全性差,无叶风扇控制器的成本高、稳定性差等问题,设计了一种低功耗、高稳定性的空穴来风控制器。以μPD79F9211单片机为控制核心,无位置传感器的三相无刷直流电机为控制对象,采用高耐压快速大功率MOS集成电路BM6201FS为电机功率驱动电路,降低无叶风扇电路系统成本;采用反电动势过零点检测法确定电机转子的位置信息,软件补偿硬件滤波电路产生的电机换相相移,提高控制器的可靠性。实验结果表明,控制器工作稳定可靠,性价比高。

关键词:无叶风扇;μPD79F9211;无刷直流电机;BM6201FS

无叶风扇也称空气倍增机,能产生自然持续的凉风,即空穴来风。无叶风扇采用无级变速控制,风速可随意调节,风量均匀变化,不会冲击电压,能耗低,是普通风扇一半的能耗;因为没有风叶,不会覆盖尘土或伤到好奇儿童手指,阻力更小,没有噪声,使用者不会感到阶段性冲击和波浪形刺激,其空气流和普通风扇相比更加平稳。其价格与传统风扇相近,远低于空调的费用,且具有节能、安全、环保、舒适等优点,因此具有广阔的市场前景[1]。

空穴来风控制器的核心是对无刷直流电机(BLDC)的控制。传统的BLDC控制器大多采用分立元件,成本高,可靠性差,电机控制策略复杂,研发成本高[2-4]。本设计以瑞萨公司的μPD79F9211单片机为控制核心,低成本无位置传感器的三相BLDC为控制对象,采用罗姆公司的高耐压快速大功率MOS集成电路BM6201FS为电机功率驱动电路,可降低无叶风扇电路系统的成本。电机驱动采用120°方波控制,反电动势过零点检测法确定电机转子的位置信息。在电机启动阶段,采用固定时间强制换相方式强制启动。为了补偿由硬件滤波电路产生的换相信号的延迟误差,软件内部增加补偿算法,提高控制器的可靠性。

1　系统总体方案设计

无叶风扇控制系统原理图如图4-1所示。系统包括电源电路、电压电流采集电路、三相无位置传感器BLDC驱动电路、BLDC转子位置检测电路、摇头电路、调速电路和单片机最小系统电路。电源电路完成交流220 V到直流300 V、15 V、5 V的转换,为系统的各个部分提供不同的工作电压和能源,单片机通过采集各单元电路的电压和电流确定电路的工作状态,进而发出不同的控制命令,确保系统工作稳定可靠,BLDC转子位置检测电路、驱动电路和调速电路完成无叶风扇产生自然持续的凉风,摇头电路完成90°的转动。

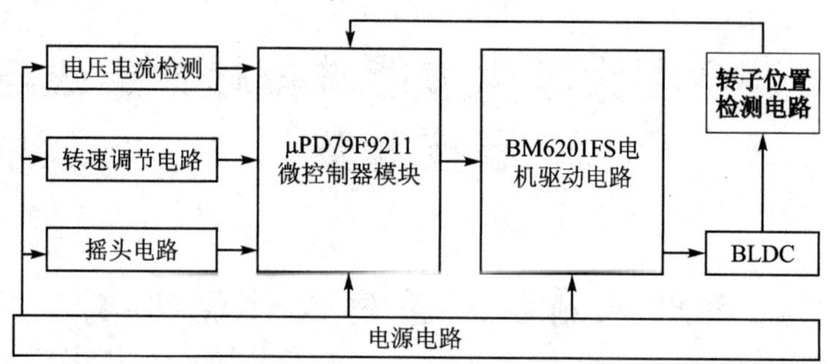

图 4－1　控制系统原理图

2　系统硬件设计

2.1　电源电路设计

电源电路由单相交流整流电路 AC－DC、直流变换电路 DC－DC 两部分组成。220 V 单相交流市电整流滤波后得到 300 V 左右的直流母线电压，经单端反激式开关电源得到 15 V 和 5 V 电压，分别为 BLDC 驱动电路和单片机最小系统提供电源。DC－DC 电源电路的设计如图 4－2 所示。

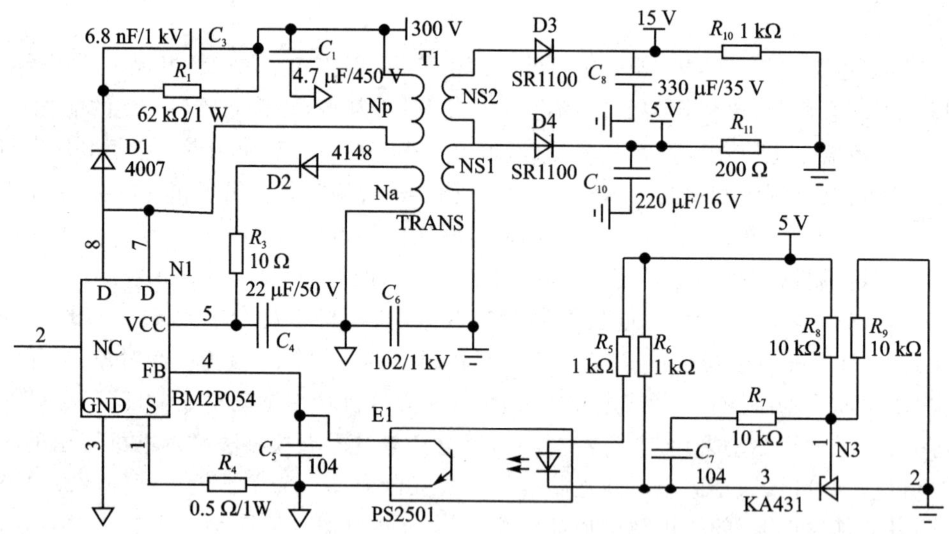

图 4－2　DC－DC 电源电路图

VIPER12A 是 ST 最新推出的脱机开关方式电源调节器，其中负责提供控制逻辑的 VDD 引脚具有强大的输入电压能力(8～40 V 有用范围)。该方案的安全性及稳定性都比较高，适合用在低成本的家电行业。图 4－2 所示为采用 VIPER12A 设计的单端反激式开关电源电路图。

2.2　BLDC 驱动电路设计

传统的 BLDC 驱动电路大多采用多个分立 MOS 管和 MOS 管驱动电路，这样虽然提高了对 BLDC 的驱动能力，但同时增加了电路的功耗，降低了效率，同时降低了电路工作的可靠性。本设计采用低功耗高耐压的 BM6201FS 集成电路为 BLDC 驱动电路，大大降低了电路系统功耗,提高了系统可靠性。这部分电路的设计如图 4－3 所示。

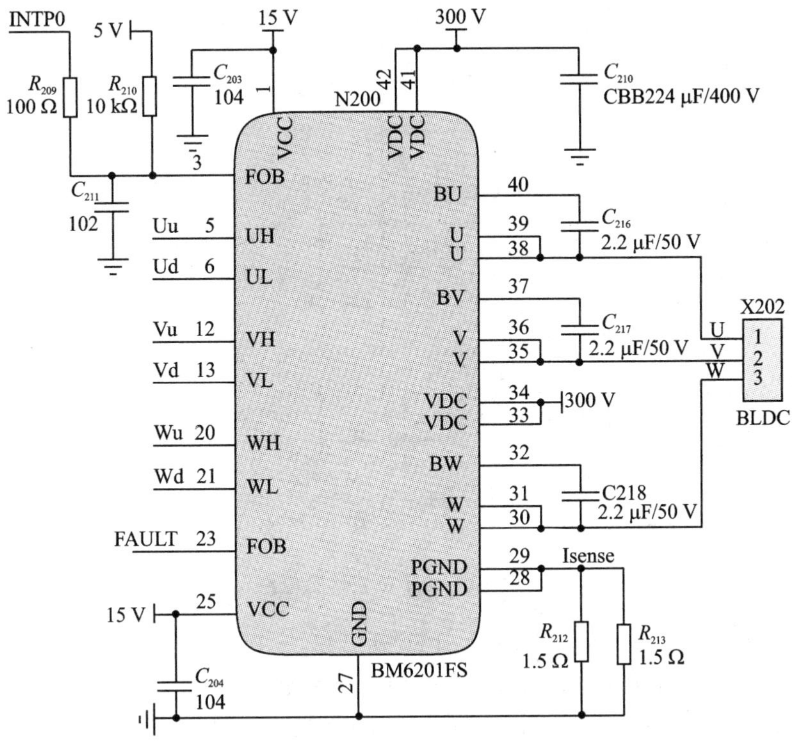

图 4－3 BLDC 驱动电路

BM6201FS 是罗姆公司针对新一代电机驱动集成电路,其采用 600 V 耐压 PrestoMOS 技术,内置自举二极管和输出保护电路(温度、过电流、欠压),对价格敏感的家电行业很实用[6]。单片机输出六路带死区时间控制的互补 PWM 信号接 UH、UL、VH、VL、WH 和 WL,通过内部三相全桥电路,即可从 U、V、W 输出三路高压 PWM 信号,控制 BLDC 按照单片机设定的工作方式工作。当驱动电路出现欠压、过热或过流故障时,FOB 输出漏极开路的低电平信号,单片机检测该信号后,关断 PWM 输出,保护 BLDC 及其驱动电路。欠压电压由集成电路内部自动设定,当集成电路内部 MOS 管结温超过 150 ℃时,过热保护电路启动;连接在 PGND 和 GND 之间的电流检测电阻确定过电流保护电路是否启动,当 PGND 引脚电压达到或超过 0.9 V 时,电流保护电路动作。

2.3 BLCD 转子位置检测电路设计

为降低无叶风扇电路系统的成本,系统选用无位置传感器的 BLDC,BLDC 的转子位置信息采用电机反电动势过零检测法确定。这部分电路的设计如图 4－4 所示。

由于电机负载中点无法直接引出,即反电动势零点电压无法直接得到,因此电路将 U、V、W 三相电压经 R_{307}、R_{308}、R_{310} 后直接短接做虚拟中点,该电压经电阻 R_{309}、R_{315} 和 R_{306} 分压,电容 C_{303} 滤波后作为反电动势零点电压。同时,U、V、W 三相电压分别经 R_{301}、R_{304}、R_{300}、R_{303}、R_{302}、R_{305} 分压,电容 C_{300}、C_{301}、C_{302} 滤波后与反电动势零点电压通过比较器 LM339D 比较,输出信号作为过零信号输入到单片机的外部中断口,以此触发 BLDC 换相控制。

2.4 其他电路设计

其他电路还包括单片机最小系统设计,摇头电机控制电路设计、输入电压检测电路等。单

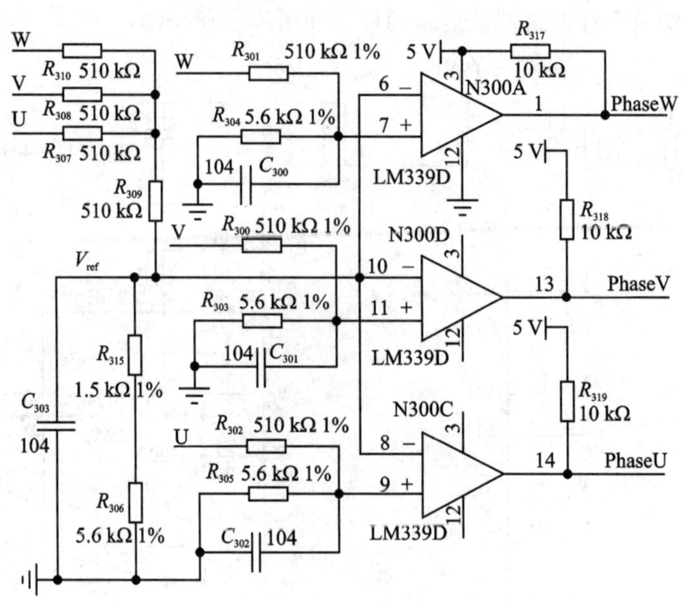

图 4-4　转子位置检测电路

片机采用瑞萨高性能 16 位低功耗控制器 μPD79F9211,它属于瑞萨的 RL78 系列。其具有速度快,功耗低,外设丰富的特点,十分适合家电和消费类电子的应用。该单片机最高工作时钟达 64 MHz,其片上集成有 10 位 A/D、8 位 D/A、比较器和多种通信接口,其丰富多样的定时器资源可以方便灵活地产生包括带死区时间互补的多种 PWM 输出。单片机通过控制光电耦合器件的通断来确定无叶风扇摇头电机是否上电工作。输入电压经过简单的电阻分压后直接连接到单片机的 A/D 转换口,单片机通过检测该电压的高低来确定电源是否正常。这些电路的设计比较简单,故没有画出具体原理图。

3　系统软件设计

3.1　软件整体设计

系统软件设计采用模块化的程序设计思想,开发软件采用 PM+开发环境,所有程序均采用 C 语言编写,提高程序的可读性,便于系统调试与升级。系统软件主程序流程图如图 4-5 所示。系统上电后首先判断电源是否正常,若整流后的直流电压低于 140 V,则系统停止工作;若该电压高于 140 V,则由单片机实时采集启动、摇头及给定转速信息,然后根据这些信息启动相应的电路和子程序。当无叶风扇工作后,程序采集电路的电压和电流信息,确定电路和电机的各种故障信息,然后做出相应的处理,保护电机和电路免受进一步的损坏。

3.2　电机状态控制程序设计

在程序编写过程中,电机状态控制子程序是软件系统的核心程序,这部分的程序流程图如图 4-6 所示。当 BLDC 正常运行时,转子位置比较容易通过反电动势过零检测法得到;当电机没有启动或转速较低时,反电动势为零或比较微弱,单片机无法通过检测反电动势过零点,因此需要在启动阶段过零信号稳定前,采用固定时间强制换相方式强制启动。理论上,反电动势过零后延迟 30°为换相时刻,实际上,由于在反电势过零信号产生电路存在一阶滤波电路(图 4-4 中的 R_{301}、R_{304}、R_{300}、R_{303}、R_{302}、R_{305}、C_{300}、C_{301}、C_{302}),在电机转速较低时,滤波电路产生的附加相移可忽略；当电机转速较高时，程序需要对该相移进行补偿。因此，软件部分需将电机状态分为待机状态、启动状态、运行状态和故障状态，程序根据电机不同的状态做出相应的处理。

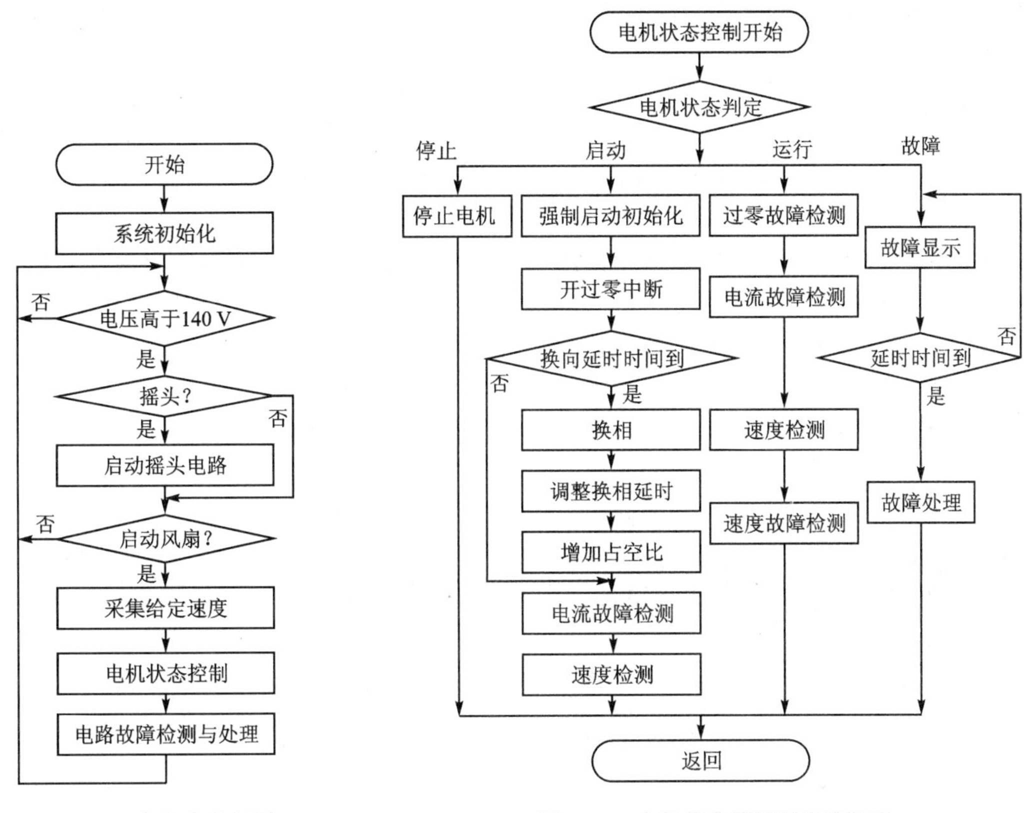

图 4-5　主程序流程图　　图 4-6　电机状态控制程序流程图

4　实验结果与结论

对所设计的电路及控制方法的有效性进行实验验证。实验所选择的无转子位置 BLDC 最大输出功率为 $P_m=45$ W，额定电压为 220 V，电压范围为 110～240 V，空载电流为 0.12 A，最大效率时功率为 26 W，转速为 9 000 r/min，电流为 0.4 A。单片机主频为 20 MHz，调速采用电位器调节，变频无级调速，调速控制方式为 120°方波控制。表 4-1 所列为 BLDC 工作时的部分实验数据。

表 4-1　BLDC 工作时部分实验数据

工作电压	控制方式	开关频率	PWM 占空比	最高转速	最低转速
220 V	120°方波	16 kHz	35%～95%	7 200 r/min	3 000 r/min

从实验结果可以看出，该控制器基本达到预先设计的目的。转速未达到最大效率的原因是因为采用反电动势过零检测法检测转子位置时偶有过零触发遗漏现象，采用带霍尔传感器的 BLDC 后，转速可提高到 8 000 r/min 左右，且运行平稳。这对于控制要求不是很高的无叶风扇来说，该转速控制范围已足够。

本设计以瑞萨公司的 μPD79F9211 单片机为控制核心，低成本无位置传感器的三相

BLDC 为控制对象,采用罗姆公司的高耐压快速大功率 MOS 集成电路 BM6201FS 为电机功率驱动电路,降低了无叶风扇电路系统的成本;采用反电动势过零点检测法确定电机转子的位置信息,在电机启动阶段过零信号稳定前,采用固定时间强制换相方式强制启动;采用软件补偿由硬件滤波电路产生的电机换相相移,提高控制器的可靠性。实验结果表明,控制器工作稳定可靠,性价比高。

参考文献

[1] 黄莺,陶汉卿. 基于 FPGA 和 DMC 算法的无叶风扇的设计[J]. 河池学院学报,2013(4):97-101.

[2] 袁先圣,刘星,等. STM32 的无刷直流电机控制系统设计[J]. 单片机与嵌入式系统应用,2013(10):16-19.

[3] 王会明,丁学明. 无刷直流电机正弦波控制及其在电动自行车中的应用[J]. 测控技术,2013(7):74-78.

[4] 胡学青, 陈文,等. 电动自行车控制器的硬件设计[J]. 电源技术,2012(10):1520-1523.

[5] ROHM Co., ltd. Datasheet of BM2P054[DB/OL]. [2013-11-18]. www.rohm.com.

[6] ROHM Co., ltd. Datasheet of BM6201FS[DB/OL]. [2012-05-26]. www.rohm.com.

[7] Renesas Electronics Co., ltd. Datasheet of R78/G14[DB/OL]. [2012-02-21]. www.renesas.com.

第四部分

附　录

附录 A　示波器原理及使用

一、示波器的基本结构

示波器的种类很多，但它们都包含下列基本组成部分，如图 A－1 所示。

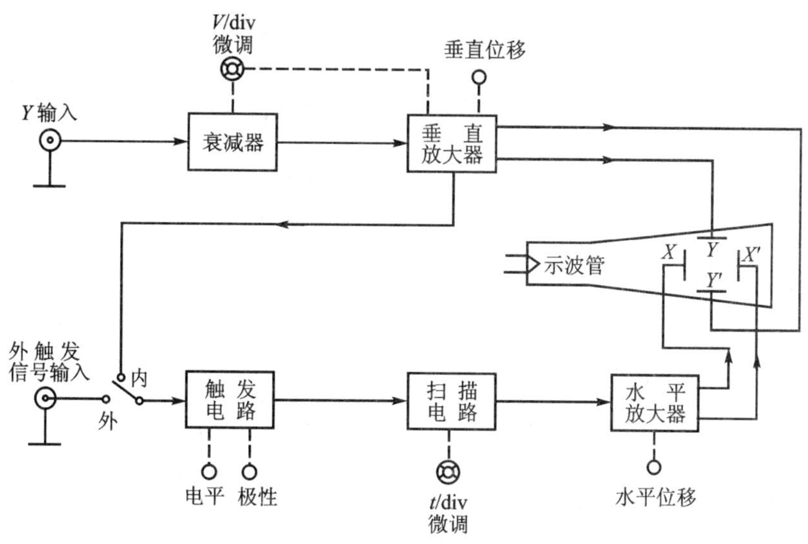

图 A－1　示波器的基本结构框图

1. 主　机

主机包括示波管及其所需的各种直流供电电路，在面板上的控制旋钮有辉度、聚焦、水平移位和垂直移位等。

2. 垂直通道

垂直通道主要用来控制电子束按被测信号的幅值大小在垂直方向上的偏移。

它包括 Y 轴衰减器、Y 轴放大器和配用的高频探头。通常示波管的偏转灵敏度比较低，因此在一般情况下，被测信号往往需要通过 Y 轴放大器放大后加到垂直偏转板上，才能在屏幕上显示出一定幅度的波形。Y 轴放大器的作用提高了示波管 Y 轴偏转灵敏度。为了保证 Y 轴放大器不失真，加到 Y 轴放大器的信号不宜太大，但是实际的被测信号幅度往往在很大范围内变化，此 Y 轴放大器前还必须加一个 Y 轴衰减器，以适应观察不同幅度的被测信号。示波器面板上设有“Y 轴衰减器”(通常称“Y 轴灵敏度选择”开关)和“Y 轴增益微调”旋钮，分别调节 Y 轴衰减器的衰减量和 Y 轴放大器的增益。

对 Y 轴放大器的要求是：增益大，频响好，输入阻抗高。

为了避免杂散信号的干扰，被测信号一般都通过同轴电缆或带有探头的同轴电缆加到示波器 Y 轴输入端。但必须注意，被测信号通过探头将幅值衰减(或不衰减)，其衰减比为 10∶1(或 1∶1)。

3. 水平通道

水平通道主要是控制电子束按时间值在水平方向上的偏移。

它主要由扫描发生器、水平放大器和触发电路组成。

(1) 扫描发生器:又叫锯齿波发生器,用来产生频率调节范围宽的锯齿波,作为 X 轴偏转板的扫描电压。锯齿波的频率(或周期)调节是由"扫描速率选择"开关和"扫速微调"旋钮控制的。使用时,调节"扫速选择"开关和"扫速微调"旋钮,使其扫描周期为被测信号周期的整数倍,保证屏幕上显示稳定的波形。

(2) 水平放大器:其作用与垂直放大器一样,将扫描发生器产生的锯齿波放大到 X 轴偏转板所需的数值。

(3) 触发电路:用于产生触发信号以实现触发扫描的电路。为了扩展示波器的应用范围,一般示波器上都设有触发源控制开关、触发电平与极性控制旋钮和触发方式选择开关等。

二、示波器的二踪显示

1. 二踪显示原理

示波器的二踪显示是依靠电子开关的控制作用来实现的。

电子开关由"显示方式"开关控制,共有5种工作状态,即 Y_1、Y_2、Y_1+Y_2、交替和断续。当开关置于"交替"或"断续"位置时,荧光屏上便可同时显示两个波形。

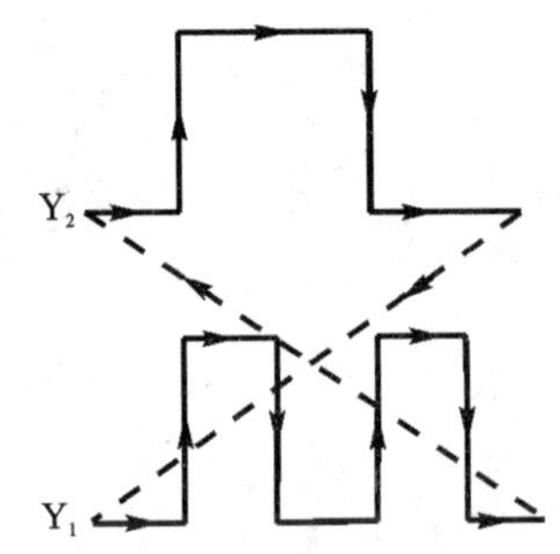

图 A-2　交替方式显示波形

当开关置于"交替"位置时,电子开关的转换频率受扫描系统控制,工作过程如图 A-2 所示,即电子开关首先接通 Y_2 通道,进行第一次扫描,显示由 Y_2 通道送入的被测信号的波形;然后电子开关接通 Y_1 通道,进行第二次扫描,显示由 Y_1 通道送入的被测信号的波形;接着再接通 Y_2 通道……这样便轮流地对 Y_2 和 Y_1 两通道送入的信号进行扫描、显示。电子开关转换速度较快,每次扫描的回扫线在荧光屏上不显示出来,借助于荧光屏的余辉作用和人眼的视觉暂留特性,使用者便能在荧光屏上同时观察到两个清晰的波形。这种工作方式适用于观察频率较高的输入信号场合。

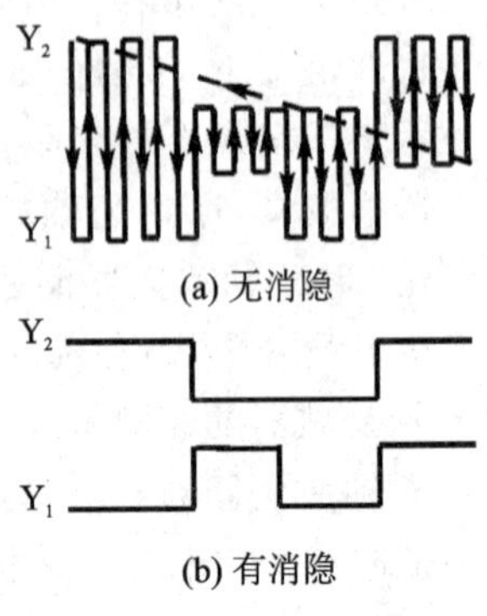

图 A-3　断续方式显示波形

当开关置于"断续"位置时,相当于将一次扫描分成许多个相等的时间间隔。在第一次扫描的第一个时间间隔内显示 Y_2 信号波形的某一段;在第二个时间时隔内显示 Y_1 信号波形的某一段;以后各个时间间隔轮流显示 Y_2、Y_1 两信号波形的其余段,经过若干次断续转换,使荧光屏上显示出两个由光点组成的完整波形如图 A-3(a)所示。由于转换的频率很高,光点靠得很近,其间隙用肉眼几乎分辨不出,再利用消隐的方法使两通道间转换过程的过渡线不显示出来,见图 A-3(b),因而同样可达到同时清晰地显示两个波形的目的。这种工作方式适合于输入信号频率较低时使用。

2. 触发扫描

在普通示波器中，X 轴的扫描总是连续进行的，称为“连续扫描”。为了能更好地观测各种脉冲波形，在脉冲示波器中，通常采用“触发扫描”。采用这种扫描方式时，扫描发生器将工作在待触发状态。它仅在外加触发信号作用下，时基信号才开始扫描，否则便不扫描。这个外加触发信号通过触发选择开关分别取自“内触发”（Y 轴的输入信号经由内触发放大器输出触发信号），也可取自“外触发”输入端的外接同步信号。其基本原理是利用这些触发脉冲信号的上升沿或下降沿来触发扫描发生器，产生锯齿波扫描电压，然后经 X 轴放大后送 X 轴偏转板进行光点扫描。适当地调节“扫描速率”开关和“电平”调节旋钮，能方便地在荧光屏上显示出具有合适宽度的被测信号波形。

上面介绍了示波器的基本结构，下面将结合使用来介绍电子技术实验中常用的 YB43020 型双踪示波器。

三、YB43020 型双踪示波器

1. 概　述

YB43020 型示波器为便携式双通道示波器。本机垂直系统具有 0～20 MHz 的频带宽度和 5 mV/div～5 V/div 的偏转灵敏度，配以 10：1 探极，灵敏度可达 5 V/div。本机在全频带范围内可获得稳定触发方式。该触发方式设有常态、自动、TV 和峰值自动，尤其是“峰值自动”方式给使用者带来了极大的方便。“内触”设置了交替触发，可以稳定地显示两个频率不相关的信号。本机的水平系统具有 0.5 s/div～0.2 μs/div 的扫描速度，并设有扩展×10 挡，可将最快扫描速度提高到 20 ns/div。

2. 面板控制件介绍

YB43020 面板图如图 A－4 所示。面板上各功能开关及旋钮如表 A－1 所列。

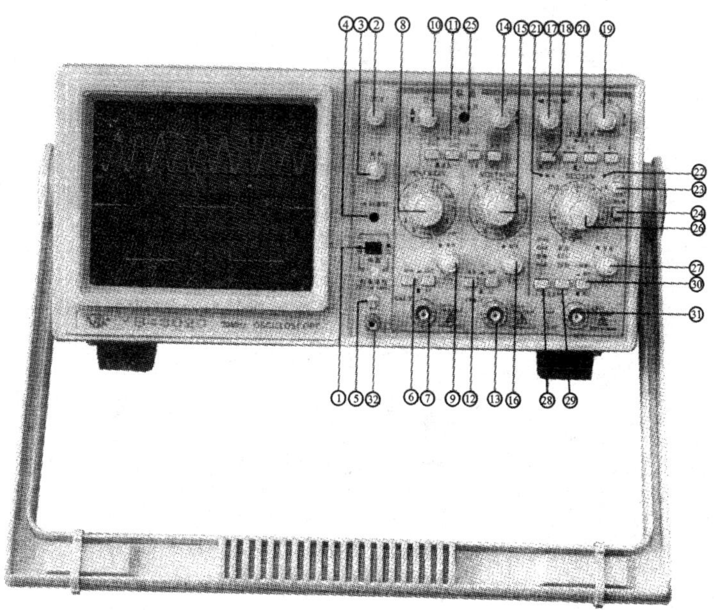

图 A－4　YB43020 型双踪示波器面板图

表 A-1　面板上各功能开关及旋钮

序　号	控制件名称	功　能
①	电源开关(POWER)	按入此开关,仪器电源接通,指示灯亮
②	亮度(INTENSITY)	光迹亮度调节,顺时针旋转光迹增亮
③	聚焦(FOCUS)	用以调节示波管电子束的焦点,使显示的光点成为细而清晰的圆点
④	光迹旋转 (TRACEROTATION)	调节光迹与水平线平行
⑤	探极校准信号 (PROBE ADJUST)	此端口输出幅度为0.5 V,频率为1 kHz的方波信号,用以校准Y轴偏转系数和扫描描时间系数
⑥	耦合方式(AC GNDDC)	垂直通道1的输入耦合方式选择。AC:信号中的直流分量被隔开,用以观察信号的交流成分;DC:信号与仪器通道直接耦合,当需要观察信号的直流分量或被测信号的频率较低时应选用此方式,GND输入端处于接地状态,用以确定输入端为零电位时光迹所在位置
⑦	通道1输入插座CH1(X)	双功能端口。在常规使用时,此端口作为垂直通道1的输入口,当仪器工作在X－Y方式时此端口作为水平轴信号输入口
⑧	通道1灵敏度选择开关 (VOLTS/DIV)	选择垂直轴的偏转系数,从2 mV/div～10 V/div分12个挡级调整,可根据被测信号的电压幅度选择合适的挡级
⑨	微调(VARIABLE)	用以连续调节垂直轴的CH1偏转系数,调节范围≥2.5倍。该旋钮逆时针旋足时为校准位置,此时可根据"VOLTS/DIV"开关度盘位置和屏幕显示幅度读取该信号的电压值
⑩	垂直位移(POSITION)	用以调节光迹在CH1垂直方向的位置
⑪	垂直方式(MODE)	选择垂直系统的工作方式: CH1:只显示CH1通道的信号 CH2:只显示CH2通道的信号 交替:用于同时观察两路信号,此时两路信号交替显示,该方式适用于在扫描速率较快时使用 继续:两路信号继续工作,适用于在扫描速率较慢时同时观察两路信号 叠加:用于显示两路信号相加的结果,当CH2极性开关被按入时,则两信号相减 CH2反相:此按键未按下时,CH2的信号为常态显示,当按下此键时,CH2的信号被反相
⑫	耦合方式(AC GND DC)	作用于CH2,功能同控制件⑥
⑬	通道2输入插座	垂直通道2的输入端口,在X－Y方式时,作为Y轴输入口
⑭	垂直位移(POSITION)	用以调节光迹在垂直方向的位置
⑮	通道2灵敏度选择开关	功能同⑧
⑯	微调	功能同⑨
⑰	水平位移(POSITION)	用以调节光迹在水平方向的位置
⑱	极性(SLOPE)	用以选择被测信号在上升沿或下降沿触发扫描
⑲	电平(LEVEL)	用以调节被测信号在变化至某一电平时触发扫描
⑳	扫描方式 (SWEEPMODE)	选择产生扫描方式。自动(AUTO):当无触发信号输入时,屏蔽上显示扫描光迹,一旦有触发信号输入,电路自动转换为触发扫描状态,调节电平可使波形稳定地显示在屏幕上。此方式适合观察频率在50 Hz以上的信号

续表 A-1

序　号	控制件名称	功　能
⑳	扫描方式 (SWEEP MODE)	常态(NORM)：无信号输入时，屏幕上无光迹显示；有信号输入时，且触发电平旋钮在合适位置上，电路被触发扫描。当被测信号频率低于 50 Hz 时，必须选择该方式 锁定：仪器工作在锁定状态后，无须调节电平即可使波形稳定地显示在屏幕上 单次：用于产生单次扫描，进入单次状态后，按动复位键，电路工作在单次扫描方式，扫描电路处于等待状态；当触发信号输入时，扫描只产生一次，下次扫描须再次按动复位按键
㉑	触指标(TRIG'D READY)	该指示灯具有两种功能指示：当仪器工作在非单次扫描方式时，该灯亮表示扫描电路工作在被触发状态；当仪器工作在单次扫描方式时，该灯亮表示扫描电路在准备状态，此时若有信号输入将产生一次扫描，指示灯随之熄灭
㉒	扫描扩展指示	在按下"×5 扩展"或"交替扩展"后指示灯亮
㉓	×5 扩展	按下后扫描速度扩展 5 倍
㉔	交替扩展扫描	按下后，可同时显示原扫描时间和被扩展×5 后的扫描时间(注：在扫描速度慢时，可能出现交替闪烁)
㉕	光迹分离	用于调节主扫描和扩展×5 扫描后的扫描线的相对位置
㉖	扫描速率选择开关	根据被测信号的频率高低，选择合适的挡极。当扫描"微调"置校准位置时，可根据度盘的位置和波形在水平轴的距离读出被测信号的时间参数
㉗	微调(VARIABLE)	用于连续调节扫描速率，调节范围≥2.5 倍。逆时针旋足为校准位置
㉘	慢扫描开关	用于观察低频脉冲信号
㉙	触发源 (TRIGGER SOURCE)	用于选择不同的触发源 第一组： CH1：在双踪显示时，触发信号来自 CH1 通道；单踪显示时，触发信号则来自被显示的通道 CH2：在双踪显示时，触发信号来自 CH2 通道；单踪显示时，触发信号则来自被显示的通道 交替：在双踪交替显示时，触发信号交替来自于两个 Y 通道，此方式用于同时观察两路不相关的信号 外接：触发信号来自于外接输入端口 第二组： 常态：用于一般常规信号的测量 TV-V：用于观察电视场信号 TV-H：用于观察电视行信号 电源：用于与市电信号同步
㉚	AC/DC	外触发信号的耦合方式，当选择外触发源，且信号频率很低时，应将开关置 DC 位置
㉛	外触发输入插座 (EXT INPUT)	当选择外触发方式时，触发信号由此端口输入
㉜	⊥	机壳接地端

3. 操作方法

(1) 电源检查

YB4320 双踪示波器电源电压为(220±0.1)V。接通电源前，检查当地电源电压，如果不相符合，则严格禁止使用。

(2) 面板的一般功能检查

① 将有关控制件按表 A－2 所列置位。

表 A－2　控制件的名称及作用位置

控制件名称	作用位置	控制件名称	作用位置
亮度	居中	触发方式	峰值自动
聚焦	居中	扫描速率	0.5 ms/div
位移	居中	极性	正
垂直方式	CH1	触 发 源	INT
灵敏度选择	10 mV/div	内触发源	CH1
微调	校正位置	输入耦合	AC

② 接通电源,电源指示灯亮,稍预热后,屏幕上出现扫描光迹,分别调节亮度、聚焦、辅助聚焦、迹线旋转、垂直和水平移位等控制件,使光迹清晰并与水平刻度平行。

③ 用 10∶1 探极将校正信号输入至 CH1 输入插座。

④ 调节示波器有关控制件,使荧光屏上显示稳定且易观察方波波形。

⑤ 将探极换至 CH2 输入插座,垂直方式置于 CH2,内触发源置于 CH2,重复步骤④操作。

(3) 垂直系统的操作

① 垂直方式的选择:当只须观察一路信号时,将“垂直方式”开关置于 CH1 或 CH2,此时被选中的通道有效,被测信号可从通道端口输入。当需要同时观察两路信号时,将“垂直方式”开关置于“交替”方式。该方式使两个通道的信号被交替显示,交替显示的频率受扫描周期控制。当扫速低于一定频率时,交替方式显示会出现闪烁,此时应将开关置于“断续”位置。当需要观察两路信号代数和时,将“垂直方式”开关置于“代数和”位置。在选择这种方式时,两个通道的衰减设置必须一致,CH2 移位处于常态时为 CH1＋CH2,CH2 移位拉出时为 CH1－CH2。

② 输入耦合方式的选择:

直流(DC)耦合:适用于观察包含直流成分的被测信号,如信号的逻辑电平和静态信号的直流电平。当被测信号的频率很低时,也必须采用这种方式。

交流(AC)耦合:信号中的直流分量被隔断,用于观察信号的交流分量,如观察较高直流电平上的小信号。

接地(GND):通道输入端接地(输入信号断开),用于确定输入为零时光迹所处位置。

③ 灵敏度选择(V/div)的设定:按被测信号幅值的大小选择合适挡级。“灵敏度选择”开关外旋钮为粗调,中心旋钮为细调(微调)。微调旋钮按顺时针方向旋足至校正位置时,可根据粗调旋钮的示值(V/div)和波形在垂直轴方向上的格数读出被测信号幅值。

(4) 触发源的选择

① 触发源选择:当触发源开关置于“电源”触发,机内 50 Hz 信号输入到触发电路。当触发源开关置于“常态”触发,有两种选择:一种是“外触发”,由面板上外触发输入插座输入触发信号;另一种是“内触发”,由内触发源选择开关控制。

② 内触发源选择:

CH1 触发:触发源取自通道 1。

CH2 触发：触发源取自通道 2。

“交替触发”：触发源受垂直方式开关控制，当垂直方式开关置于 CH1 时，触发源自动切换到通道 1；当垂直方式开关置于 CH2 时，触发源自动切换到通道 2；当垂直方式开关置于“交替”时，触发源与通道 1、通道 2 同步切换，在这种状态使用时，两个不相关的信号其频率不应相差很大，同时垂直输入耦合应置于“AC”，触发方式应置于“自动”或“常态”。当垂直方式开关置于“断续”和“代数和”时，内触发源选择应置于 CH1 或 CH2。

（5）水平系统的操作

① 扫描速度选择（t/div）的设定：按被测信号频率高低选择合适挡级，“扫描速率”开关外旋钮为粗调，中心旋钮为细调（微调），微调旋钮按顺时针方向旋足至校正位置时，可根据粗调旋钮的示值（t/div）和波形在水平轴方向上的格数读出被测信号的时间参数。当需要观察波形的某一个细节时，可进行水平扩展×10 挡，此时原波形在水平轴方向上被扩展 10 倍。

② 触发方式的选择：

“常态”：无信号输入时，屏幕上无光迹显示；有信号输入时，触发电平调节在合适位置上，电路被触发扫描。当被测信号频率低于 20 Hz 时，必须选择这种方式。

“自动”：无信号输入时，屏幕上有光迹显示；一旦有信号输入时，电平调节在合适位置上，电路自动转换到触发扫描状态，显示稳定的波形，当被测信号频率高于 20 Hz 时，常用这一种方式。

“电视场”：对电视信号中的场信号进行同步，如果是正极性，则可以由 CH2 输入，借助于 CH2 移位拉出，把正极性转变为负极性后测量。

“峰值自动”：这种方式同自动方式，但无须调节电平即能同步。它一般适用于正弦波、对称方波或占空比相差不大的脉冲波。对于频率较高的测试信号，有时也要借助于电平调节，它的触发同步灵敏度要比“常态”或“自动”稍低一些。

③ “极性”的选择：用于选择被测试信号的上升沿或下降沿去触发扫描。

④ “电平”的位置：用于调节被测信号在某一合适的电平上启动扫描，当产生触发扫描后，触发指示灯亮。

4. 测量电参数

（1）电压的测量

示波器的电压测量实际上是对所显示波形的幅度进行测量，测量时应使被测波形稳定地显示在荧光屏中央，幅度一般不宜超过 6 div，以避免非线性失真造成的测量误差。

① 交流电压的测量：

A. 将信号输入至 CH1 或 CH2 插座，将垂直方式置于被选用的通道。

B. 将 Y 轴“灵敏度微调”旋钮置校准位置，调整示波器有关控制件，使荧光屏上显示稳定、易观察的波形，则交流电压幅值为

$$V_{pp}=\text{垂直方向格数(div)}\times\text{垂直偏转因数}(V/\text{div})$$

② 直流电平的测量：

A. 设置面板控制件，使屏幕显示扫描基线；

B. 设置被选用通道的输入耦合方式为 GND；

C. 调节垂直移位，将扫描基线调至合适位置，作为零电平基准线；

D. 将“灵敏度微调”旋钮置校准位置，输入耦合方式置 DC，被测电平由相应 Y 输入端输入，这时扫描基线将偏移，读出扫描基线在垂直方向偏移的格数（div），则被测电平为

$$V = \text{垂直方向偏移格数(div)} \times \text{垂直偏转因数}(V/\text{div}) \times \text{偏转方向(+或-)}$$

式中,基线向上偏移取正号,基线向下偏移取负号。

(2) 时间测量

时间测量是指对脉冲波形的宽度、周期、边沿时间及两个信号波形间的时间间隔(相位差)等参数的测量。一般要求被测部分在荧光屏 X 轴方向应占(4~6)div。

① 时间间隔的测量:对于一个波形中两点间的时间间隔的测量,测量时先将"扫描微调"旋钮置校准位置,调整示波器有关控制件,使荧光屏上波形在 X 轴方向大小适中,读出波形中需测量两点间水平方向格数,则时间间隔为

$$\Delta t = \text{两点之间水平方向格数(div)} \times \text{扫描时间因数}(t/\text{div})$$

② 脉冲边沿时间的测量:上升(或下降)时间的测量方法和时间间隔的测量方法一样,只不过是测量被测波形满幅度的10%和90%两点之间的水平方向距离,如图 A-5 所示。

用示波器观察脉冲波形的上升边沿、下降边沿时,必须合理选择示波器的触发极性(用触发极性开关控制)。显示波形的上升边沿用"+"极性触发,显示波形下降边沿用"-"极性触发。如波形的上升沿或下降沿较快则可将水平扩展×10,使波形在水平方向上扩展10倍,则上升(或下降)时间为

$$t_r(\text{或 } t_f) = \frac{\text{水平方向格数(div)} \times \text{扫描时间因数}(t/\text{div})}{\text{水平扩展倍数}}$$

③ 相位差的测量:

A. 参考信号和一个待比较信号分别插入 CH1 和 CH2 输入插座。

B. 根据信号频率,将垂直方式置于"交替"或"断续"位置。

C. 设置内触发源至参考信号那个通道。

D. 将 CH1 和 CH2 输入耦合方式置"⊥",调节 CH1、CH2 移位旋钮,使两条扫描基线重合。

E. 将 CH1、CH2 耦合方式开关置于"AC",调整有关控制件,使荧光屏显示大小适中,便于观察两路信号,如图 A-6 所示。读出两波形水平方向差距格数 D 及信号周期所占格数 T,则相位差为 $\theta = \frac{D}{T} \times 360°$。

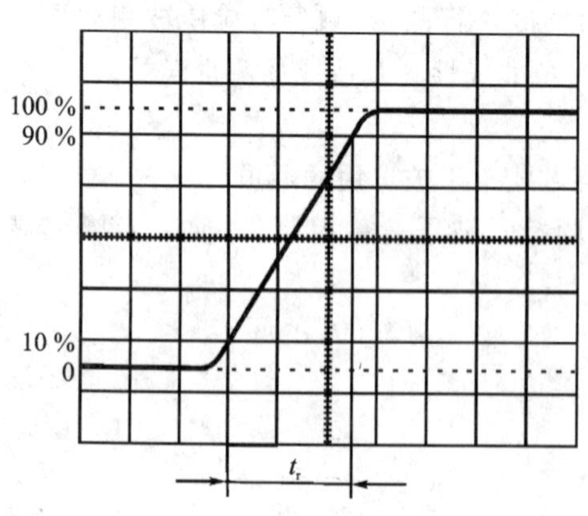

图 A-5 上升时间的测量

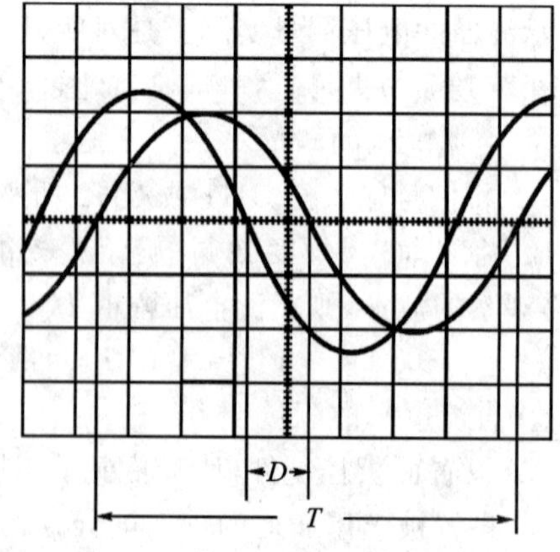

图 A-6 相位差的测量

四、TDS1000 数字示波器

1. 概　述

数字示波器不仅具有多重波形显示、分析和数学运算功能，波形、设置、CSV 和位图文件存储功能，自动光标跟踪测量功能，波形录制和回放功能等，还支持即插即用 USB 存储设备和打印机，并可通过 USB 存储设备进行软件升级等。

数字示波器前面板各通道标志、旋钮和按键的位置及操作方法与传统示波器类似。现以 TDS1000 系列数字示波器为例加以说明。TDS1000 数字示波器是美国 Tektronix(泰克)公司生产的一款数字存储示波器，具有 40 MHz 的带宽、双输入通道、500 ms/s 的取样速率、支持 USB 闪存、体积小、量程广、功能全面易用等特点。TDS1000 数字示波器可广泛应用于产品的设计与调试，企业、学校的教育与培训，工厂的制造测试、质量控制、生产维修等活动，是一种不可或缺的辅助设备。

2. 面板控制件介绍

TDS1000 系列数字示波器前操作面板如图 A-7 所示。按功能前面板可分为 8 大区，即液晶显示区、功能菜单操作区、常用菜单区、执行按键区、垂直控制区、水平控制区、触发控制区、信号输入/输出区等。

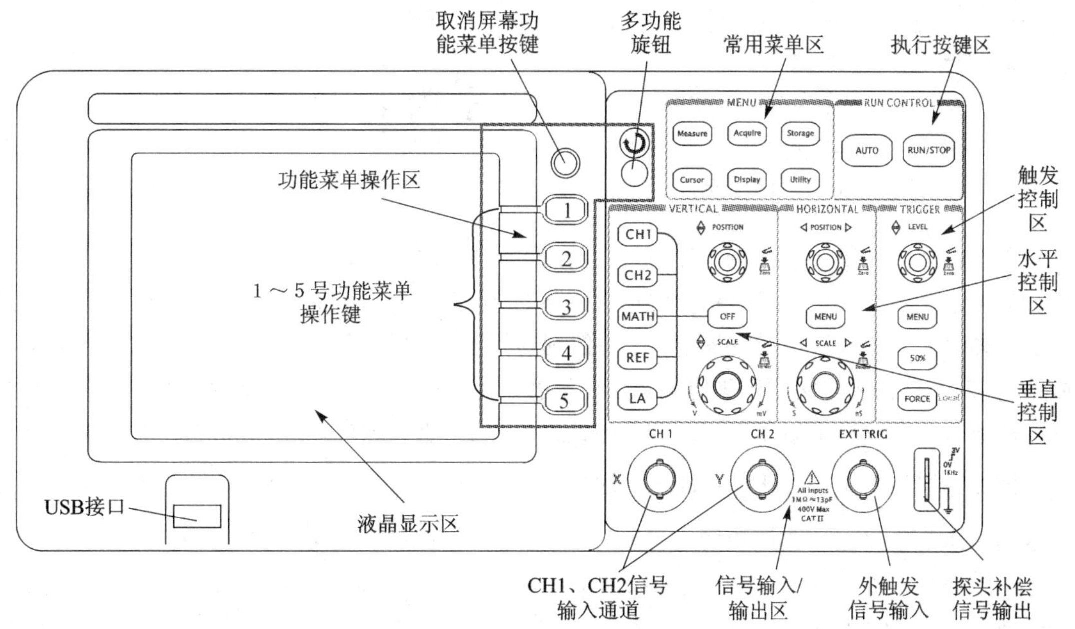

图 A-7　TDS1000 前操作面板

功能菜单操作区有 5 个数字按键、1 个多功能旋钮和 1 个取消功能菜单按键。5 个数字按键用于操作屏幕右侧的功能菜单及子菜单；多功能旋钮用于选择和确认功能菜单中下拉菜单的选项等；取消功能菜单按键用于取消屏幕上显示的功能菜单。

常用菜单区如图 A-8 所示。按下任一按键，屏幕右侧会出现相应的功能菜单。通过功能菜单操作区的 5 个按键可选定功能菜单的选项。功能菜单选项中有"◁"符号，表明该选项有下拉菜单。打开下拉菜单后,可转动多功能旋钮(↻)选择相应的项目并按下确认。功能菜单上、下有"⬆""⬇"符号,表明功能菜单一页未显示完,可操作按键上、下翻页。功能菜单中有↻符号,表明该项参数可转动多功能旋钮进行设置调整。按下取消功能菜单按键,显示屏上的功能菜单立即消失。

执行按键区有 AUTO (自动设置)和 RUN/STOP (运行/停止)2 个按键。按下 AUTO 按键,示波器将根据输入的信号,自动设置和调整垂直、水平及触发方式等各项控制值,使波形显示达到最佳适宜观察状态,如需要,还可进行手动调整。按 AUTO 键后,菜单显示及功能如图 A-9 所示。RUN/STOP 键为运行/停止波形采样按键。运行(波形采样)状态时,按键为黄色;按一下按键,停止波形采样且按键变为红色,有利于绘制波形并可在一定范围内调整波形的垂直衰减和水平时基,再按一下,恢复波形采样状态。注意:当应用自动设置功能时,要求被测信号的频率高于或等于 50 Hz,占空比大于 1%。

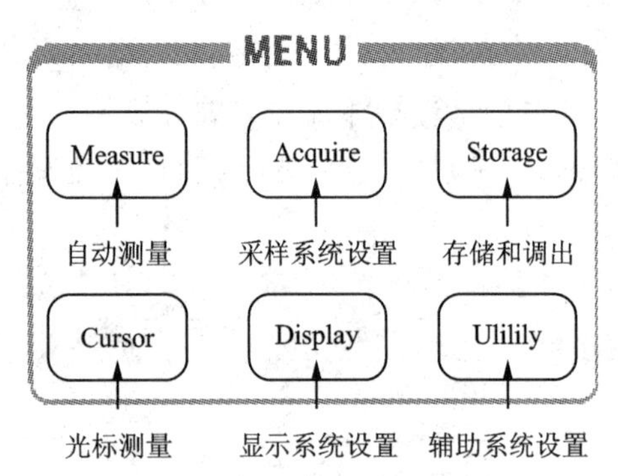

图 A-8 常用菜单区

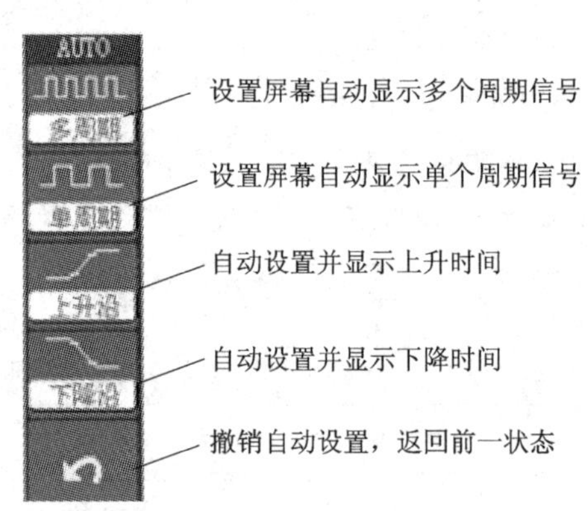

图 A-9 AUTO 按键功能

垂直控制区如图 A-10 所示。垂直位置◎POSITION 旋钮可设置所选通道波形的垂直显示位置。转动该旋钮不但显示的波形会上下移动,且所选通道的"地"(GND)标识也会随波形上下移动并显示于屏幕左状态栏,移动值则显示于屏幕左下方;按下垂直◎POSITION 旋钮,垂直显示位置快速恢复到零点(即显示屏水平中心位置)处。垂直衰减◎SCALE 旋钮调整所选通道波形的显示幅度。转动该旋钮改变"V/div"垂直挡位,同时下状态栏对应通道显示的幅值也会发生变化。CH1 、 CH2 、 MATH 、 REF 为通道或方式按键,按下某按键屏幕将显示其功能菜单、标志、波形和挡位状态等信息。 OFF 键用于关闭当前选择的通道。

水平控制区如图 A-11 所示,主要用于设置水平时基。水平位置◎POSITION 旋钮调整信号波形在显示屏上的水平位置,转动该旋钮不但波形随旋钮水平移动,且触发位移标志"▌"也在显示屏上部随之移动,移动值显示在屏幕左下角;按下此旋钮触发位移恢复到水平零点(即显示屏垂直中心线置)处。水平衰减◎SCALE 旋钮改变水平时基挡位设置,转动该旋钮改变"t/div"水平挡位,同时下状态栏 Time 后显示的主时基值也会发生相应的变化。水平扫描速度从 20 ns ~50 s,以 1—2—5 的形式步进。按动水平◎SCALE 旋钮可快速打开或关闭延迟扫描功能。按水平功能菜单 MENU 键,显示 Time 功能菜单,在此菜单下,可开启/关闭延迟扫描,切换 Y(电压)—T(时间)、X(电压)—Y(电压)和 Roll(滚动)方式,设置水平触发位移复位等。

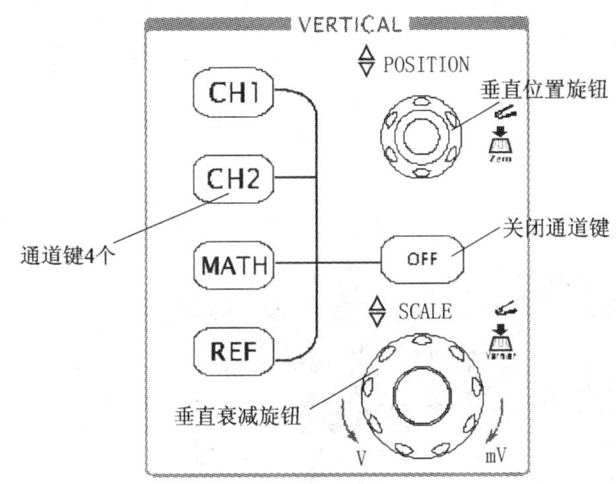

图 A-10　垂直系统操作区

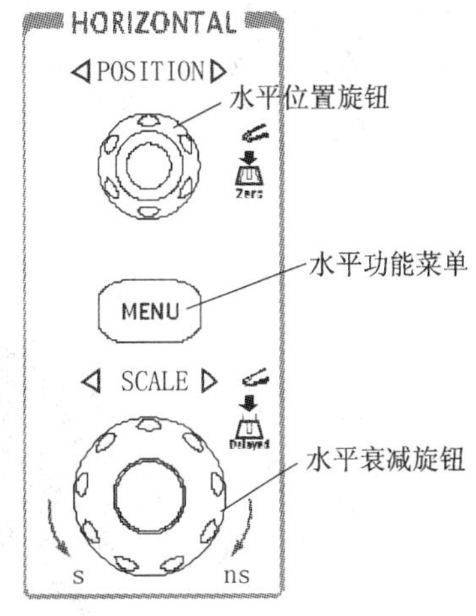

图 A-11　水平系统操作区

触发控制区如图 A-12 所示，主要用于触发系统的设置。转动◎LEVEL 触发电平设置旋钮，屏幕上会出现一条上下移动的水平黑色触发线及触发标志，且左下角和上状态栏最右端触发电平的数值也随之发生变化。停止转动◎LEVEL 旋钮，触发线、触发标志及左下角触发电平的数值会在约 5 s 后消失。按下◎LEVEL 旋钮触发电平快速恢复到零点。按 MENU 键可调出触发功能菜单，改变触发设置。50% 按键，设定触发电平在触发信号幅值的垂直中点。按 FORCE 键，强制产生一触发信号，主要用于触发方式中的“普通”和“单次”模式。

信号输入/输出区如图 A-13 所示，CH1 和 CH2 为信号输入通道，EXT TREIG 为外触发信号输入端，最右侧为示波器校正信号输出端(输出频率 1 kHz、幅值 3 V 的方波信号)。

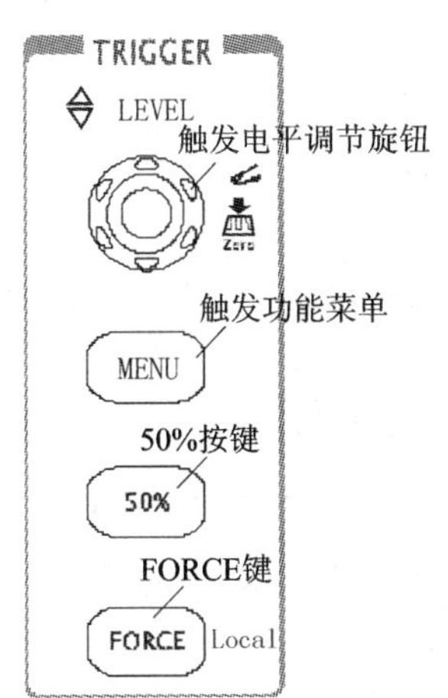

图 A-12　触发系统操作区

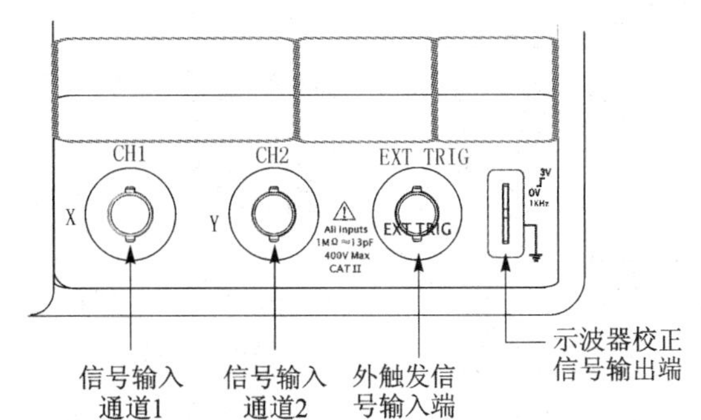

图 A-13　信号输入/输出区

3. TDS1000 系列数字示波器显示界面说明

TDS1000 系列数字示波器显示界面如图 A-14 所示，它主要包括波形显示区和状态显示区。液晶屏边框线以内为波形显示区，用于显示信号波形、测量数据、水平位移、垂直位移和触发电平值等。位移值和触发电平值在转动旋钮时显示,停止转动 5 s 后则消失。显示屏边框线以外为上、下、左 3 个状态显示区(栏)。下状态栏通道标志为黑底的是当前选定通道,操作示波器面板上的按键或旋钮只有对当前选定通道有效,按下通道按键则可选定被按通道。状态显示区显示的标志位置及数值随面板相应按键或旋钮的操作而变化。

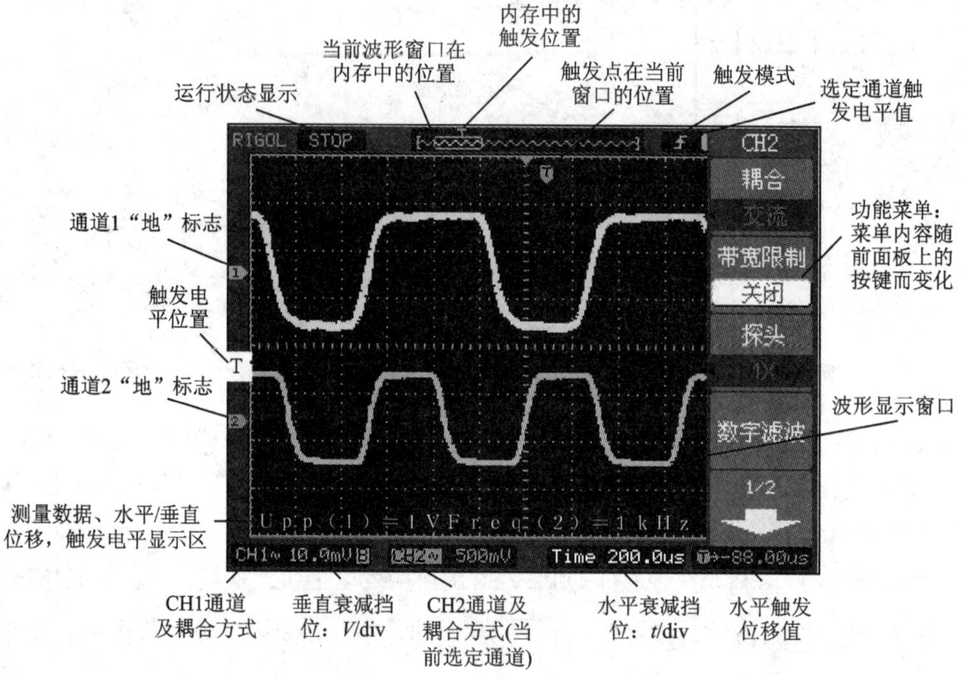

图 A-14　数字示波器显示界面

4. 操作方法

(1) 安　装

请使用电压为 AC_{RMS} 90～264 V 且频率为 45～66 Hz 的电源。如果使用频率为 400 Hz 的电压,则其电压必须为 AC_{RMS} 90～132 V,频率为 360～440 Hz。

执行功能检查来验证示波器是否正常工作。

① 打开示波器电源,按下 DEFAULT SETUP(默认设置) 按键,探头选项默认的衰减设置为 10×。

② 在 P2220 探头上将开关设定到 10×并将探头连接到示波器的通道 1 上。要进行此操作,请将探头连接器上的插槽对准 CH1 BNC 上的凸键,按下即可连接,然后向右转动将探头锁定到位。将探头端部和基准导线连接到"探头补偿"终端上。

③ 按下"自动设置" 按钮,在数秒钟内,应当可以看到频率为 1 kHz、电压峰峰值为 5 V 的方波。按两次前面板上的 CH1 MENU(CH1 菜单)按键删除通道 1。

按下 CH2 MENU(CH2 菜单)按键显示通道 2,重复第②步和第③步。对于 4 通道型号,对 CH3 和 CH4 重复以上步骤。

1) 探头安全性

使用探头之前,请查看并遵守探头的额定值。P2220 探头主体周围的防护装置可保护手指以防止电击。

进行任何测量前，都须将探头连接到示波器并将接地端接地。

2）探头衰减设置

探头有不同的衰减系数，它影响信号的垂直刻度。探头检查向导验证示波器的衰减系数是否与探头匹配。作为探头检查的替代方法，可以手动选择与探头衰减相匹配的系数。例如，要与连接到 CH1 的设置为 10×的探头相匹配，请按下 CH1 MENU(CH1 菜单）→“探头”→“电压”→“衰减”选项，然后选择 10×。

(2）基本操作

1）使用菜单系统

示波器的用户界面设计用于通过菜单结构方便地访问特殊功能。

按下前面板按键，示波器将在屏幕的右侧显示相应的菜单。该菜单显示直接按下屏幕右侧未标记的选项按钮时可用的选项。

示波器使用下列几种方法显示菜单选项：

页(子菜单)选择：对于某些菜单，可使用顶端的选项按键来选择两个或三个子菜单。每次按下顶端按键时，选项都会随之改变。例如，按下 TRIGGER MENU(触发菜单)中的顶部按键时，示波器会循环显示“边沿”、“视频”和“脉冲”触发子菜单。

循环列表：每次按下选项按键时，示波器都会将参数设定为不同的值。例如，通过按下 CH1 MENU(CH1 菜单)按键，然后按下顶端的选项按键在“垂直(通道)耦合”各选项间切换。在某些列表中，可以使用多用途旋钮来选择选项。使用多用途旋钮时，提示行会出现提示信息，并且当旋钮处于活动状态时，多用途旋钮附近的 LED 变亮。

动作：示波器显示按下“动作选项”按键时立即发生的动作类型。例如，如果在出现“帮助索引”时按下“下一页”选项按钮，示波器将立即显示下一页索引项。

单选键：示波器的每一选项都使用不同的按键。当前选择的选项突出显示。例如，按下 ACQUIRE(采集)菜单按键时，示波器会显示不同的获取方式选项。要选择某个选项，可按下相应的按键。

2）信号接入方法

以 CH1 通道为例介绍信号接入方法：

① 将探头上的开关设定为 10×，将探头连接器上的插槽对准 CH1 插口并插入，然后向右旋转拧紧。

② 设定示波器探头衰减系数。探头衰减系数改变仪器的垂直挡位比例，因而直接关系到测量结果的正确与否。默认的探头衰减系数为 1×，设定时必须使探头上的黄色开关的设定值与输入通道“探头”菜单的衰减系数一致。衰减系数设置方法是：按 CH1 键，显示通道 1 的功能菜单，如图 A-15 所示。按下与探头项目平行的 3 号功能菜单操作键，转动 ↻ 选择与探头同比例的衰减系数并按下 ↻ 予以确认。此时应选择并设定为 10×。

③ 把探头端部和接地夹接到函数信号发生器或示波器校正信号输出端。按 AUTO (自动设置)键，几秒钟后，在波形显示区即可看到输入函数信号或示波器校正信号的波形。

用同样的方法检查并向 CH2 通道接入信号：

① 为了加速调整，便于测量，当被测信号接入通道时，可直接按 AUTO 键以便立即获得合适的波形显示和挡位设置等。

② 示波器的所有操作只对当前选定(打开)通道有效。通道选定(打开)方法是：按 CH1

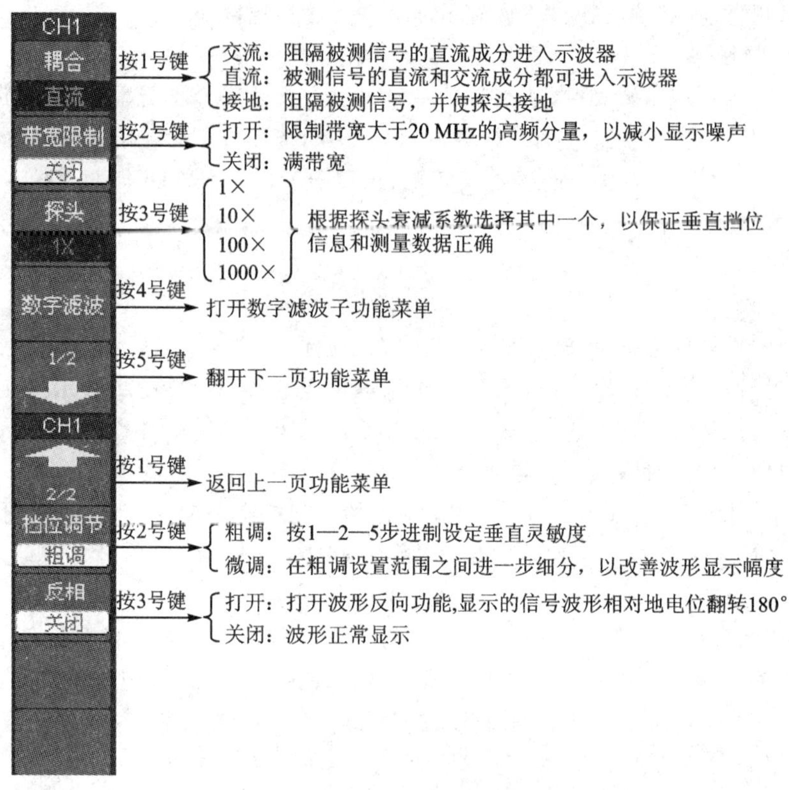

图 A-15　通道功能菜单及说明

或[CH2]按键即可选定(打开)相应通道，且下状态栏中的通道标志变为黑底。关闭通道的方法是：按[OFF]键或再次按下通道按键当前选定通道即被关闭。

③ 数字示波器的操作方法类似于操作计算机，其操作分为三个层次：第一层，按下前面板上的功能键即进入不同的功能菜单或直接获得特定的功能应用；第二层，通过5个功能菜单操作键选定屏幕右侧对应的功能项目，或打开子菜单，或转动多功能旋钮↻调整项目参数；第三层，转动多功能旋钮↻选择下拉菜单中的项目，并按下↻对所选项目予以确认。

④ 使用时应熟悉并通过观察上、下、左状态栏来确定示波器设置的变化和状态。

(3) 高级应用

1) 垂直系统的高级应用

① 通道设置：该示波器CH1和CH2通道的垂直菜单是独立的，每个项目都要按不同的通道进行单独设置，但2个通道功能菜单的项目及操作方法则完全相同。现以CH1通道为例加以说明。

按[CH1]键，屏幕右侧显示CH1通道的功能菜单见图A-15。

A. 设置通道耦合方式：假设被测信号是一个含有直流偏移的正弦信号，其设置方法是：按[CH1]键→**耦合**→交流/直流/接地，分别设置为交流、直流和接地耦合方式，注意观察波形显示及下状态栏通道耦合方式符号的变化。

B. 设置通道带宽限制：假设被测信号是一含有高频振荡的脉冲信号。其设置方法是：按[CH1]键→**带宽限制**→关闭/打开，分别设置带宽限制为关闭/打开状态。前者允许被测信号含有的高频分量通过，后者则阻隔大于 20 MHz 的高频分量。注意观察波形显示及下状态栏垂直衰减挡位之后带宽限制符号的变化。

C. 调节探头比例：为了配合探头衰减系数，需要在通道功能菜单调整探头衰减比例。如探头衰减系数为 10∶1，示波器输入通道探头的比例也应设置成 10× ，以免显示的挡位信息和测量的数据发生错误。探头衰减系数与通道“探头”菜单设置要求见表 A－3。

表 A－3　通道“探头”菜单设置表

探头衰减系数	通道“探头”菜单设置
1∶1	1×
10∶1	10×
100∶1	100×
1 000∶1	1 000×

D. 垂直挡位调节设置：垂直灵敏度调节范围为 2 mV/div 至 5 V/div。挡位调节分为粗调和微调两种模式。粗调以 2 mV/div，5 mV/div，10 mV/div，20 mV/div，…，5 V/div 的步进方式调节垂直挡位灵敏度。微调指在当前垂直挡位下进一步细调。如果输入的波形幅度在当前挡位略大于满刻度，而应用下一挡位波形显示幅度稍低，可用微调改善波形显示幅度，以利于观察信号的细节。

E. 波形反相设置：波形反相关闭，显示正常被测信号波形；波形反相打开，显示的被测信号波形相对于地电位翻转 180°。

F. 数字滤波设置：按数字滤波对应的 4 号功能菜单操作键，打开 Filter（数字滤波）子功能菜单，如图 A－16 所示。数字滤波子功能菜单说明，见表 A－4；转动多功能旋钮（↻）可调节频率上限和下限；设置滤波器的带宽范围等。

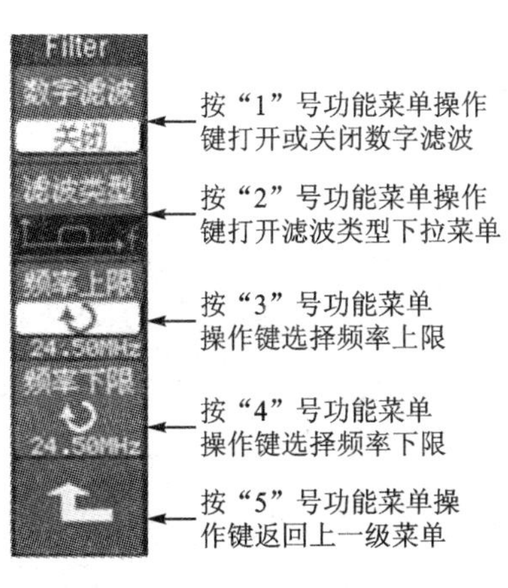

图 A－16　数字滤波子功能菜单

表 A－4　数字滤波子功能菜单说明

功能菜单	设　定	说　明
数字滤波	关闭	关闭数字滤波器
	打开	打开数字滤波器
滤波类型	O f	设置为低通滤波器
	O f	设置为高通滤波器
	O f	设置为带通滤波器
	O f	设置为带阻滤波器
频率上限	↻（上限频率）	转动多功能旋钮↻设置频率上限
频率下限	↻（下限频率）	转动多功能旋钮↻设置频率下限
↰		返回上一级菜单

② MATH（数学运算）按键功能：数学运算（MATH）功能菜单及说明见图 A－17 和表 A－5。它可显示 CH1、CH2 通道波形相加、相减、相乘以及 FFT（傅里叶变换）运算的结果。数学运算结果同样可以通过栅格或光标进行测量。

③ REF（参考）按键功能：在有电路工作点参考波形的条件下，通过 REF 按键的菜单，可以把被测波形和参考波形样板进行比较，以判断故障原因。

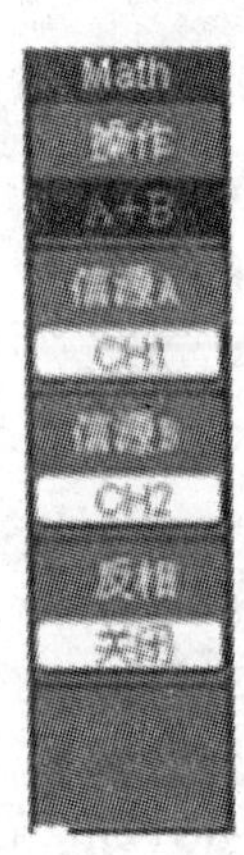

图 A-17 MATH 功能菜单

表 A-5 MATH 功能菜单说明

功能菜单	设 定	说 明
操作	A+B	信源 A 与信源 B 相加
	A−B	信源 A 与信源 B 相减
	A×B	信源 A 与信源 B 相乘
	FFT	FFT(傅里叶)数学运算
信源 A	CH1	设置信源 A 为 CH1 通道波形
	CH2	设置信源 A 为 CH2 通道波形
信源 B	CH1	设置信源 B 为 CH1 通道波形
	CH2	设置信源 B 为 CH2 通道波形
反相	打开	打开数学运算波形反相功能
	关闭	关闭数学运算波形反相功能

④ 垂直◎POSITION 和◎SCALE 旋钮的使用：

A. 垂直◎POSITION 旋钮调整所有通道(含 MATH 和 REF)波形的垂直位置。该旋钮的解析度根据垂直挡位而变化，按下此旋钮选定通道的位移立即回零即显示屏的水平中心线。

B. 垂直◎SCALE 旋钮调整所有通道(含 MATH 和 REF)波形的垂直显示幅度。粗调以1—2—5 步进方式确定垂直挡位灵敏度。顺时针增大显示幅度，逆时针减小显示幅度。细调是在当前挡位进一步调节波形的显示幅度。按动垂直◎SCALE 旋钮，可在粗调、微调间切换。

调整通道波形的垂直位置时，屏幕左下角会显示垂直位置信息。

2）水平系统的高级应用

① 水平◎POSITION 和◎SCALE 旋钮的使用如下：

A. 转动水平◎POSITION 旋钮，可调节通道波形的水平位置。按下此旋钮触发位置立即回到屏幕中心位置。

B. 转动水平◎SCALE 旋钮，可调节主时基，即 t/div。当延迟扫描打开时，转动水平◎SCALE 旋钮可改变延迟扫描时基以改变窗口宽度。

② 水平[MENU]按键的使用：按下水平[MENU]键，显示水平功能菜单，如图 A-18 所示。在 X—Y 方式下，自动测量模式、光标测量模式、REF 和 MATH、延迟扫描、矢量显示类型、水平◎POSITION 旋钮、触发控制等均不起作用。

延迟扫描用来放大某一段波形，以便观测波形的细节。在延迟扫描状态下，波形被分成上、下两个显示区，如图 A-19 所示。上半部分显示的是原波形，中间黑色覆盖区域是被水平扩展的波形部分。此区域可通过转动水平◎POSITION 旋钮左右移动或转动水平◎SCALE 旋钮扩大和缩小。下半部分是对上半部分选定区域波形的水平扩展即放大。由于整个下半部分显示的波形对应于上半部分选定的区域，因此转动水平◎SCALE 旋钮减小选择区域可以提高延迟时基，即提高波形的水平扩展倍数。可见，延迟时基相对于主时基提高了分辨率。

按下水平◎SCALE 旋钮可快速退出延迟扫描状态。

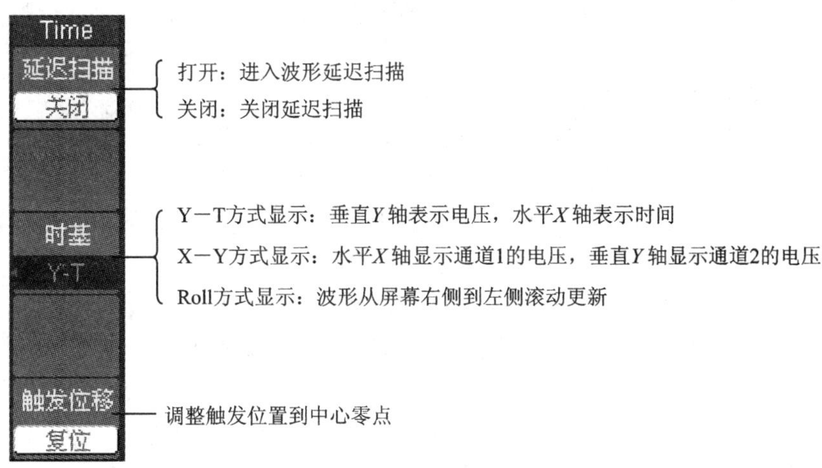

图 A-18　显示水平功能菜单

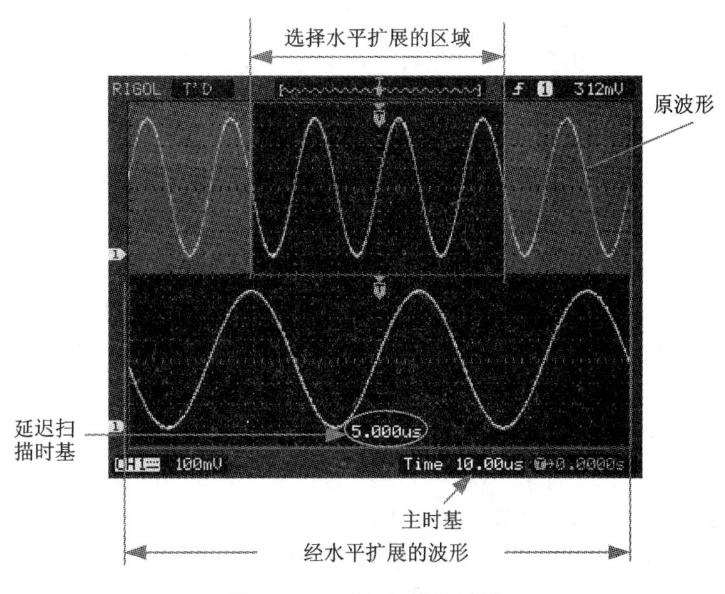

图 A-19　延时扫描波形图

5. 应用实例

(1) 简单测量

当需要查看电路中的某个信号，但又不了解该信号的幅值或频率时，如何快速显示该信号，并测量其频率、周期和峰峰值。

1) 使用“自动设置”

要快速显示某个信号，可按如下步骤进行：

① 按下 CH1 MENU(CH1 1 菜单)按键。

② 按下“探头”→“电压” →“衰减”→10×按键。

③ 将 P2220 探头上的开关设定为 10×。

④ 将通道 1 的探头端部与信号连接，将基准导线连接到电路基准点。

⑤ 按下“自动设置”按钮。

示波器自动设置垂直、水平和触发控制。如果要优化波形的显示,可手动调整上述控制。

2) 进行自动测量

示波器可自动测量多数显示的信号。

说明:如果“值”读数中显示问号(?),则表明信号在测量范围之外。请将 V/div 旋钮调整到适当的通道以减小灵敏度或更改 t/div 设置。

要测量信号的频率、周期、峰峰值、上升时间以及正频宽,应按照以下步骤进行操作:

① 按下 MEASURE(测量)按钮查看 Measure(测量)菜单。

② 按下顶部选项按钮,显示 Measure 1 Menu(测量 1 菜单)。

③ 按下“类型”→“频率”,“值”读数将显示测量结果及更新信息。

④ 按下“返回”选项按钮。

⑤ 按下顶部第二个选项按钮,显示 Measure 2 Menu(测量 2 菜单)。

⑥ 按下“类型”→“周期”,“值”读数将显示测量结果及更新信息。

⑦ 按下“返回”选项按钮。

⑧ 按下中间的选项按钮,显示 Measure 3 Menu(测量 3 菜单)。

⑨ 按下“类型”→“峰峰值”,“值”读数将显示测量结果及更新信息。

⑩ 按下“返回”选项按钮。

⑪ 按下底部倒数第二个选项按钮,显示 Measure 4 Menu (测量 4 菜单)。

⑫ 按下“类型”→“上升时间”,“值”读数将显示测量结果及更新信息。

⑬ 按下“返回”选项按钮。

⑭ 按下底部的选项按钮,显示 Measure 5 Menu(测量 5 菜单)。

⑮ 按下“类型”→“正频宽”,“值”读数将显示测量结果及更新信息。

⑯ 按下“返回”选项按钮。

3) 测量两个信号

如果您正在测试一台设备,并需要测量音频放大器的增益,则需要一个音频发生器,将测试信号连接到放大器输入端,将示波器的两个通道分别与放大器的输入和输出端相连,测量两个信号的电平,并使用测量结果计算增益的大小。

要激活并显示连接到通道 1 和通道 2 的信号,并选择两个通道,按照以下步骤进行测量:

① 按下“自动设置”按键。

② 按下 MEASURE(测量)按键查看 Measure(测量)菜单。

③ 按下顶部选项按键,显示 Measure 1 Menu(测量 1 菜单)。

④ 按下“信源”→CH1。

⑤ 按下“类型”→“峰峰值”。

⑥ 按下“返回”选项按键。

⑦ 按下顶部第二个选项按键,显示 Measure 2 Menu(测量 2 菜单)。

⑧ 按下“信源”→CH2。

⑨ 按下“类型”→“峰峰值”。

⑩ 按下“返回”选项按键,读取两个通道的峰峰值。

⑪ 要计算放大器电压增益,可使用下列公式:

$$\text{电压增益} = \text{输出幅度}/\text{输入幅度}$$

$$\text{电压增益(dB)} = 20 \times \log(\text{电压增益})$$

(2) 使用自动量程来检查一系列测试点

如果计算机出现故障,则需要找到若干测试点的频率和 RMS 电压,并将这些值与理想值相比较。当探测很难够得着的测试点时,您不能访问前面板控制,而必须两手并用。步骤如下:

① 按下 CH1 MENU(CH1 菜单)按键。

② 按下"探头"→"电压"→"衰减",对其进行设置,使其与连接到通道 1 的探头衰减相匹配。

③ 按下"自动量程"按键以激活自动量程,并选择"垂直和水平"选项。

④ 按下 MEASURE(测量)按键查看 Measure(测量)菜单。

⑤ 按下顶部选项按键,显示 Measure 1 Menu(测量 1 菜单)。

⑥ 按下"信源"→CH1。

⑦ 按下"类型"→"频率"。

⑧ 按下"返回"选项按键。

⑨ 按下顶部第二个选项按键;显示 Measure 2 Menu(测量 2 菜单)。

⑩ 按下"信源"→CH1。

⑪ 按下"类型"→"均方根值"。

⑫ 按下"返回"选项按键。

⑬ 将探头端部和基准导线连接到第一个测试点。读取示波器显示的频率和周期均方根测量值,并与理想值相比较。

⑭ 对每个测试点重复步骤⑬,直到找到出现故障的组件。

说明:自动量程有效时,每当探头移动到另一个测试点,示波器都会重新调节水平刻度、垂直刻度和触发电平,以提供有用的显示。

(3) 光标测量

使用光标可快速对波形进行时间和振幅测量。测量振荡的频率和振幅,要测量某个信号上升沿的振荡频率,按照以下步骤进行:

① 按下 CURSOR(光标)按键查看 Cursor(光标)菜单。

② 按下"类型"→"时间"。

③ 按下"信源"→CH1。

④ 按下"光标 1"选项按键。

⑤ 旋转多用途旋钮,将光标置于振荡的第一个波峰上。

⑥ 按下"光标 2"选项按键。

⑦ 旋转多用途旋钮,将光标置于振荡的第二个波峰上。可在 Cursor (光标)菜单中查看时间和频率增量(Δ)(测量所得的振荡频率)。

⑧ 按下"类型"→"幅度"。

⑨ 按下"光标 1"选项按键。

⑩ 旋转多用途旋钮,将光标置于振荡的第一个波峰上。

⑪ 按下"光标 2"选项按键。

⑫ 旋转多用途旋钮,将光标 2 置于振荡的最低点上。在 Cursor(光标)菜单中将显示振荡的振幅。

(4) 测量脉冲宽度

如果正在分析某个脉冲波形,并且要知道脉冲的宽度,按照以下步骤进行:

① 按下 CURSOR(光标)按键查看 Cursor(光标)菜单。

② 按下"类型"→"时间"。

③ 按下"信源"→CH1。

④ 按下"光标 1"选项按键。

⑤ 旋转多用途旋钮,将光标置于脉冲的上升沿。

⑥ 按下"光标 2"选项按键。

⑦ 旋转多用途旋钮,将光标置于脉冲的下降沿。

此时可在 Cursor(光标)菜单中看到以下测量结果:光标 1 处相对于触发的时间,光标 2 处相对于触发的时间,表示脉冲宽度测量结果的时间增量(Δ)。

附录 B　用万用电表对常用电子元器件的检测

用万用表可以对晶体二极管、三极管、电阻和电容等进行粗测。万用表电阻挡等值电路如图 B-1 所示，其中的 R_o 为等效电阻，E_o 为表内电池。当万用表处于 R×1、R×100、R×1K 挡时，一般来说，E_o=1.5 V，处于 R×10K 挡时，E_o=15 V。测试电阻时要记住，红表笔接在表内电池负端（表笔插孔标“+”号），而黑表笔接在正端（表笔插孔标以“-”号）。

1. 晶体二极管管脚极性、质量的判别

晶体二极管由一个 PN 结组成，具有单向导电性，其正向电阻小（一般为几百欧），而反向电阻大（一般为几十千欧至几百千欧），利用此点可进行判别。

(1) 管脚极性判别

将万用表拨到 R×100（或 R×1K）的欧姆挡，把二极管的两只管脚分别接到万用表的两根测试笔上，如图 B-2 所示。如果测出的电阻较小（约几百欧），则与万用表黑表笔相接的一端是正极，另一端就是负极。相反，如果测出的电阻较大（约百千欧），那么与万用表黑表笔相连接的一端是负极，另一端就是正极。

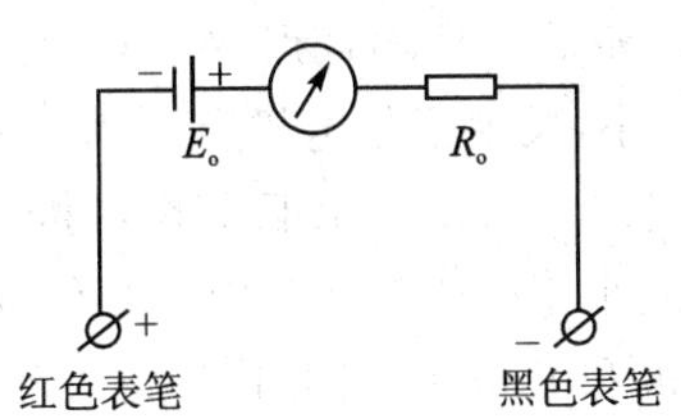

图 B-1　万用表电阻挡等值电路

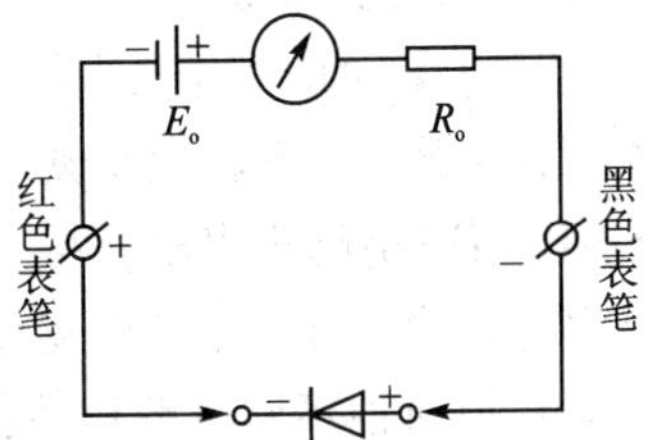

图 B-2　判断二极管极性

(2) 判别二极管质量的好坏

一个二极管的正、反向电阻差别越大，其性能就越好。如果双向阻值都较小，说明二极管质量差，不能使用；如果双向阻值都为无穷大，则说明该二极管已经断路；如果双向阻值均为零，说明二极管已被击穿。

利用数字万用表的二极管挡也可判别正、负极，此时红表笔（插在“V·Ω”插孔）带正电，黑表笔（插在“COM”插孔）带负电。用两支表笔分别接触二极管两个电极，若显示值在 1 V 以下，说明管子处于正向导通状态，则红表笔接的是正极，黑表笔接的是负极。若显示溢出符号为“1”，表明管子处于反向截止状态，黑表笔接的是正极，红表笔接的是负极。

2. 晶体三极管管脚和质量的判别

可以把晶体三极管的结构看作是两个背靠背的 PN 结。对 NPN 型来说，基极是两个 PN 结的公共阳极；对 PNP 型管来说，基极是两个 PN 结的公共阴极。它们的符号分别如图 B-3 所示。

(1) 管型与基极的判别

万用表置电阻挡，量程选 1k 挡（或 R×100），将万用表任一表笔先接触某一个电极，该电

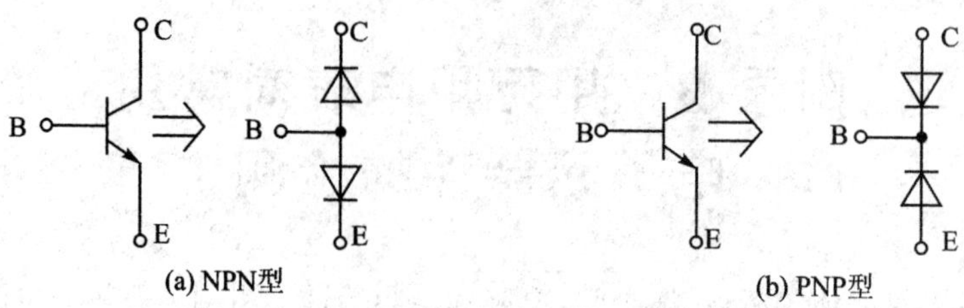

图 B-3 晶体三极管结构示意图

极假定为公共极,另一表笔分别接触其他两个电极。当两次测得的电阻值均很小(或均很大),则前者所接电极就是基极;如两次测得的阻值一大、一小,相差很多,则前者假定的基极有错,应更换其他电极重测。

根据上述方法,可以找出公共极。该公共极就是基极 B,若公共极是阳极,则该管属 NPN 型管,反之则是 PNP 型管。

(2) 发射极与集电极的判别

为使三极管具有电流放大作用,发射结需加正偏置,集电结加反偏置,如图 B-4 所示。

当三极管基极 B 确定后,便可判别集电极 C 和发射极 E,同时还可以大致了解穿透电流 I_{CEO} 和电流放大系数 β 的大小。

以 PNP 型管为例,若用红表笔(对应表内电池的负极)接集电极 C,黑表笔接 E 极(相当 C、E 极间电源正确接法),如图 B-5 所示。这时万用表指针摆动很小,它所指示的电阻值反映管子穿透电流 I_{CEO} 的大小(电阻值大,表示 I_{CEO} 小)。如果在 C、B 间跨接一只 $R_B=100\ k\Omega$ 电阻,此时万用表指针将有较大摆动,它指示的电阻值较小,反映了集电极电流 $I_C=I_{CEO}+\beta I_B$ 的大小,且电阻值减小越多表示 β 越大。如果 C、E 极接反(相当于 C、E 极间电源极性反接)则三极管处于倒置工作状态,此时电流放大系数很小(一般小于 1),于是万用表指针摆动很小。因此,比较 C、E 极两种不同电源极性接法,便可判断 C 极和 E 极了。同时,还可大致了解穿透电流 I_{CEO} 和电流放大系数 β 的大小。如万用表上有 h_{FE} 插孔,可利用 h_{FE} 来测量电流放大系数 β。

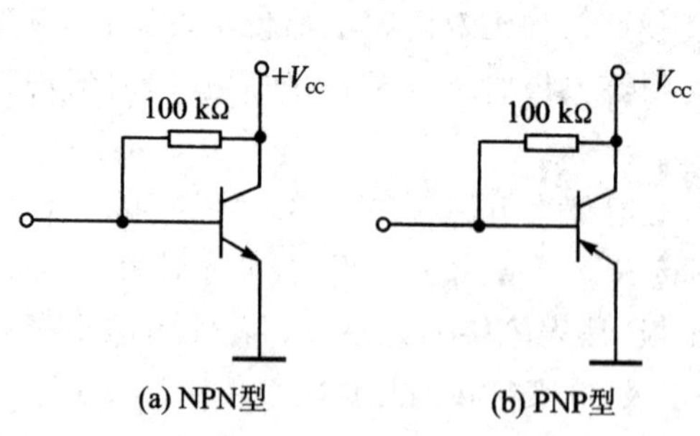

图 B-4 晶体三极管的偏置情况

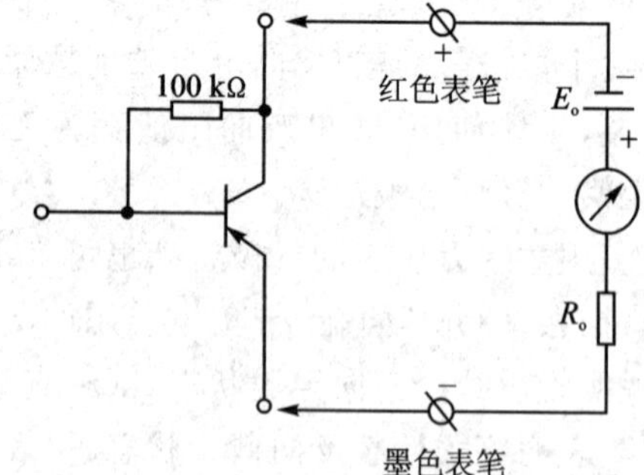

图 B-5 晶体三极管集电极 C、发射极 E 的判别

3. 检查整流桥堆的质量

整流桥堆是把 4 只硅整流二极管接成桥式电路,再用环氧树脂(或绝缘塑料)封装而成的半导体器件。桥堆有交流输入端(A、B)和直流输出端(C、D),如图 B-6 所示。采用判定二极管的方法可以检查桥堆的质量。从图中可以看出,交流输入端 A-B 之间总会有一只二极管

处于截止状态，则使 A－B 间总电阻趋向于无穷大。直流输出端 D－C 间的正向压降则等于两只硅二极管的压降之和。因此，用数字万用表的二极管挡测 A－B 的正、反向电压时均显示溢出，而测 D－C 时显示大约 1 V，即可证明桥堆内部无短路现象。如果有一只二极管已经击穿短路，那么测 A－B 的正、反向电压时，必定有一次显示 0.5 V 左右。

4. 电容的测量

电容的测量，一般应借助于专门的测试仪器，通常用电桥。而用万用表仅能粗略地检查电解电容是否失效或漏电情况。

电容测量电路如图 B－7 所示。

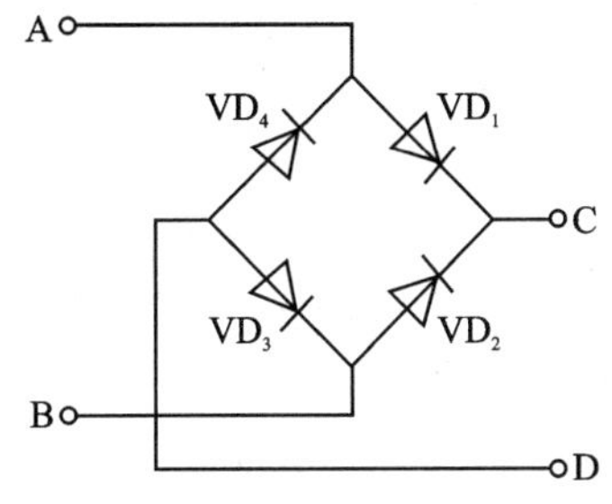

图 B－6 整流桥堆管脚及质量判别

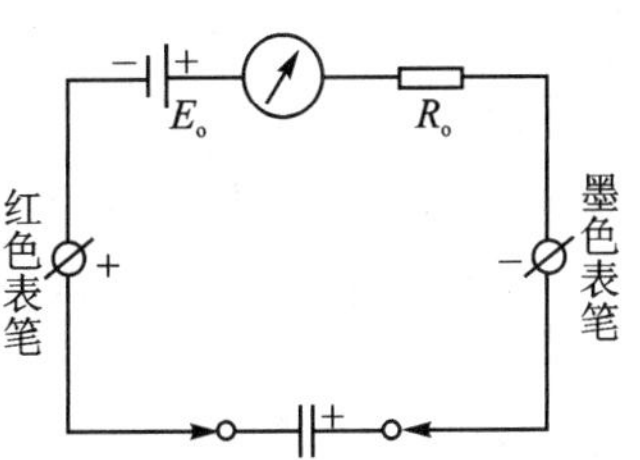

图 B－7 电容的测量

测量前应先将电解电容的两个引出线短接一下，使其所充的电荷释放。然后将万用表置于 1K 挡，并将电解电容的正、负极分别与万用表的黑表笔、红表笔接触。在正常情况下，可以看到表头指针先是产生较大偏转（向 0 Ω 处），以后逐渐向起始零位（高阻值处）返回。这反映了电容器的充电过程，指针的偏转反映电容器充电电流的变化情况。

一般说来，表头指针偏转越大，返回速度越慢，说明电容器的容量越大。若指针返回到接近零位（高阻值），则说明电容器漏电阻很大，指针所指示电阻值，即为该电容器的漏电阻。对于合格的电解电容器，该阻值通常在 500 kΩ 以上。电解电容在失效时（电解液干涸，容量大幅度下降）表头指针就偏转很小，甚至不偏转。已被击穿的电容器，其阻值接近于零。

对于容量较小的电容器（云母、瓷质电容等），原则上也可以用上述方法进行检查。但由于电容量较小，表头指针偏转也很小，返回速度又很快，实际上难以对它们的电容量和性能进行鉴别，仅能检查它们是否短路或断路。这时应选用 R×10k 挡测量。

附录C　电阻器的标称值

一、色环标志法

色环标志法是用不同颜色的色环在电阻器表面标称阻值和允许偏差。

1. 两位有效数字的色环标志法

普通电阻器用4条色环表示标称阻值和允许偏差，其中3条表示阻值，1条表示偏差，如图C-1所示。

2. 三位有效数字的色环标志法

精密电阻器用5条色环表示标称阻值和允许偏差，如图C-2所示。

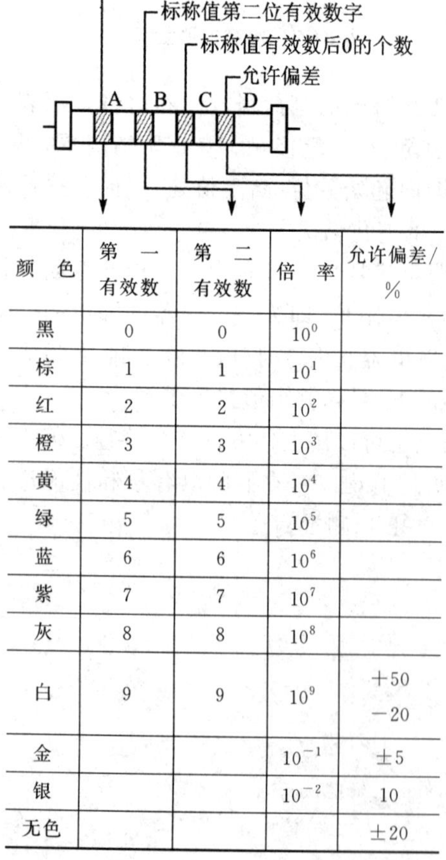

颜　色	第　一 有效数	第　二 有效数	倍　率	允许偏差/ %
黑	0	0	10^0	
棕	1	1	10^1	
红	2	2	10^2	
橙	3	3	10^3	
黄	4	4	10^4	
绿	5	5	10^5	
蓝	6	6	10^6	
紫	7	7	10^7	
灰	8	8	10^8	
白	9	9	10^9	+50 −20
金			10^{-1}	±5
银			10^{-2}	10
无色				±20

图C-1　两位有效数字的阻值色环标志法

标称值第一位有效数字
标称值第二位有效数字
标称值第三位有效数字
标称值有效数后0的个数
允许偏差
A B C D E

颜　色	第　一 有效数	第　二 有效数	第　三 有效数	倍　率	允许偏差/ %
黑	0	0	0	10^0	
棕	1	1	1	10^1	±1
红	2	2	2	10^2	±2
橙	3	3	3	10^3	
黄	4	4	4	10^4	
绿	5	5	5	10^5	±0.5
蓝	6	6	6	10^6	±0.25
紫	7	7	7	10^7	±0.1
灰	8	8	8	10^8	
白	9	9	9	10^9	
金				10^{-1}	
银				10^{-2}	

图C-2　三位有效数字的阻值色环标志法

3. 示　例

下面举两个例子来说明,如图C-3和图C-4所示。

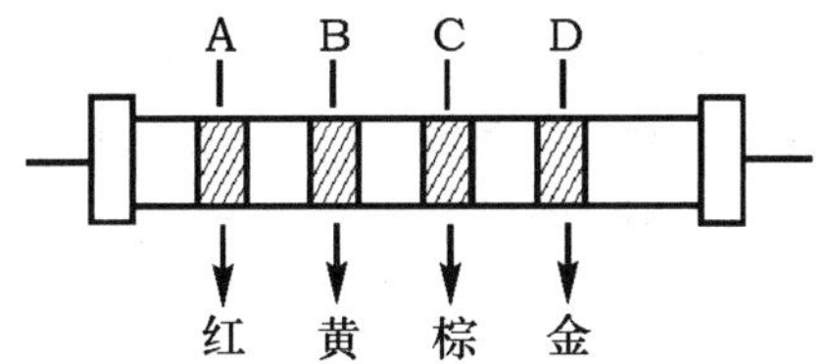

色环　A—红色;B—黄色;
C—棕色;D—金色

图C-3　示例1

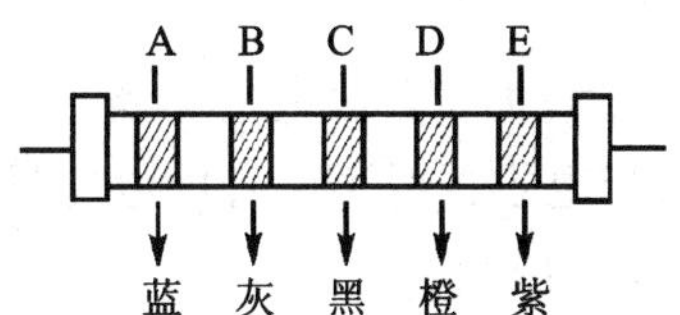

色环　A—蓝色;B—灰色;C—黑色;
D—橙色;E—紫色

图C-4　示例2

示例1电阻标称值及精度为

$$24\times10^{1}=240\ \Omega \qquad \text{精度:}\pm5\ \%$$

示例2电阻标称值及精度为

$$680\times10^{3}=680\ \text{k}\Omega \qquad \text{精度:}\pm0.1\ \%$$

二、数码标志法

数码标志法是在电阻体上用三位或四位数字来标明其阻值和误差,广泛应用于贴片电阻器。

1. 三位数码标志法

5%系列贴片电阻用3位数字表示:前两位数字代表电阻值的有效数字,第3位数字表示在有效数字后面应添加"0"的个数。当电阻小于10 Ω时,在代码中用R表示电阻值小数点的位置,这种表示法通常用于阻值误差为5%电阻系列中,比如:330表示33 Ω,而不是330 Ω;221表示220 Ω;683表示68 000 Ω即68 kΩ;105表示1 MΩ;6R2表示6.2 Ω。

2. 四位数码标志法

1%系列精密贴片电阻用4位数字表示:前3位数字代表电阻值的有效数字,第4位表示在有效数字后面应添加"0"的个数。当电阻小于10 Ω时,代码中仍用R表示电阻值小数点的位置,这种表示方法通常用于阻值误差为1%精密电阻系列中,比如:0100表示10 Ω而不是100 Ω;1000表示100 Ω而不是1 000 Ω;4992表示49 900 Ω,即49.9 kΩ;1473表示147 000 Ω即147 kΩ;0R56表示0.56 Ω。

附录D 电容器的命名

电容器的主要参数有电容器、容许误差、耐压强度、绝缘电阻、损耗温度系数和固有电感等。在选择电容器时主要考虑电容量、额定工作电压及其精确度、元件尺寸和电路对电容器其他工作性能的要求。

1. 电容器型号的意义

电容器的标志代号由图 D-1 中的几部分组成。

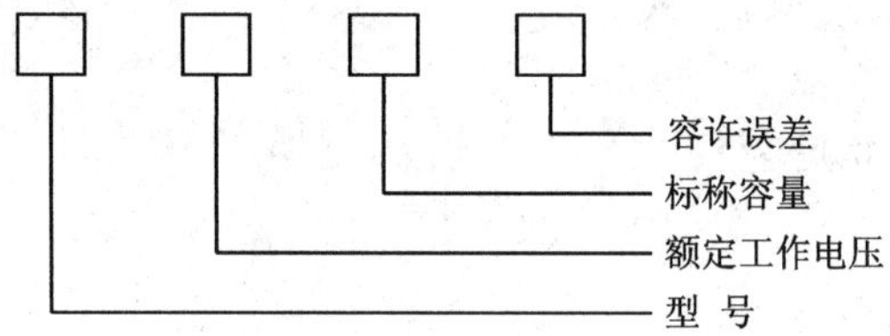

图 D-1 电容器标志代号

示例:CZJX—250—0.033—±10 %,表示小型金属化纸介电容器,额定工作电压为 250 V,标称容量为 0.033 μF,容量允许偏差±10 %。

电容器的型号由主称、材料、特征等几部分组成。主称:电容器用 C 表示;材料用字母表示,如 Z——纸介,D——铝电介,H——混合介质等;特征用字母表示,如 X——小型,D——低压,M——密封等。

2. 电容器的误差

电容容量后面的英文字母表示误差等级,如表 D-1 所列。

表 D-1 英文字母表示误差等级

字 母	D	F	G	H	J	K	M	N
误差%	±0.5	±1	±2	±3	±5	±10	±20	±30

3. 常用电容器的几项特性

常用电容器的几项特性见表 D-2。

表 D-2 常用电容器的几项特性

名 称	容量范围	直流工作电压/V	运用频率/MHz	精确度	漏阻/MΩ
纸介电容器（中、小型）	470 pF~0.22 μF	63~630	0~8	Ⅰ~Ⅲ	>5 000
金属壳密封纸介电容器	0.01~10 μF	250~1 600	直流、脉动直流	Ⅰ~Ⅲ	>1 000~5 000
金属化纸介电容器（中、小型）	0.01~0.22 μF	160、250、400	0~8	Ⅰ~Ⅲ	>2 000
薄膜电容器	3 pF~0.1 μF	63~500	高频低频	Ⅰ~Ⅲ	>10 000

续表 D-2

名 称	容量范围	直流工作电压/V	运用频率/MHz	精确度	漏阻/MΩ
云母电容器	10 pF~0.051 μF	100~7 000	75~250 以下	0.2~Ⅲ	>10 000
铝电解电容器	1~10 000 μF	4~500	直流、脉动直流	Ⅳ、Ⅴ	—
钽铌电解电容器	0.47 μF~1 000 F	6.3~160	直流、脉动直流	Ⅲ、Ⅳ	—

4. 额定电压

以一个数字和一个英文字母组合表示额定电压，如表 D-3 所列。前面数字表示 10 的指数，后面的英文字母代表数值单位是伏。例：1J 代表 63 V，2E 代表 250 V。

表 D-3 数字与字母组合表示额定电压

数字 \ 字母	A	B	C	D	E	F	G	H	J	K	Z
0	1.0	1.25	1.6	2.0	2.5	3.15	4.0	5.0	6.3	8.0	9.0
1	10	12.5	16	20	25	31.5	40	50	63	80	90
2	100	125	160	200	250	315	400	500	630	800	900

例：2A103J=10 000 pF/100 V=0.01 μF/100 V。

附录E　半导体分立元件

一、我国半导体器件型号命名方法

根据中华人民共和国国家标准 GB249—89，半导体分立器件型号命名方法如下。

1. 型号组成原则

半导体分立器件型号的 5 个组成部分见图 E－1 的基本形式，详细说明如表 E－1 所列。

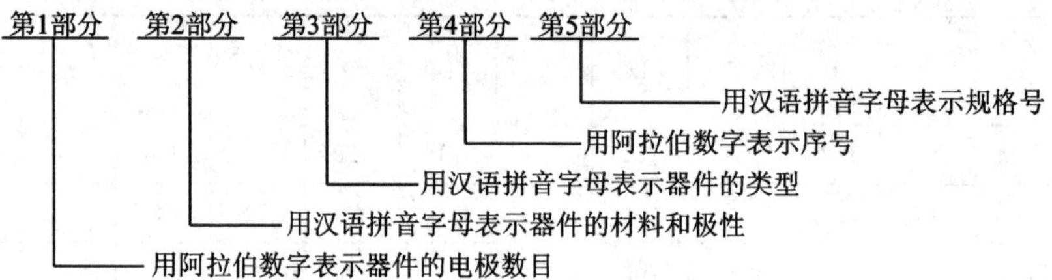

图 E－1　半导体分立元器件的各部分

表 E－1　半导体分立元器件的各部分详细说明

第 1 部分		第 2 部分		第 3 部分		第 4 部分	第 5 部分
用阿拉伯数字表示器件的电极数目		用汉语拼音字母表示器件的材料和极性		用汉语拼音字母表示器件的类别		用阿拉伯数字表示序号	用汉语拼音表示规格号
符号	意　义	符号	意　义	符号	意　义		
2	二极管	A	N 型，锗材料	P	小信号管		
		B	P 型，锗材料	V	混频检波管		
		C	N 型，硅材料	W	电压调整管和电压基准管		
		D	P 型，硅材料	C	变容管		
3	三极管	A	PNP 型，锗材料	Z	整流管		
		B	NPN 型，锗材料	L	整流堆		
		C	PNP 型，硅材料	S	隧道管		
		D	NPN 型，硅材料	K	开关管		
		E	化合物材料	X	低频小功率晶体管		
					（f_a<3 MHz，P_c<1 W）		
				G	高频小功率晶体管		
					（f_a≥3 MHz，P_c<1 W）		
				D	低频大功率晶体管		
				A	（f_a<3 MHz，P_c≥1 W）		
					高频大功率晶体管		
					（f_a≥3 MHz，P_c≥1 W）		
				T	闸流管		
				Y	体效应管		
				B	雪崩管		
				J	阶跃恢复管		

一些半导体分立器件的型号由 1～5 部分组成，而另一些半导体分立器件的型号仅由 3～5 部分组成。

2. 型号组成部分的符号及其意义

由 1～5 部分组成的器件型号符号及其意义如下：

示例：锗 PNP 型高频小功率晶体管(见图 E-2)。

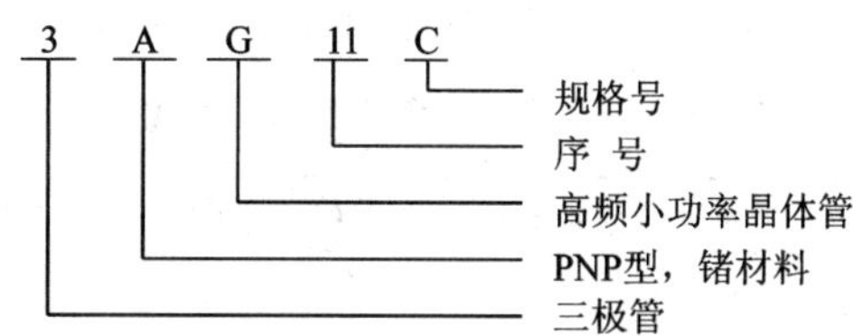

图 E-2 PNP 锗管命名组成

由 3～5 部分组成的器件型号的符号及其意义如表 E-2 所列。

表 E-2 由 3～5 部分组成的器件型号的符号及其意义

第 3 部分		第 4 部分	第 5 部分
用汉语拼音字母表示器件的类型		用阿拉伯数字表示序号	用汉语拼音字母表示规格号
符号	意 义		
CS	场效应晶体管		
BT	特殊晶体管		
FH	复合管		
PJN	PIN 管		
ZL	整流管阵列		
QL	硅桥式整流管		
SX	双向三极管		
DH	电流调整管		
SY	瞬态抑制二极管		
GS	光电子显示器		
GF	发光二极管		
GR	红外发射二极管		
GJ	激光二极管		
GD	光敏二极管		
GT	光敏晶体管		
GH	光耦合器		
GK	光开关管		
GL	摄像线阵器件		
GM	摄像面阵器件		

示例：场效应晶体管见图 E-3。

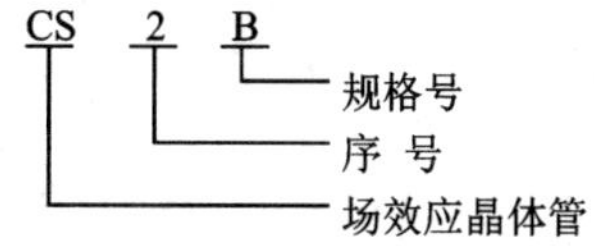

图 E-3 场效应管命名

二、部分常用半导体器件的型号、规格和主要参数

1. 晶体二极管

(1) 整流二极管:小电流低电压硅整流二极管主要规格和型号如表E-3所列。

表E-3　整流二极管主要规格和型号

最高反向工作电压 $U_{RM/V}$	最大整流电流 I_F/mA及最大整流电流时的正向压降 U_F/V					
	100/≤1		100/≤1		100/≤1	
	新型号	旧型号	新型号	旧型号	新型号	旧型号
25	2CZ52A	2CP10	2CZ53A	2CP31	2CZ54A	2CP33
50	2CZ52B	2CP6K	2CZ53B	2CP21A	2CZ54B	2CP1A
		2CP11		2CP31A		2CP33A
100	2CZ52C	2CP6A	2CZ53C	2CP21	2CZ54C	2CP1
		2CP12		2CP31B	2CZ54D	2CP33B
200	2CZ52D	2CP6B	2CZ53D	2CP22		2CP2
		2CP14		2CP31D	2CZ54E	2CP33D
300	2CZ52E	2CP6C	2CZ53E	2CP23		2CP3
		2CP16		2CP31F	2CZ54F	2CP33F
400	2CZ52F	2CP6D	2CZ53F	2CP24		2CP4
		2CP18		2CP31H	2CZ54G	2CP33H
500	2CZ52G	2CP6G	2CZ53G	2CP25		2CP5
		2CP19		2CP31I	2CZ54H	2CP33I
600	2CZ52H	2CP6E	2CZ53H	2CP26		2CP6
		2CP20		2CP31J	2CZ54J	2CP33J
700	2CZ52J	2CP6H	2CZ53J	2CP27		2CP7
		2CP6F		2CP31K	2CZ54K	2CP33K
800	2CZ52K	2CP20A	2CZ53K	2CP28		2CP8
				2CP31L		2CP33L
外　型	ED-2,EA型		ED-2,EA型		EE型	

注:2CZ52、2CZ53、2CZ54、2CZ56、2CZ57、2CZ58、2DZ等各种型号的最高反向工作电压分挡号都从A—25 V开始,到T—2 200 V、U—2 400 V、V—2 600 V、W—2 800 V和X—3 000 V等。

(2) 稳压二极管:2CW系列普通硅稳压管部分规格和主要参数如表E-4所列。

表E-4　部分稳压二极管的规格和主要参数

型　号		稳定电压/V	稳定电流/mA	最大稳定电流/mA	动态电阻/Ω	电压温度系数×10⁴/℃	耗能功率/W
新	旧						
2CW50	2CW A,2CW9	1~2.8		83	≤50	≥-9	
2CW51	2CW B,2CW10	2.8~3.5		71	≤60	≥-9	
2CW52	2CWC,2CW 11	3.2~4.5		55	≤70	≥-8	
2CW53	2CW D,2CW12	4~5.8	10	41	≤50	-6~4	
2CW54	2CW E,2CW13	5.5~6.5		38	≤30	-3~5	
2CW55	2CW F,2CW14	6.2~7.5		33	≤15	≤6	0.25

续表 E-4

型号		稳定电压/V	稳定电流/mA	最大稳定电流/mA	动态电阻/Ω	电压温度系数×10^4/℃	耗能功率/W
新	旧						
2CW56	2CWG，2CW 15	7～8.8		27	≤15	≤7	
2CW57	2CWH，2CW16	8.5～9.5		26	≤20	≤8	
2CW58	2CWI，2CW 17	9.2～10.5		23	≤25	≤8	
2CW59	2CWJ，2CW18	10～11.8	5	20	≤30	≤9	
2CW60	2CWk，2CW 19	11.5～12.5		19	≤40	≤9	

2DW230～236 硅平面温度补偿稳压管参数如表 E-5 所列。

表 E-5　硅平面温度补偿稳压管参数

型号		稳定电压/V	稳定电流/mA	最大稳定电流/mA	动态电阻/Ω	电压温度系数		耗能功率/W
新	旧					×10^6/℃	条件 I_z/(mA)	
2DW230	2DW7A	5.8～6.6			≤25	1 501	10	
2DW231	2DW7B	5.8～6.6			≤15	1 501	10	
2DW232	2DW7C 红						5	
2DW233	2DW7C 黄		10	30			7.5	0.2
2DW234	2DW7C	6～6.5			≤10	151	10	
2DW235	2DW7C 绿						12.5	
2DW236	2DW7C 灰						15	

2. 晶体三极管

(1) 低频中、小功率三极管：常用低频中、小功率晶体三极管部分型号和主要参数如表 5-6 所列。

表 E-6　低频中、小功率三极管部分型号和主要参数

型号		极限参数		直流参数					交流参数	
新	旧	集电极最大耗散功率 P_{CM}/mW	集电极最大允许电流 I_{CM}/mA	集基极反向击穿电压 BV_{CBO}/V	集射极反向击穿电压 BV_{CEO}/V	集基极反向截止电流 I_{CBO}/μA	集射极反向截止电流 I_{CEO}/μA	共射极直流放大系数 h_{fe}	共射极交流放大系数 h_{fe}	截止频率 f_a/kHz
3AX51A	3AX42A～E				≥12					
	3AX43A、B	100	100	−30		≤12	≤500	40～150	—	≥500
3AX51B	3AX29				−12					
3AX31A	3AX31A、71A			−20	−12	≤20	≤800			
3AX31B	3AX31B、71B	125	125	−30	−18	≤12	≤600	40～180	——	
3AX31C	3AX31C、71C			−40	−24	≤6	≤400			$f_\beta \geq 8$
3AX31D	3AX31D、71D			−20	−12	≤12	≤600	——	40～180	
3AX31E	3AX31E、71E									

续表 E-6

型　号		极限参数		直流参数					交流参数	
新	旧	集电极最大耗散功率 P_{CM}/mW	集电极最大允许电流 I_{CM}/mA	集基极反向击穿电压 BV_{CBO}/V	集射极反向击穿电压 BV_{CEO}/V	集基极反向截止电流 I_{CBO}/μA	集射极反向截止电流 I_{CEO}/μA	共射极直流放大系数 h_{fe}	共射极交流放大系数 h_{fe}	截止频率 f_a/kHz
3BX31A 3BX31B 3BX31C	3BX71	125	125	−20 −30 −40	−12 −18 −24	≤20 ≤12 ≤6	≤800 ≤600 ≤400	40～180	—	≥8f_β ≥465
3CX200 3CX201 3CX202		300	300		≥4	≤0.5	≤1	55～400	—	—
3DX203 3DX204		700	700		≥4	≤5	≤20	55～400	—	—

(2) 高频中、小功率三极管：常用高频中、小功率晶体三极管部分型号和主要参数如附表 5－7 所列。

表 E-7　高频中、小功率三极管部分型号和主要参数

型　号		极限参数		直流参数						交流参数
新	旧	集电极最大耗散功率 P_{CM}/mW	集电极最大允许电流 I_{CM}/mA	集基极反向击穿电压 BV_{CBO}/V	集射极反向击穿电压 BV_{CEO}/V	射基极反向击穿电压 BV_{CEO}/V	集基极反向截止电流 I_{CBO}/μA	集射极反向截止电流 I_{CEO}/μA	共射极直流放大系数 h_{fe}	特征频率 f_T/MHz
3AG53A	3AG1A、B、D 3AG5A、B 3AG6A、B、E	50	10	25	15	1	≤5	≤200	30～200	≥30
3AG100A.102A 3AG100B.102B 3AG100C.102C 3AG100D.102D	3DG6A、13A 3DG6B、13B 3DG6C、13C 3DG6D、13D	100	20	≥30 ≥40 ≥30 ≥40	≥20 ≥30 ≥20 ≥30	≥4	≤0.1	≤0.1	≥30	≥150 ≥300
3CG100 3CG101	3CG1、2、3CG6 3CG12、14、15 3CG31	100	30	—	A 挡：≥15 B 挡：≥25 C 挡：≥35	≥4	≤0.1	≤0.1	≥25	≥100
3DG130A 3DG130B 3DG130C 3DG310D	3DG12A 3DG12B 3DG12C 3DG12D	700	300	≥40 ≥60 ≥40 ≥60	≥30 ≥45 ≥30 ≥45	≥45	≤0.5	≤1	≥30	≥150 ≥300

(3) 低频大功率三极管：常用低频大功率晶体三极管部分型号和主要参数如表 E－8 所列。

表 E-8　低频大功率三极管部分型号和主要参数

型号		极限参数		直流参数					交流参数	
新	旧	集电极最大耗散功率 P_{CM}/mW	集电极最大允许电流 I_{CM}/mA	集基极反向击穿电压 BV_{CBO}/V	集射极反向击穿电压 BV_{CEO}/V	射基极反向击穿电压 BV_{CEO}/V	集基极反向截止电流 I_{CBO}/μA	集射极反向截止电流 I_{CEO}/μA	共射极直流放大系数 h_{fe}	特征频率 f_T/MHz
3AD50A	3A D6A、7A 3AD8	10	3	50	18	20	0.3	2.5	20～140	4
3AD50B	3AD6B、7B、 3AD9			60	24					
3AD50C	3AD6C、6D、7C									
3AD53A	3AD30A	20	6	50	12	20	0.5	12	20～140	≥2
3AD53B	3AD30B			60	18			10		
3AD53C	3AD30C			70	24					
3AD54A、55A	3AD13、16、17	20	5	50	15			8		
3DD50、3DD51	3DD1	1	1			≥3		≤0.4	≥10	
3DD55	3DD3	5	1			≥5		0.5		
3DD56	3DD4	10	3		30～150	≥3		≤1	≥10	
3DD62	3DD6	50	7.5			≥3		≤2	≥10	
3DD70	3DD8	100	9			≥5		≤4	≥1	

3. 晶闸管

普通晶闸管的部分型号和主要参数如表 E-9 所列。

表 E-9　晶闸管部分型号和主要参数

型号		额定通断平均电流 I_T/A	断态及反向重复峰值电压 U_{DRM} 及 U_{RRM}/V	断态及反向重复平均电流 I_{DR} 及 I_{RR}/mA	通态平均电压 U_T/V	控制极触发电流 I_{GT}/mA	控制极触发电压 U_{GT}/V	维持电流 I_H/mA	通态电流临界上升率 di/dt/A·μs^{-1}	断态电压临界上升率 du/dt/V·μs	控制极不触发电压 U_{GD}/V	控制极不触发电流 I_{GD}/mA	冷却方式及散热面积/cm^2
新	旧												
KP1 3CT101	3CT1	1				3～30	≤2.5	<30					100 (自冷)
KP3 3CT102	3C3	3							—		>0.3	>0.4	
KP5 3CT103	3CT5	5		<1		5～70		<50					350 (自冷)
KP10 3CT104	3CT10	10	50～2000		≤1				10	30	>0.25	>1	1 200 (自冷)
KP20 3CT105	3CT20	20				5～100	≤3.5	<100					
KP30 3CT106	3CT30	30							20		—	—	900 (风冷) 入口 风速 6 m/s
KP50 3CT107	3CT50	50		≤2		8～150		<200					

附录 F　万用电表使用说明书

一、500 型万用电表

1. 用　途

500 型万用电表是一种高灵敏度、多量限的携带式整流式仪表。该仪器共有 24 个测量量限，能分别测量交直流电压、直流电流、电阻及音频电平，适用于无线电、电信及电工单位作一般测量之用。

仪表可在周围气温为 0～+40℃、相对湿度在 85 %以下工作。

2. 性　能

仪表的测量范围及精度等级如表 F-1 所列。

表 F-1　仪表测量范围及精度等级

测量范围		灵敏度/($\Omega\cdot V^{-1}$)	精度等级	基本误差表示法
直流电压/V	0～2.5～10～50～250～500	20 000	2.5	以标度尺工作部分上量限的百分数表示之
	2 500	4 000	5.0	
交流电压/V	0～10～50～250～500	4 000	5.0	
	2 500	4 000	5.0	
直流电流	0～50 μA～1～10～100～500 mA		2.5	
电　阻	0～2 kΩ～20 kΩ～200 kΩ～2 MΩ～20 MΩ		2.5	以标度尺工作部分长度百分数表示之
音频电平	-10～+22 dB			

3. 结　构

500 型万用电表结构如图 F-1 所示。

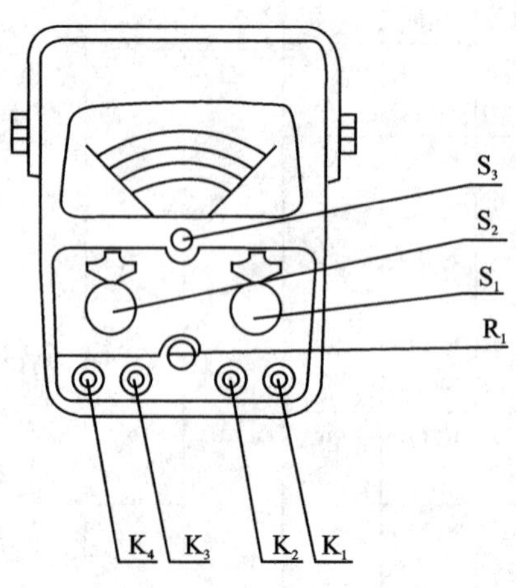

图 F-1　500 型万用电表结构

4. 使用方法

使用之前须调整调零器“S_3”，使指针准确地指示在标度尺的零位上。

（1）直流电压测量

将测试长杆短杆分别插在插口“K_1”和“K_2”内，转换开关旋钮“S_1”至“$\underset{\sim}{\text{V}}$”位置上，开关旋钮“$S_2$”转至所欲测量直流电压的相应量程位置上，再将测试杆长杆跨接在被测电路两端，当不能预计被测直流电压的大约数值时，可将开关旋钮旋到最大量程的位置上，然后根据指示值的大约数值，再选择适当的量程位置，使指针得到最大的偏转度。测量直流电压时，当指针向反方向偏转，只需将测试杆的“＋”、“－”极互换即可，读数见“≃”刻度。测量 2 500 V 时将测试杆短杆插在“K_1”和“K_4”插口中。

(2) 交流电压测量

将开关旋钮“S_1”旋至“$\underset{\sim}{V}$”位置上，开关旋钮“S_2”旋至所欲测量交流电压值相应的位置上，测量方法与直流电压测量相似。50 V 及 50 V 以上各量限的指示值见“≃”刻度，10 V 量限见“10 $\underset{\sim}{V}$”专用刻度。

由于整流式仪表的指示值是交流电压的平均值，仪表指示值是按正弦波交流电压的有效值校正，对被测交流电压的波形失真在任意瞬时值与基本正弦波上相应的瞬时值间的差别不超过基本波形振幅的±2 %。当被测电压为非正弦波时，例如测量铁磁饱和稳压器的输出电压，仪表的指示值将因波形失真而引起误差。

(3) 直流电流测量

将开关旋钮“S_2”旋至“$\underline{A}$”位置上，开关旋钮“S_1”旋到需要测量直流电流值相应的量限位置上，然后将测试杆串接在被测电路中，就可测量出被测电路中的直流电流值。指示值见“≃”刻度。测量过程中仪表与电路的接触应保持良好，并应注意切勿将测试杆直接跨接在直流电压的两端，以防仪表因过负荷而损坏。

(4) 电阻测量

将开关旋钮“S_2”旋到“Ω”位置上，开关旋钮“S_1”旋到“Ω”量限内，先将两测试杆短路，使指针向满度偏转，然后调节电位器“R_1”使指针指示在欧姆标度尺“0Ω”位置上，再将测试杆分开测量未知电阻值，指示值见“Ω”刻度。为了提高测试精度，指针所指示被测电阻值尽可能指示在刻度中间一段，即全刻度起始的 20%～80%弧度范围内。在 Ω×1、Ω×10、Ω×100、Ω×1K 量限所有用直流工作电源系 1.5 V 二号电池一节，Ω×10K 量限所用直流工作电源系 9 V 层叠电池一节，它们在工作时的端电压应符合表 F－2 所列的数值。

表 F－2　电池标称电压和工作时端电压

电池标称电压/V	工作时端电压范围/V
1.5	1.35～1.65
9.0	8.1～9.9

当短路测试杆调节电位器“R_1”不能使指针回到“0 Ω”位时，表示电池电压不足，故立即更换新电池，以防止因电池腐蚀而影响其他零件。更换新电池时，应注意电池极性，并与电池夹保持接触良好。仪表长期搁置不用时，应将电池取出。

(5) 音频电平测量

测量方法与测量交流电压相似，将测试杆插在“K_1”“K_2”插口内，转换开关旋钮“S_1”“S_2”分别放在“$\underset{\sim}{V}$”和相应的交流电压量限位置上。音频电平刻度系根据 0 dB 时为 1 mW，600 Ω 输送标准而设计。标度尺指示值为－10～＋22 dB，当被测量大于＋22 dB 时，应在 50 $\underset{\sim}{V}$ 或 250 $\underset{\sim}{V}$ 量限进行测量，指示值应按表 F－3 所列数值进行校正。

表 F－3　校正指示值

量　限	按电平刻度增加值	电平的范围
50 $\underset{\sim}{V}$	14	＋4～＋36 dB
250 $\underset{\sim}{V}$	28	＋18～＋50 dB

音频电平与电压、功率的关系为下式：

$$dB = 10\ \lg P_2/P_1 = 20\ \lg V_2/V_1$$

式中：P_1 是在 600 Ω 负荷阻抗上 0 dB 的标称功率为 1 mW；V_1 为在 600 Ω 负荷阻抗上消耗功率为 1 mW 时的相应电压，即 $V=\sqrt{PZ}=\sqrt{0.001\ \text{W}\times 600\ \Omega}=0.775\ \text{V}$；$P_2$、$V_2$ 为被测功率和电压；指示值见“dB”刻度。

5. 注意事项

为使测量获得良好效果及防止由于使用不慎而使仪表损坏，仪表在使用时应遵守下列事项：

① 仪表在测试时，不能旋转开关旋钮。

② 当被测量不能确定其大约值时，应将量程转换开关旋到最大量程的位置上，然后再选择适当的量程，使指针得到最大的偏转。

③ 测量直流电流时，仪表应与被测电路串联，禁止将仪表直接跨接在被测电路的电压两端，以防止仪表过负荷而损坏。

④ 测量电路中的电阻阻值时，应将被测电路的电源切断，如果电路中有电容器，应先将其放电后才能测量。切勿在电路带电情况下测量电阻。

⑤ 仪表在携带时每次使用完毕后，最好将开关旋钮“S_2”旋在“·”位置上，使测量机构两极接成短路；“S_1”旋在“·”位置上，使仪表内部电路呈开路状态，防止因误置开关旋钮位置进行测量而使仪表损坏。

⑥ 为了确保安全，测量交直流 2 500 V 量限时，应将测试杆一端固定在电路的地电位上，将测试杆的另一端去接触被测高压电源。测试过程中应严格执行高压操作规程，双手必须带高压绝缘橡胶手套，地板上应铺置高压绝缘胶板，测试时应谨慎从事。

⑦ 仪表应经常保持清洁和干燥，以免影响准确度和损坏仪表。

二、数字万用表原理及使用

1. 概　述

市场上的数字万用表类型很多，但其基本原理与使用方法大致相同，这里以 VC890D/VC890C+系列数字万用表为例。该仪表是一种性能稳定、用电池驱动的高可靠性数字多用表。仪表采用 40 mm 字高 LCD 显示器，读数清晰，更加方便使用。

此系列仪表可用来测量直流电压和交流电压、直流电流和交流电流、电阻、电容、二极管、三极管、通断测试、温度、自动关机开启与关闭、背光功能等参数。整机以双积分 A/D 转换为核心，是一台性能优越的工具仪表，是实验室、工厂、无线电爱好者及家庭的理想工具。

2. 注意事项

① 各量程测量时，禁止输入超过量程的极限值；

② 36 V 以下的电压为安全电压，在测高于 36 V 直流、25 V 交流电压时，要检查表笔是否可靠接触，是否正确连接，是否绝缘良好等，以避免电击；

③ 换功能和量程时，表笔应离开测试点；

④ 选择正确的功能和量程，谨防误操作，该系列仪表虽然有全量程保护功能，但为了安全起见，仍需多加注意；

⑤ 在电池没有装好和后盖没有上紧时，请不要使用此表进行测试工作；

⑥ 测量电阻时，请勿输入电压值；

⑦ 在更换电池或保险丝前，请将测试表笔从测试点移开，并关闭电源开关。

3. 使用方法

(1) 操作面牌说明

数字万用表的面板图如图 F-2 所示。各部分的说明如下：

1——型号栏；

2——液晶显示器：显示仪表测量的数值；

3——发光二极管：通断检测时报警用；

4——旋钮开关：用于改变测量功能、量程以及控制开关；

5——20 A 电流测试插座；

6——200 mA 电流测试插座正端；

7——电容、温度、"－"极插座及公共地；

8——电压、电阻、二极管"＋"极插座；

9——三极管测试座：测试三极管输入口。

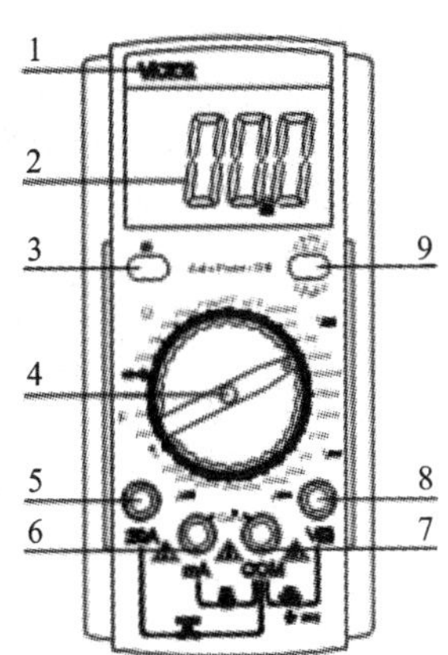

图 F-2　数字万用表的面板图

(2) 直流电压测量

① 将黑表笔插入"COM"插座，红表笔插入 V/Ω 插座；

② 将量程开关转至相应的 DCV 量程上，然后将测试表笔接在被测电路上，红表笔所接的该点电压与极性显示在屏幕上。

注意：

① 如果事先对被测电压范围没有概念，应将量程开关转到最高的挡位，然后根据显示值转至相应的挡位；

② 如屏幕显示"OL"，表明已超过量程范围，需将量程开关转至较高挡位。

(3) 交流电压测量

① 将黑表笔插入"COM"插孔，红表笔插入"V/Ω"插孔；

② 将量程开关调至相应的 ACV 量程上，然后将测试表笔跨接在被测电路上，交流电压没有正负之分，测试须小心，勿接触表笔测试端。

注意：

① 如果事先对被测电压范围没有概念，应将量程开关调至最高挡位，然后根据显示被测电压值调至相应的挡位；

② 如屏幕显示"1"表明已超出量程范围，须将量程开关调至最高挡位。

(4) 直流电流测量

① 将黑表笔插入"COM"插孔，红表笔插入"mA"插孔(最大为 200 mA)或插入"20A"插孔(最大为 20 A)；

② 将量程开关调至相应 DCA 挡位上，然后将表笔串联接入被测电路中，被测电压值及红色表笔点的电流极性将同时显示在屏幕上。

注意：

① 如果事先对被测电流范围没有概念，应将量程开关调至最高挡位，然后根据显示被测电流值调至相应的挡位；

② 如屏幕显示"1"表明已超出量程范围，须将量程开关调至最高挡位；

③ 在测量 30 A 时要注意,该挡位没有保险,连续测量大电流将会使电路发热,影响测量精度甚至损坏仪表。

(5) 交流电流测量

① 将黑表笔插入“COM”插孔,红表笔插入“mA”插孔中(最大为 200 mA),或红表笔插入(20 A)插孔中(最大为 20 A);

② 将量程开关调至相应 ACA 挡位上,然后将表笔串联接入被测电路中,屏幕会显示被测电流值。

注意:

① 如果事先对被测电流范围没有概念,应将量程开关调至最高挡位,然后根据显示被测电压值调至相应的挡位上;

② 如屏幕显示“1”表明已超出量程范围,须将量程开关调至最高挡位;

③ 在测量 30 A 时要注意,该挡位没有保险,连续测量大电流将会使电路发热,影响测量精度甚至损坏仪表。

(6) 电阻测量

① 将黑表笔插入“COM”插座,红表笔插入“V/Ω”插座;

② 将量程开关转至相应的电阻量程上,然后将两表笔跨接在被测电阻上。

注意:

① 如果电阻值超过所选的量程,则会显示“1”,这时应将开关调至较高挡位,当测量电阻值超过 1 MΩ 时,读数需跳几秒钟才能稳定,这在测量高电阻时是正常的;

② 测量在线电阻时,需确认被测电路所有电源已关断及所有电容都已完全放电,才可进行测量。

(7) 电容测量

① 将黑表笔插入“COM”插孔,红表笔插入“mA”插孔;

② 将量程开关调至相应电容量程上,表笔对应电容的极性接入被测电容。

注意:

① 如果事先对被测电容范围没有概念,应将量程开关调至最高挡位,然后根据显示被测电容值调至相应的挡位;

② 如屏幕显示“1”表明已超出量程范围,须将量程开关调至最高挡位;

③ 在测试电容时,屏幕显示值可能尚未归零,残留读数会逐渐减小,不必理会,它不会影响测量的准确度;

④ 用大电容挡位测量严重漏电或击穿电容时,所显示的数值且不稳定;

⑤ 在测试电容容量之前,必须对电容充分放电(短接两脚放电),以防止损坏仪表;

⑥ 单位:1 μF=1 000 nF,1 nF=1 000 pF。

(8) 二极管及通断测量

① 将黑表笔插入“COM”插孔,红表笔插入“V/Ω”插孔;

② 将量程开关调至二极管挡(蜂鸣挡),并将红表笔接入待测二极管的正极,黑表笔接负极,读数为二极管正向压降的近似值,红表笔接负极,黑表笔接正极,读数显示为“1”,此二极管正常;

③ 将两表笔接入待测电路的两点,如果两点之间电阻值低于 50 Ω 左右,此时内置蜂鸣器会发出声音,表明该电路存在短路现象,若显示数值为“1”,则表明开路。

（9）三极管测量

① 将量程开关调至 hFE 档；

② 确定所测三极管为 NPN 还是 PNP 型，将 B、C、E 三极分别插入测试仪表上相应的插孔就能判断。

（10）温度测量（仅 VC890C＋）

测量温度时，将热电偶传感器的冷端（自由端）负极插入“mA”插孔，正极插入“COM”插孔中，热电偶的工作端（测温端）置入待测物上面或内部，可直接读取温度值，读数为摄氏度。

（11）自动断电

当仪表停止使用约 10 min 后，仪表会自动进入休眠状态，若要重新使用测量，则需将量程开关调至“OFF”挡，然后再调至需要使用的挡位上，即可继续使用。

（12）二极管及通断测试

① 将黑表笔插入“COM”插孔，红表笔插入 V/Ω 插孔（注意红表笔极性为“＋”极）；

② 将量程开关转至“→+ •)))”挡，并将表笔连接到待测试二极管，读数为二极管正向压降的近似值；

③ 将表笔连接到待测线路的两点，如果两点之间电阻值低于约 30 Ω，则内置蜂鸣器发声。

（13）三极管 hFE

① 将量程开关置于 hFE 挡；

② 确定所测晶体管为 NPN 或 PNP 型，将发射极、基极、集电极分别插入测试附件上相应的插孔。

（14）自动断电锁存及背光开启

开机后，LCD 屏有“APO”符号出现，表示仪表处于自动关机状态；若用户在 15 min 内转动拨盘，或仪表百位及千位在 15 min 内一直有数字变化，则表示仪表处于不关机状态，按住“HOLD”功能键，循环长按“HOLD”键，打开或关闭背光灯。

4. 仪表保养

该数字多用表是一台精密电子仪器，不要随意更换线路，并注意以下几点：

① 不要接高于 1 000 V 直流电压或高于 700 V 交流有效值电压；

② 不要在功能开关处于“Ω”和“→+ •)))”位置时，将电压源接入；

③ 在电池没有装好或后盖没有上紧时，请不要使用此表；

④ 只有在测试表笔移开并切断电源以后，才能更换电池或保险丝；

⑤ 请注意防水、防尘、防摔；

⑥ 不宜再高温、易燃易爆和强磁场的环境下存放、使用仪表；

⑦ 请使用湿布和温和的清洁剂清洁仪表外表，不要使用研磨剂及酒精等烈性溶剂；

⑧ 如果长时间不使用，应取出电池，防止电池漏液腐蚀仪表。

附录G　CC7107 A/D 转换器组成的 $3\frac{1}{2}$ 位直流数字电压表

CC7107 型 A/D 转换器是把模拟电路与数字电路集成在一块芯片上的大规模的 CMOS 集成电路，它具有功耗低、输入阻抗高、噪声低，能直接驱动共阳极 LED 显示器，无须另加驱动器件，使转换电路简化等特点。图 G-1 所示是它的引脚排列及功能，各引出端功能见表 G-1。

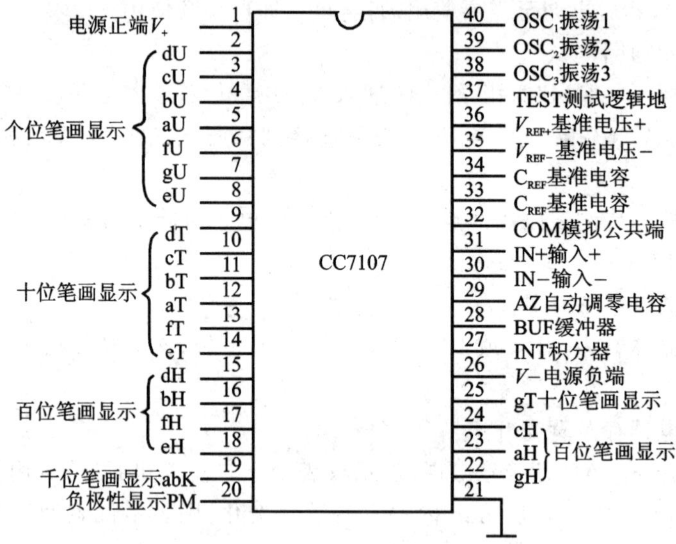

图 G-1　引脚排列及功能

表 G-1　CC7107 各引出端功能

端　名	功　能
V+和 V−	电源的正极和负极
aU～gU aT～gT aH～gH	个位、十位、百位笔画的驱动信号，依次接至个位、十位、百位数码管的相应笔画电极
abk	千位笔画驱动信号，接千位数码管的 a、b 两个笔画电极
PM	负极性指示的输出端，接千位数码管的 g 段。PM 为低电位时显示负号
INT	积分器输出端，接积分电容
BUF	缓冲放大器的输出端，接积分电阻
AZ	积分器和比较器的反相输入端，接自动调零电容
IN+、IN−	模拟量输入端，分别接输入信号的正端与负端
COM	模拟信号公共端，即模拟地
C_{REF}	外接基准电容端
V_{REF}+、V_{REF}−	基准电压的正端和基准电压的负端

续表 G-1

端　名	功　能
TEST	测试端。该端经 500 Ω 电阻接至逻辑线路的公共地。当作“测试指示”时，把它与 $V+$ 短接后，LED 全部笔画点亮，显示数 1888
$OSC_1 \sim OSC_2$	时钟振荡器的引出端，外接阻容元件组成多谐振荡器

由 CC7107 组成的 $3\frac{1}{2}$ 位直流数字电压表接线图如图 G-2 所示。

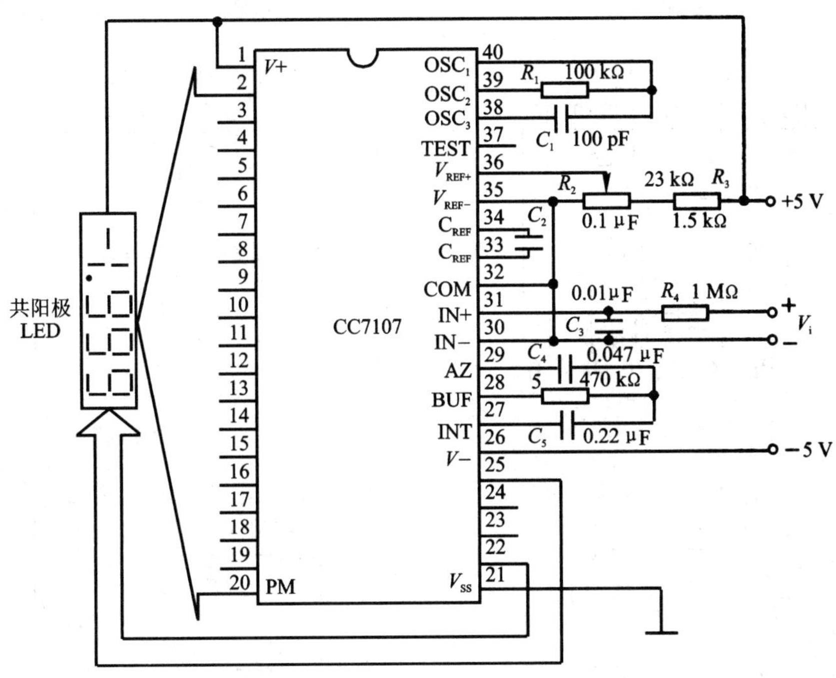

图 G-2　$3\frac{1}{2}$ 位直流数字电压表接线图

外围元件的作用是：

① R_1、C_1 为时钟振荡器的 RC 网络。

② R_2、R_3 是基准电压的分压电路，R_2 使基准电压 $V_{REF}=1$ V。

③ R_4、C_3 为输入端阻容滤波电路，以提高电压表的抗干扰能力，并能增强它的过载能力。

④ C_2、C_4 分别是基准电容和自动调零电容。

⑤ R_5、C_5 分别是积分电阻和积分电容。

⑥ CC7107 的引脚 21(GND)为逻辑地，引脚 37(TEST)经过芯片内部的 500 Ω 电阻与 GND 接通。

⑦ 芯片本身功耗小于 15 mW(不包括 LED)，能直接驱动共阳极的 LED 显示器，不需要另加驱动器件，在正常亮度下每个数码管的全亮笔画电流为 40～50 mA。

⑧ CC7107 没有专门的小数点驱动信号，使用时可将共阳极数码管的公共阳极接 $V+$，小数点接 GND 时点亮，接 $V+$ 时熄灭。

附录 H　常用集成电路芯片引脚排列图

一、74LS 系列

74LS00 四 2 输入"与非"门

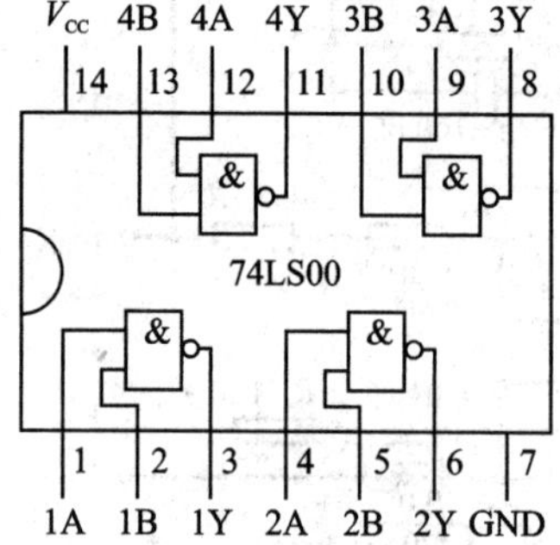

74LS03 四 2 输入 OC"与非"门

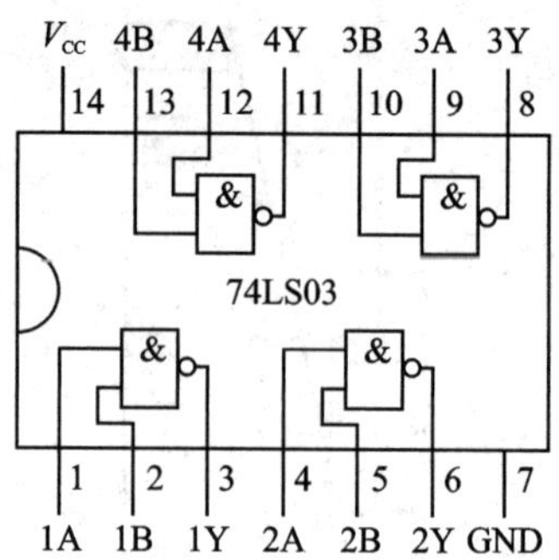

74LS04 六反相器

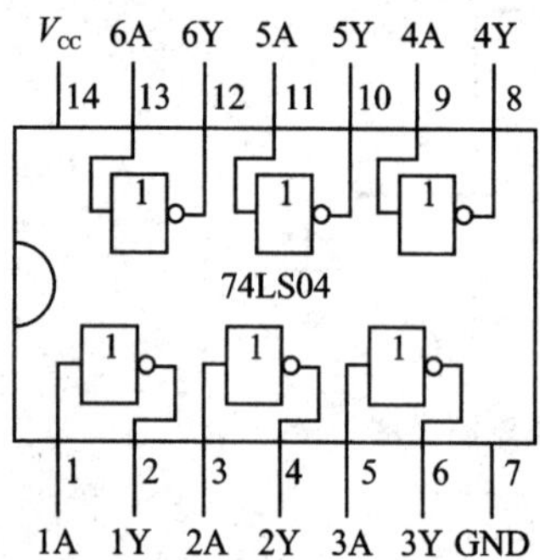

74LS08 四 2 输入"与"门

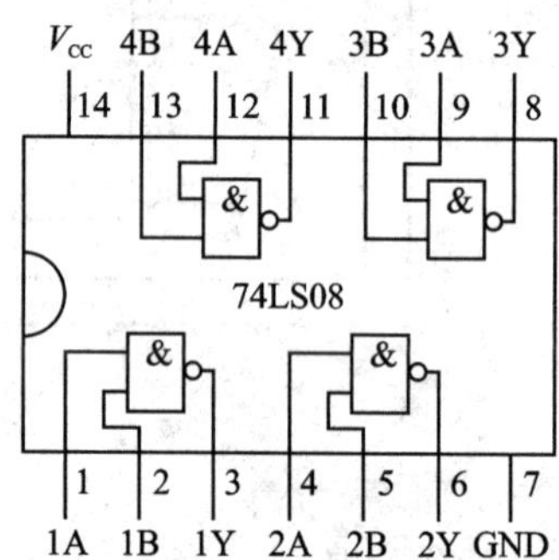

74LS10 三 3 输入"与非"门

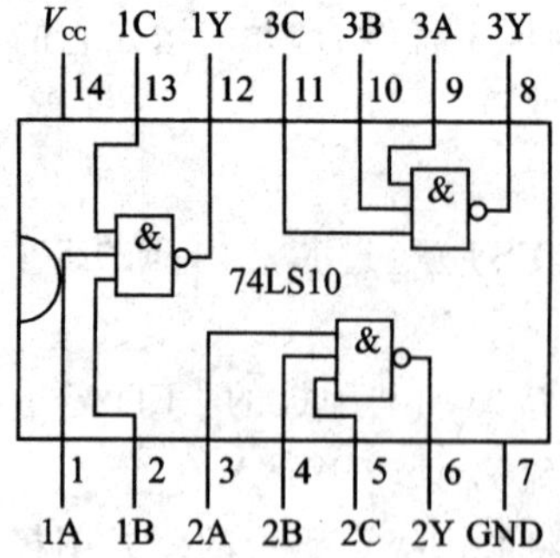

74LS11 三 3 输入"与"门

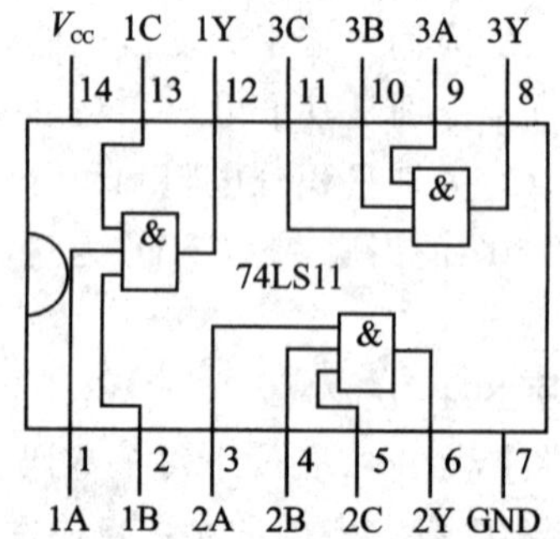

74LS20 双 4 输入"与非"门

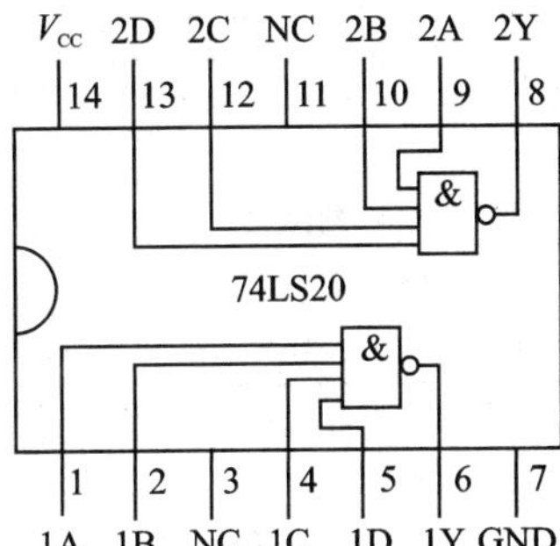

74LS21 双 4 输入"与"门

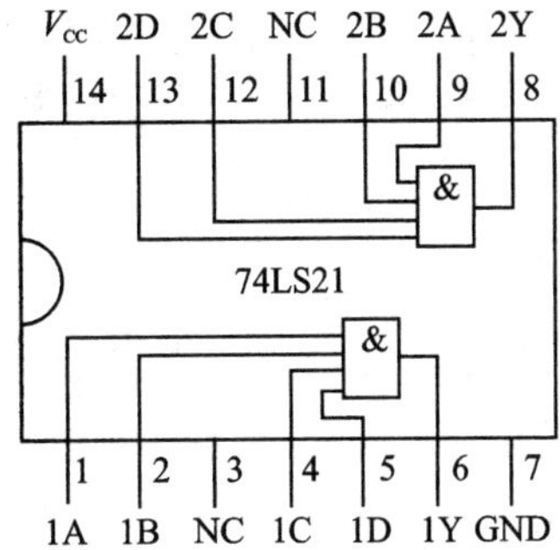

74LS32 四 2 输入"或"门

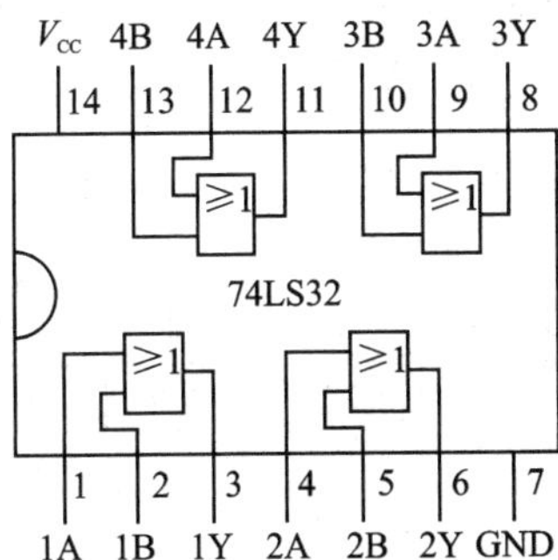

74LS48 BCD 七段译码器

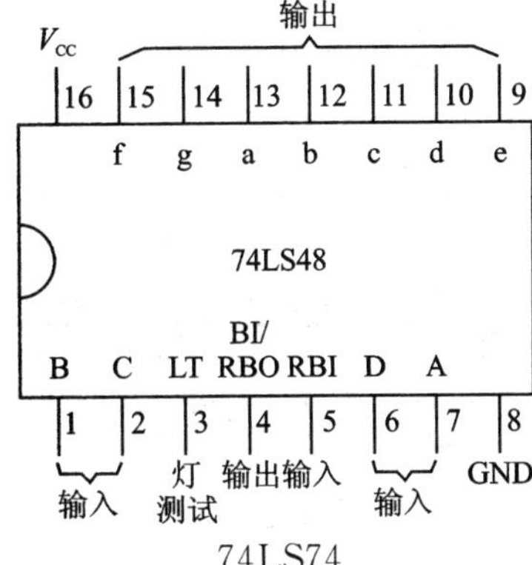

74LS51"与或非"门

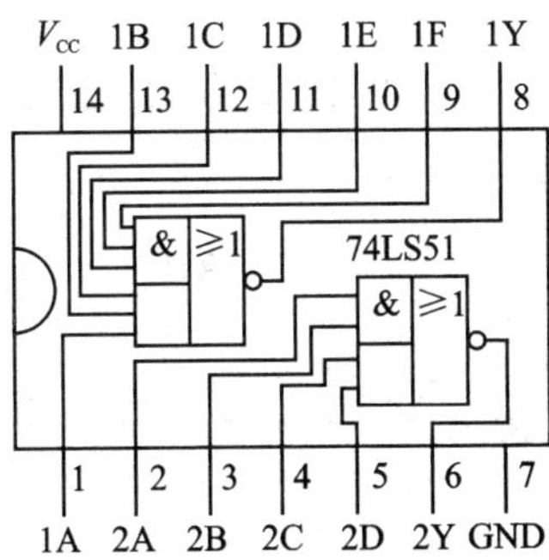

74LS74

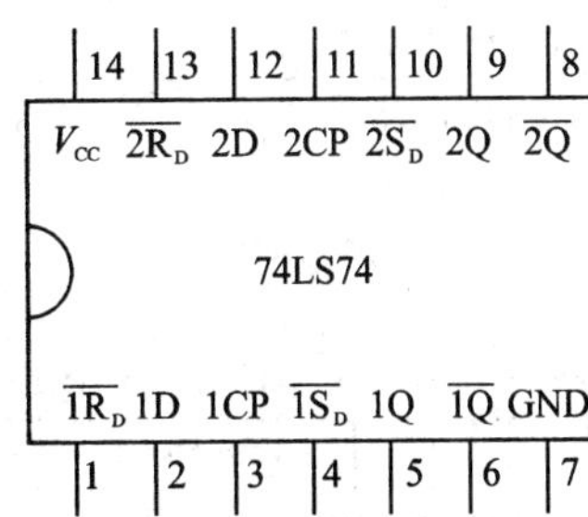

74LS86

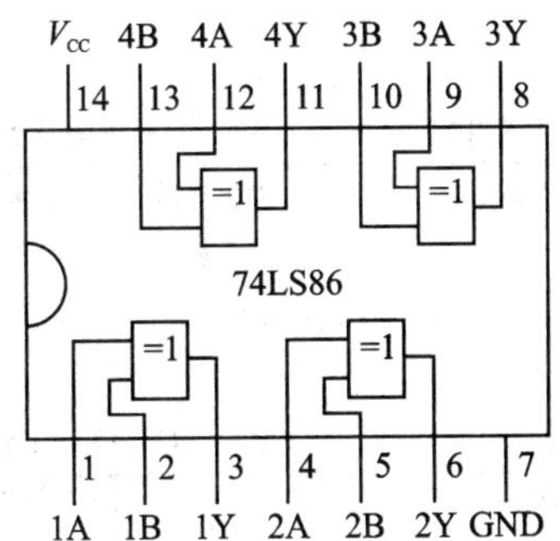

74LS90

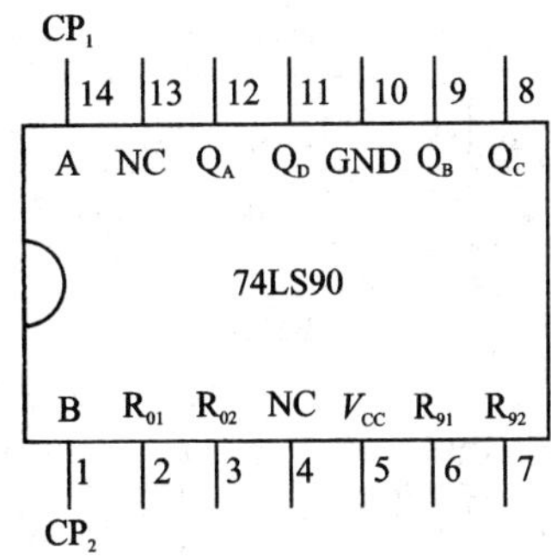

74LS112

74LS138

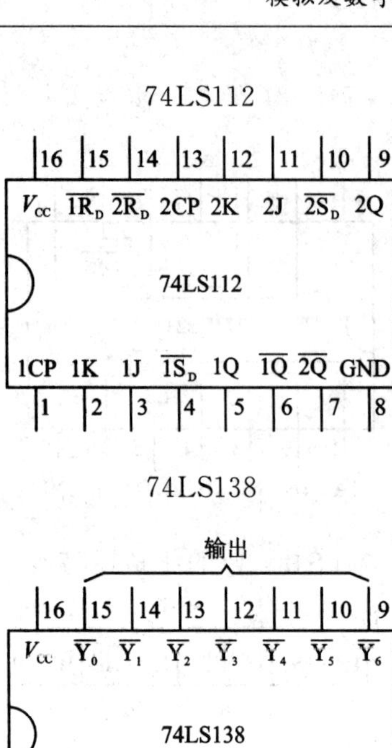

74LS125

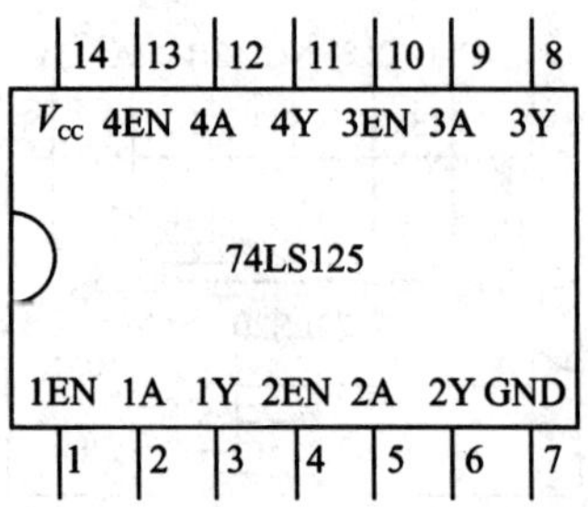

74LS151

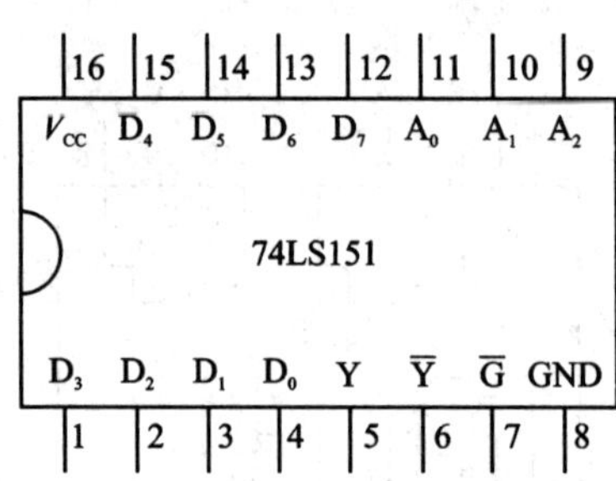

74LS153

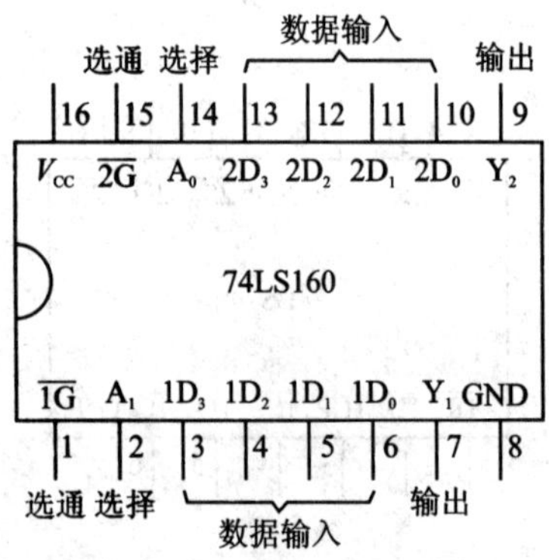

74LS154

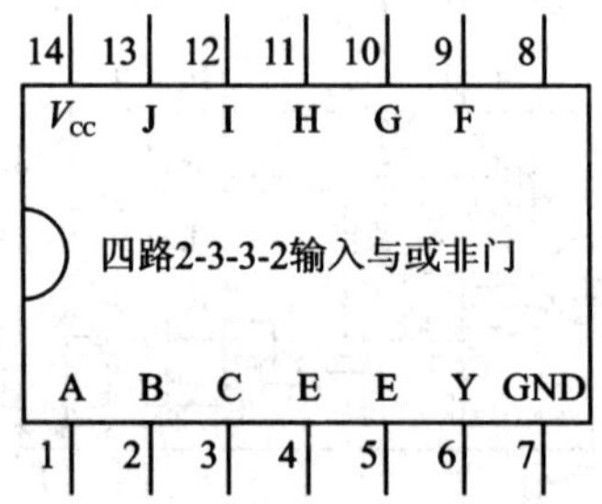

74LS160

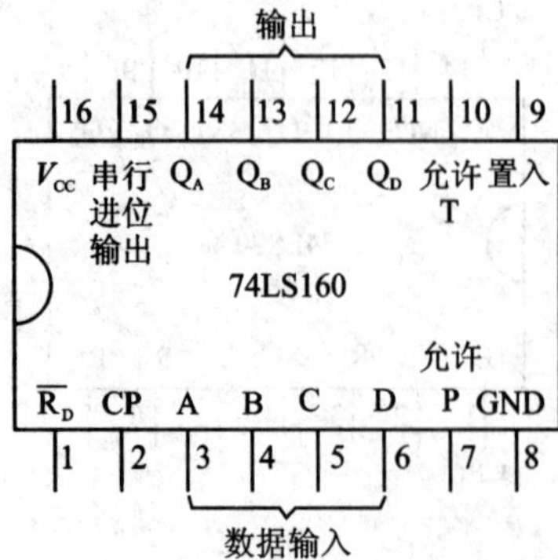

74LS175

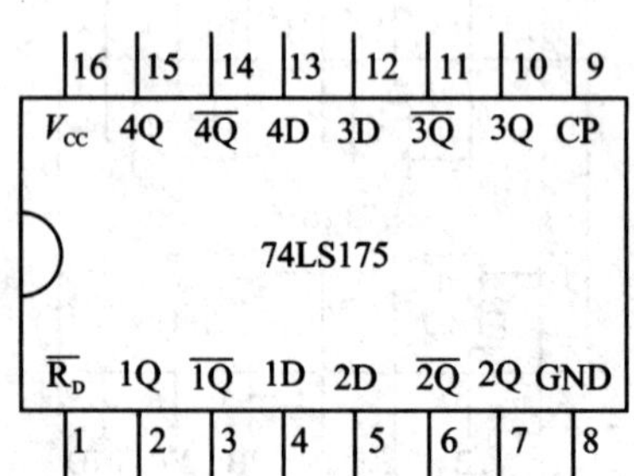

74LS180

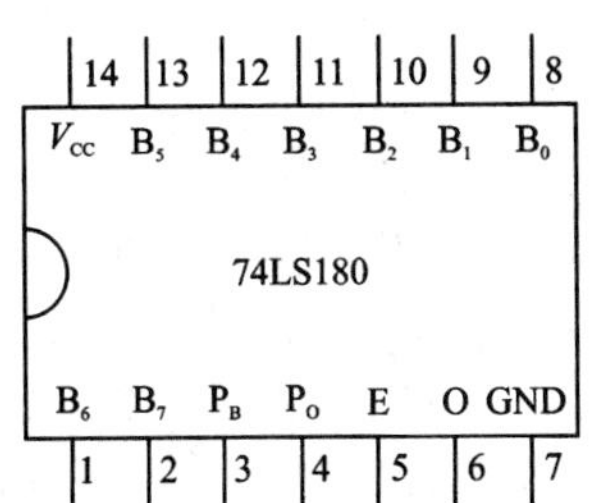

74LS183

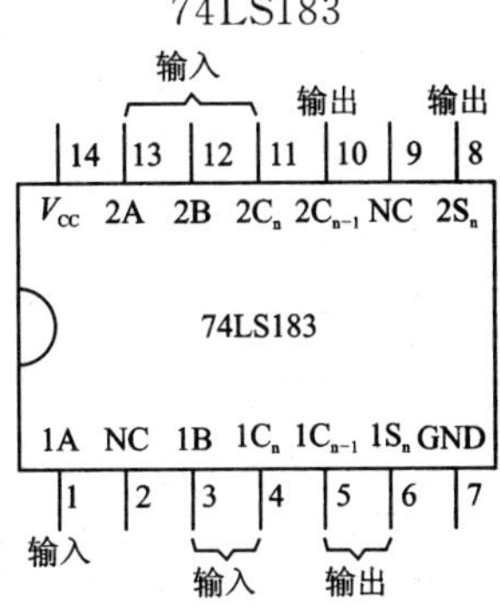

74LS192

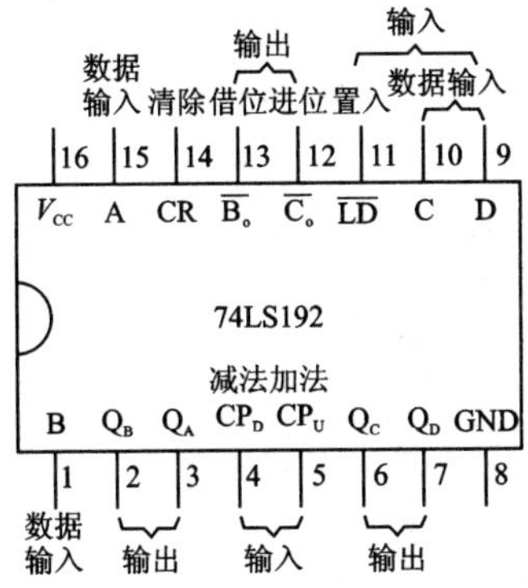

74LS194

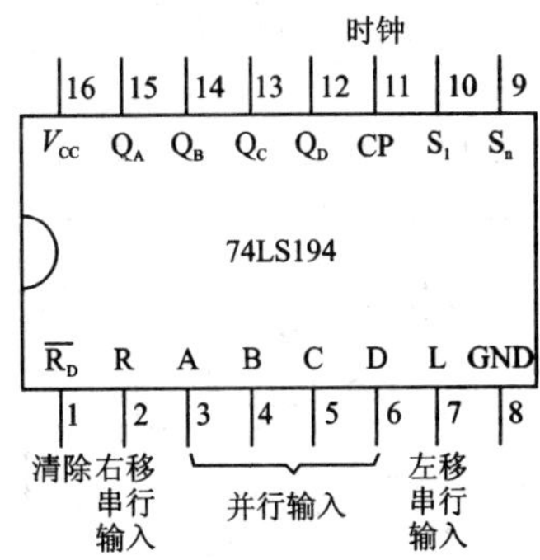

555 时基电路

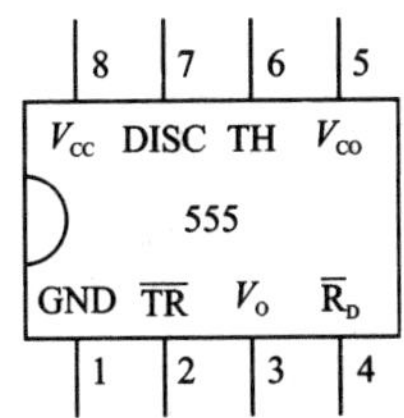

七段数码显示器

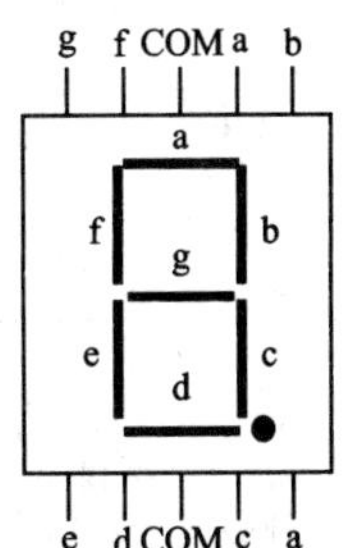

DAC0832

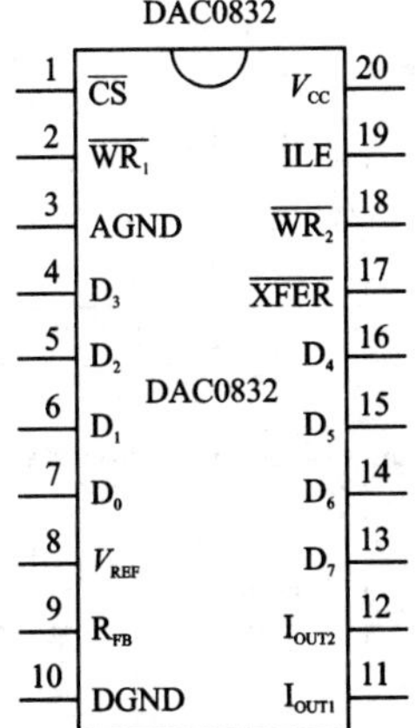

ADC0809

ADC0809

Pin	Name	Name	Pin
1	IN_3	IN_2	28
2	IN_4	IN_1	27
3	IN_5	IN_0	26
4	IN_6	A_0	25
5	IN_7	A_1	24
6	START	A_2	23
7	EOC	ALE	22
8	D_3	D_7	21
9	OUIEN	D_6	20
10	CP	D_5	19
11	V_{CC}	D_4	18
12	$V_{REF(+)}$	D_0	17
13	GND	$V_{REF(-)}$	16
14	D_1	D_2	15

二、CC4000 系列

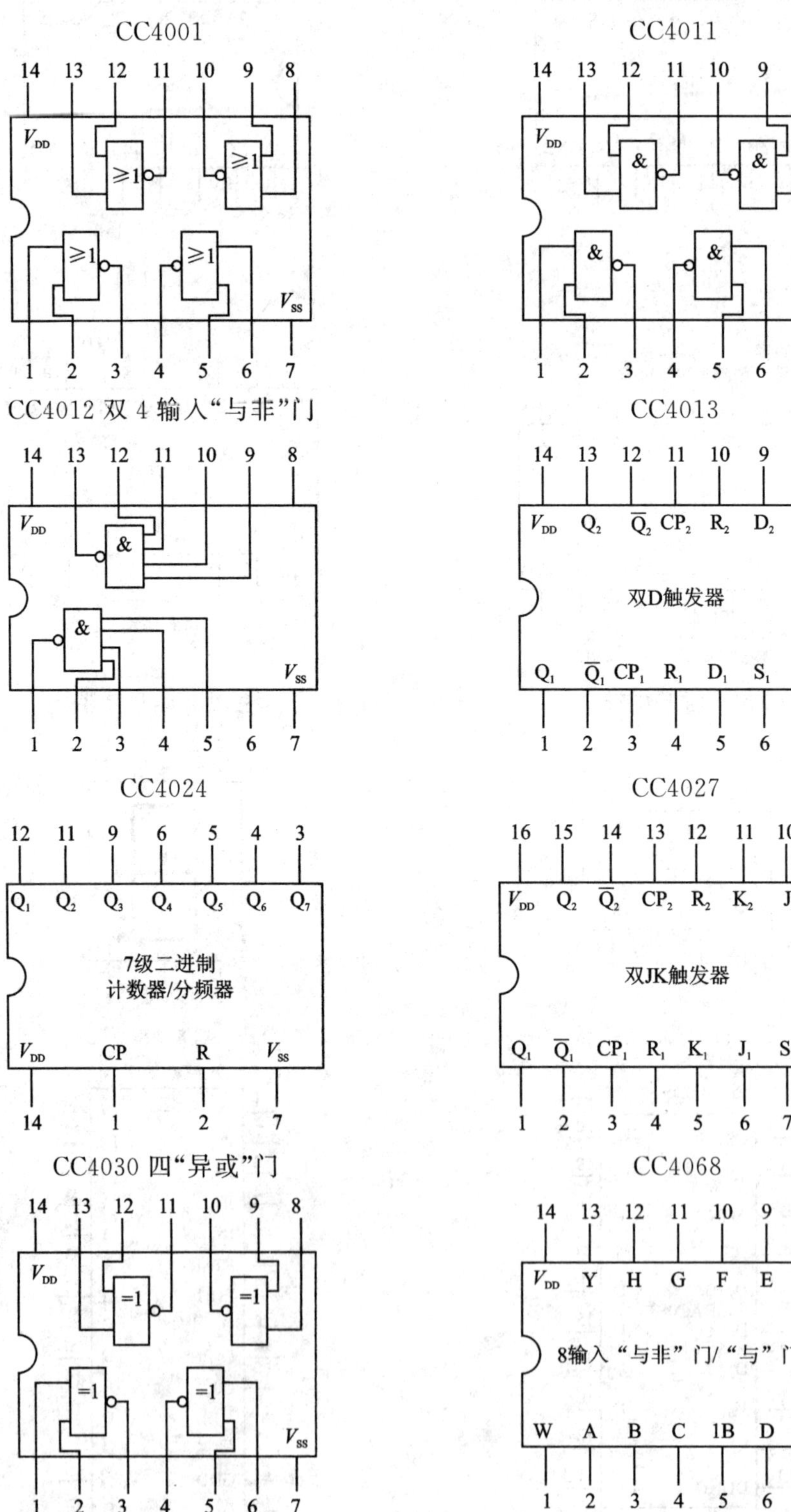
CC4001
14 13 12 11 10 9 8
V_{DD}
≥1
V_{SS}
1 2 3 4 5 6 7
CC4011
&
CC4012 双 4 输入“与非”门
CC4013
V_{DD} Q_2 $\overline{Q}_2$ CP_2 R_2 D_2 S_2
双D触发器
Q_1 $\overline{Q}_1$ CP_1 R_1 D_1 S_1 V_{SS}
CC4024
12 11 9 6 5 4 3
Q_1 Q_2 Q_3 Q_4 Q_5 Q_6 Q_7
7级二进制
计数器/分频器
V_{DD} CP R V_{SS}
14 1 2 7
CC4027
16 15 14 13 12 11 10 9
V_{DD} Q_2 $\overline{Q}_2$ CP_2 R_2 K_2 J_2 S_2
双JK触发器
Q_1 $\overline{Q}_1$ CP_1 R_1 K_1 J_1 S_1 V_{SS}
1 2 3 4 5 6 7 8
CC4030 四“异或”门
=1
CC4068
V_{DD} Y H G F E
8输入“与非”门/“与”门
W A B C 1B D V_{SS}

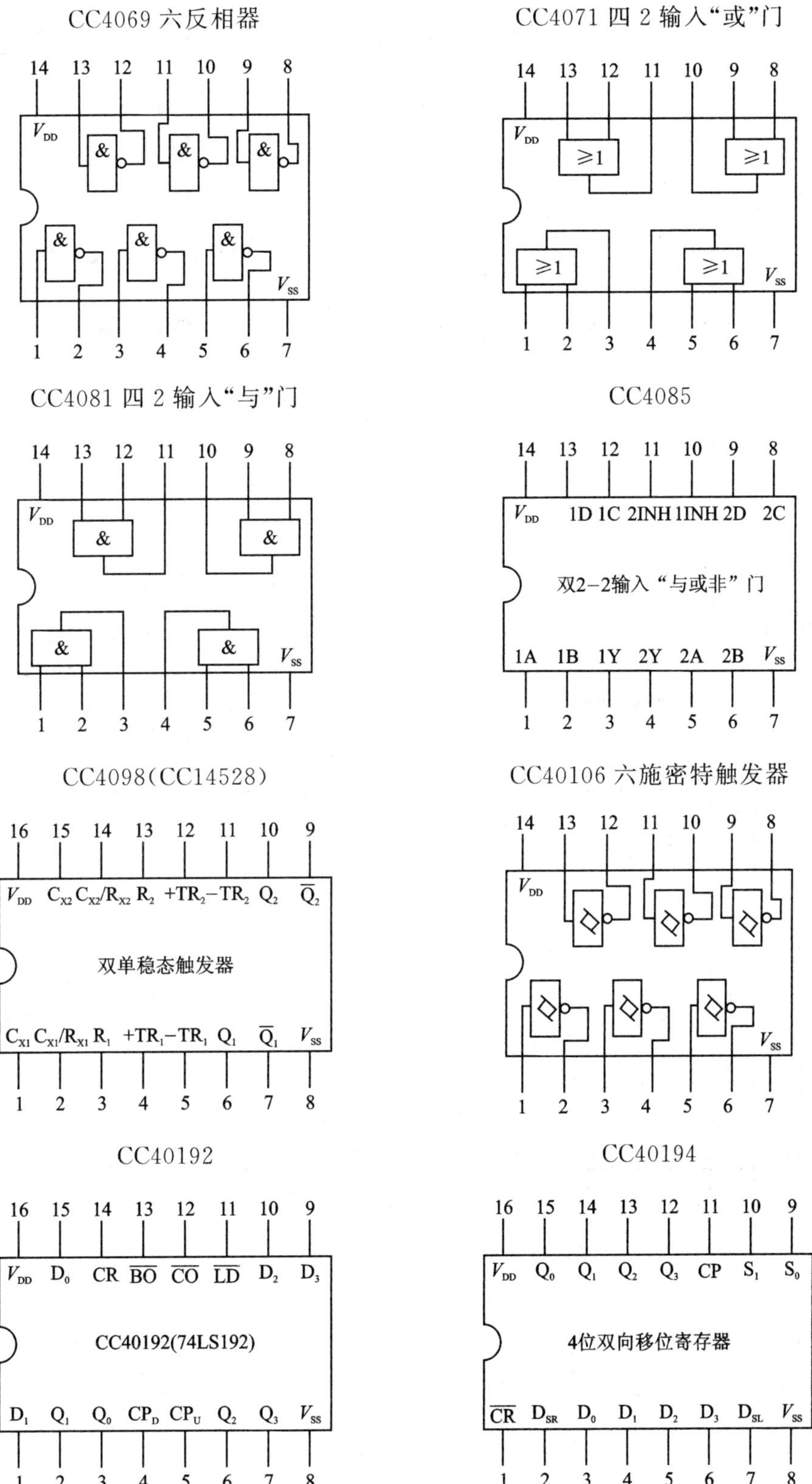
CC4069 六反相器
14 13 12 11 10 9 8
V_{DD}
&
V_{SS}
1 2 3 4 5 6 7
CC4071 四 2 输入“或”门
14 13 12 11 10 9 8
V_{DD}
≥1
V_{SS}
1 2 3 4 5 6 7
CC4081 四 2 输入“与”门
14 13 12 11 10 9 8
V_{DD}
&
V_{SS}
1 2 3 4 5 6 7
CC4085
14 13 12 11 10 9 8
V_{DD} 1D 1C 2INH 1INH 2D 2C
双2-2输入“与或非”门
1A 1B 1Y 2Y 2A 2B V_{SS}
1 2 3 4 5 6 7
CC4098(CC14528)
16 15 14 13 12 11 10 9
V_{DD} C_{X2} C_{X2}/R_{X2} R_2 $+TR_2$ $-TR_2$ Q_2 $\overline{Q}_2$
双单稳态触发器
C_{X1} C_{X1}/R_{X1} R_1 $+TR_1$ $-TR_1$ Q_1 $\overline{Q}_1$ V_{SS}
1 2 3 4 5 6 7 8
CC40106 六施密特触发器
14 13 12 11 10 9 8
V_{DD}
V_{SS}
1 2 3 4 5 6 7
CC40192
16 15 14 13 12 11 10 9
V_{DD} D_0 CR $\overline{BO}$ $\overline{CO}$ $\overline{LD}$ D_2 D_3
CC40192(74LS192)
D_1 Q_1 Q_0 CP_D CP_U Q_2 Q_3 V_{SS}
1 2 3 4 5 6 7 8
CC40194
16 15 14 13 12 11 10 9
V_{DD} Q_0 Q_1 Q_2 Q_3 CP S_1 S_0
4位双向移位寄存器
$\overline{CR}$ D_{SR} D_0 D_1 D_2 D_3 D_{SL} V_{SS}
1 2 3 4 5 6 7 8

三、4500 系列

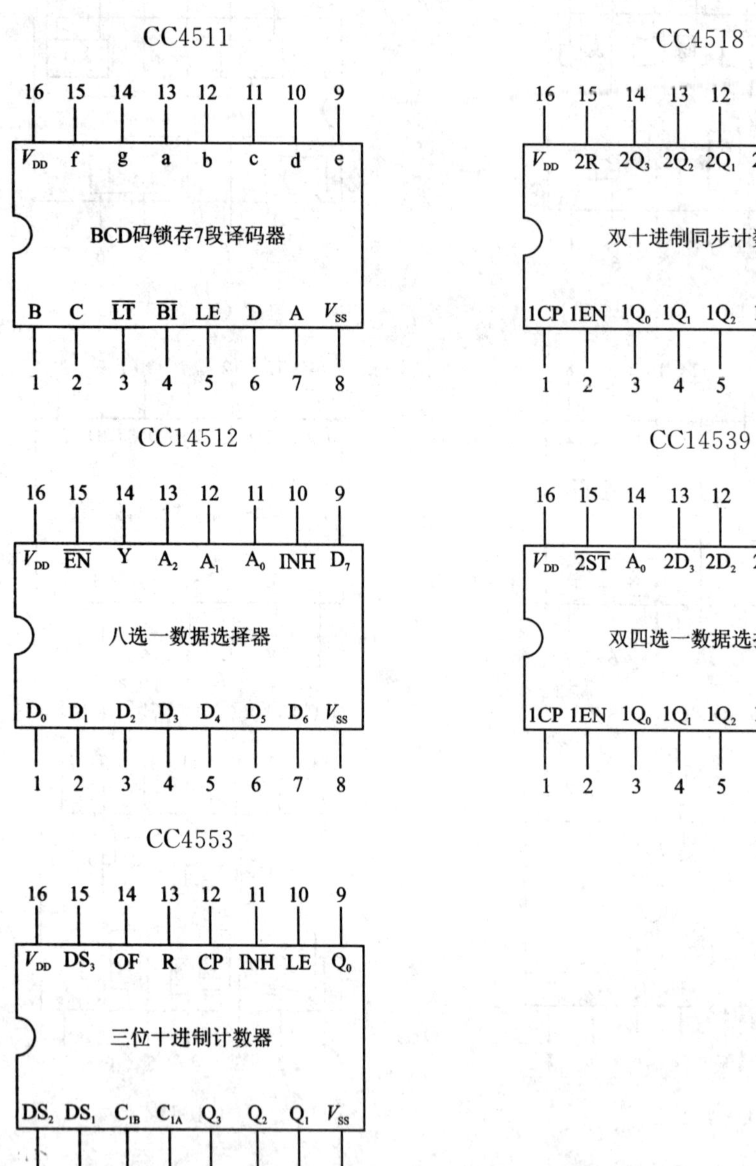
CC4511
16 15 14 13 12 11 10 9
V_{DD} f g a b c d e
BCD码锁存7段译码器
B C $\overline{LT}$ $\overline{BI}$ LE D A V_{SS}
1 2 3 4 5 6 7 8
CC4518
16 15 14 13 12 11 10 9
V_{DD} 2R $2Q_3$ $2Q_2$ $2Q_1$ $2Q_0$ 2EN 2CP
双十进制同步计数器
1CP 1EN $1Q_0$ $1Q_1$ $1Q_2$ $1Q_3$ 1R V_{SS}
1 2 3 4 5 6 7 8
CC14512
16 15 14 13 12 11 10 9
V_{DD} $\overline{EN}$ Y A_2 A_1 A_0 INH D_7
八选一数据选择器
D_0 D_1 D_2 D_3 D_4 D_5 D_6 V_{SS}
1 2 3 4 5 6 7 8
CC14539
16 15 14 13 12 11 10 9
V_{DD} $\overline{2ST}$ A_0 $2D_3$ $2D_2$ $2D_1$ $2D_0$ 2Y
双四选一数据选择器
1CP 1EN $1Q_0$ $1Q_1$ $1Q_2$ $1Q_3$ 1R V_{SS}
1 2 3 4 5 6 7 8
CC4553
16 15 14 13 12 11 10 9
V_{DD} DS_3 OF R CP INH LE Q_0
三位十进制计数器
DS_2 DS_1 C_{1B} C_{1A} Q_3 Q_2 Q_1 V_{SS}
1 2 3 4 5 6 7 8